Biblioteca
de Divulgación Científica

MUY INTERESANTE

TECNOLOGÍA ALTERNATIVA

DAVID DICKSON

TECNOLOGÍA ALTERNATIVA

EDICIONES ORBIS, S.A.

Título original: *Alternative technology and the politics of technical change*
Traducción de Fernando Valero

Asesor científico de la colección: Pedro Puigdomènech
Dirección de la colección: Virgilio Ortega

Apartado de Correos 35432, Barcelona

ISBN: 84-7634-207-1
D.L.: B. 1107-1988

CUARTA EDICIÓN

Impreso y encuadernado por:
printer industria gráfica sa c.n. II, cuatro caminos, s/n
08620 sant vincenç dels horts barcelona 1988

Printed in Spain

INTRODUCCION A LA EDICION ESPAÑOLA

En los cuatro años transcurridos desde la terminación de este libro, los temas que contempla han ido ocupando el centro de la atención pública. Hasta hace relativamente poco tiempo, el control de la contaminación ambiental y del uso de los recursos perecederos se veía, tanto por los gobiernos como por los industriales, como una cuestión básicamente abordable a través de legislación adecuada y mejoras tecnológicas. Apenas recibían atención los científicos y técnicos ambientales que auguraban un seguro fracaso a tales soluciones fragmentarias, y defendían que el éxito a largo plazo sólo podía lograrse a través de una reconsideración radical de las formas de crecimiento tecnológico adoptadas tanto por los países industrializados como por los subdesarrollados.

Sin embargo, si los políticos han sido sordos a razones, difícilmente pueden evitar ahora afrontar la situación que se les presenta; los problemas que hasta hoy se localizaban en la esfera del "medio ambiente" han mostrado todas sus repercusiones sociales y económicas. La "crisis energética" ocupa actualmente un lugar importante en los programas de todos los gobiernos, y de forma especial en los países industriales avanzados, a los que ha afectado en mayor grado. Las implicaciones políticas han ido desde programas nacionales de conservación de energía, destacando el aislamiento de los edificios y el uso más eficaz del equipo industrial, hasta la propuesta del Presidente Carter de que en el próximo futuro se añada en Estados Unidos un impuesto al coste de los coches nuevos que grave más a aquellos que más consuman.

Las realidades inescapables de la falta de energía han suscitado también un creciente interés en el desarrollo de fuentes energéticas no convencionales. Lo que hace pocos años se juzgaban meras curiosidades de utilidad marginal –tales como la energía solar, o los proyectos para el aprovechamiento de la energía geotérmica, procedente del calor de la tierra, o la de las olas– se han convertido hoy en áreas básicas de investigación. A medida que flaquea el suministro energético convencional y que se hacen patentes los riesgos ambientales y políticos que acarrea el empleo de la energía nuclear, las ideas que hasta ahora se asociaban a grupos marginales y excéntricos han suscitado serio interés. La necesidad de una tecnología alternativa, o por lo menos de técnicas alternativas de producción energética, se ha asentado en amplios círculos del pensamiento oficial, como ilustra por ejemplo el éxito de *"Lo pequeño es hermoso"* de E.F.Schumacher*.

Simultáneamente a estas reacciones oficiales se ha producido una proliferación de experimentos sobre tecnologías alternativas como parte de un estilo de vida alternativo. En los capítulos 4 y 5 de este libro menciono algunos de los que se han desarrollado en diversos lugares; muchos grupos semejantes se han formado desde entonces en diferentes países, con resultados desiguales. Muchos han demostrado la viabilidad, pese a los numerosos problemas técnicos y sociales que surgen, de un estilo de vida construído sobre bases radicalmente distintas de aquellas a las que están actualmente habituados los habitantes de las ciudades occidentales. A medida que estos experimentos crecen en número y logros, su ejemplo suministra una palanca importante para desviar las formas dominantes de crecimiento tecnológico hacia objetivos más deseables. Sus enseñanzas no son sólo útiles para aquellos que puedan abandonar la sociedad convencional; también se han indicado formas en las que podían desarrollarse tecnologías alternativas para ayudar a los pobres de las ciudades o a los habitantes del Tercer Mundo.

No obstante, mientras se han cosechado éxitos en el desarrollo de modelos de industrialización compatibles con el medio ambiente natural, se han incrementado las tensiones políticas generadas por los intentos de establecer una compatibilidad similar con las necesidades humanas. En este libro defiendo que, en último término, es imposible separar los procesos de cambio técnico y político, y que la tecnología debe contemplarse como la expresión y la articulación de procesos políticos, y no meramente como un producto o un determinante de dichos procesos.

Esta situación se ha hecho cada vez más evidente al menos en dos aspectos importantes. La necesidad de controlar el suministro decreciente de recursos naturales se ha expresado en algunos casos –en particular en el del petróleo– a través de conflictos militares y nuevas alianzas, con importantes implicaciones sobre la distribución global de poder en el mundo. Por otra parte, dentro de muchos de los países industriales avanzados, el crecimiento económico se puede actualmente mantener sólo a través de una mayor "racionalización" de la fuerza de trabajo, que requiere un número creciente de ejecutivos con preparación científica y técnica para controlar y reglamentar el proceso productivo, incrementando la "eficacia" de los trabajadores que tienen la suerte de conservar el empleo y arrojando al paro y desplazando permanentemente a los trabajadores no especializados que no son tan afortunados.

* H. Blume, Madrid 1978.

En esta situación, las demandas de una tecnología alternativa que pueda suministrar trabajo productivo y satisfactorio para tantas personas como sea posible, y de formas sociales alternativas que puedan garantizar el desarrollo de ese trabajo sin alienación ni explotación, se hacen cada vez más relevantes. Los científicos, los técnicos, los ecólogos y los marginados han demostrado todos ellos que es posible concebir una forma de tecnología basada sobre una relación armoniosa, tanto entre el individuo y el medio ambiente natural, como entre cada miembro de la sociedad. Las barreras que impiden el logro de estas relaciones son, sin embargo, políticas: hasta que se derriben, los proyectos de un futuro alternativo para el hombre de Occidente, por muy razonables y convenientes que parezcan, seguirán siendo inevitablemente utópicos.

David Dickson
Mayo 1977

INTRODUCCION

La sociedad contemporánea se caracteriza por una creciente desconfianza con respecto a la tecnología. Las numerosas ventajas sociales que la tecnología ha contribuido a conquistar se están viendo cada vez más contrarrestadas por los problemas sociales que implica su uso. Estos van desde la opresión y manipulación del individuo hasta la extensa destrucción del medio ambiente natural y el agotamiento de las limitadas reservas mundiales de recursos naturales. Al mismo tiempo, los conocimientos tecnológicos del hombre han fracasado, por lo menos hasta el momento, en cuanto a proporcionar soluciones eficaces para muchos de los más importantes problemas mundiales, particularmente los que se refieren a la pobreza de las masas, al hambre y a los conflictos internacionales. La tecnología ya no es considerada como aquel dios omnipotente que era incluso hace diez años, cuando el Partido Laborista británico ganó unas elecciones generales con la promesa de crear una "candencia de la revolución tecnológica".

Sin embargo, no podemos negar el hecho de que la tecnología se ha convertido en algo que es parte integrante de nuestro mundo social y un elemento esencial en casi todos los campos de las actividades cotidianas. Uno de los rasgos peculiares de la vida moderna consiste en que siempre es necesario algún tipo de máquina para realizar casi todos los actos dentro del dominio social. Utilizamos máquinas para viajar, para comunicarnos, para producir artículos de consumo, para suministrar servicios e incluso para divertirnos.

Se ha hecho necesaria una comprensión del papel jugado por la tecnología en la sociedad, no sólo por su importancia intrínseca, sino como parte de nuestra comprensión de la sociedad misma.

El objetivo de este libro es el de discutir tanto la función social de la tecnología, como las determinadas interpretaciones o "legitimaciones" socialmente aceptadas que están basadas en dicha función. He tratado de mostrar cómo los problemas contemporáneos asociados con la tecnología provienen tanto de la naturaleza de la tecnología como de los usos para los cuales se emplea, pero también que dicha naturaleza se encuentra ampliamente determinada por factores sociales y políticos, con respecto de los que la tecnología no puede nunca, por consiguiente, considerarse independiente. Espero indicar la manera en la cual podría desarrollarse una tecnología alternativa que pudiese evitar los problemas asociados con la tecnología contemporánea que conocemos hoy en día. Pero también resaltaré los obstáculos políticos que existen frente a cualquier intento de llevar a la práctica una alternativa tecnológica.

Mi tesis general consiste en que la tecnología juega un papel político en la sociedad, un papel íntimamente relacionado con la distribución del poder y el ejercicio del control social. En mi opinión, esto ocurre tanto de una manera material como ideológica, queriendo esto decir que el desarrollo tecnológico es esencialmente un proceso político en ambos casos. A nivel material, la tecnología mantiene y promueve los intereses del grupo social dominante en la sociedad dentro de la que se desarrolla. Al mismo tiempo, actúa como un modo simbólico de apoyar y propagar la ideología legitimadora de esta sociedad, su interpretación del mundo y la posición de los individuos dentro de éste. Sugiero en estas páginas que los factores materiales e ideológicos juegan un importante papel en la determinación de la naturaleza de la tecnología misma.

De este modo, mientras argumento en contra de aquellos deterministas tecnológicos que piensan que los desarrollos sociales –incluyendo los cambios en la organización social y en la distribución del poder– emergen espontáneamente a partir de los desarrollos tecnológicos, espero indicar igualmente que es posible poner en duda la opinión de aquellos otros que mantienen un determinismo puramente económico, en el cual la tecnología no es considerada sino como un instrumento neutral en el desarrollo económico o incluso político. Expondré las razones por las que pienso que las relaciones sociales de producción –las relaciones entre los diversos grupos o clases sociales implicadas en el proceso de producción– se reflejan en los medios de producción o, dicho de otro modo, que la tecnología y los modelos sociales se prestan apoyo mútuo tanto de un modo material como ideológico. El hecho de que "la mayor parte de las nuevas tecnologías industriales han sido descubiertas porque se las ha buscado" fue una de las principales conclusiones a las que llegó el historiador de la tecnología Jacob Schmookler, después de muchos años de estudio acerca de los procesos de innovación tecnológica (1).

Las implicaciones de esta tesis conducen a que solamente podemos comprender la naturaleza de la tecnología desarrollada por cualquier sociedad relacionándola con los modelos de producción, consumo y actividad social en general que conservan los intereses del grupo políticamente dominante en dicha sociedad. Dentro de las sociedades capitalistas, tales intereses son mantenidos por modelos jerárquicos de organización social acompañados de formas autoritarias de control social. La validez de la experiencia colectiva es rechazada, y el poder político se encuentra consolidado en manos de unos pocos en la cima de la sociedad, y fragmentado entre el gran número que se encuentra en la base de la misma. En este escrito mantengo que los modos dominantes de organización jerárquica y control autoritario se han incorporado a la tecnología que es desarrollada por las sociedades capitalistas y, en consecuencia, coinciden con ella. Y, asímismo, esto significa una actitud predominantemente funcional con respecto al medio ambiente natural, actitud que confirma ampliamente la predicción de Descartes según la cual la ciencia proporcionaría el conocimiento "mediante el cual podemos ser capaces de convertirnos en dueños y poseedores de la naturaleza" (2).

Yo diría también que muchos países formalmente socialistas, al haberse apropiado y subsiguientemente desarrollado un modo de producción formulado inicialmente dentro de un marco capitalista, se han visto obligados a introducir formas de organización y control social, para hacer un uso eficaz de esta tecnología, que son de naturaleza esencialmente capitalista. Así, aunque mi crítica se refiere principalmente a la situación de los países capitalistas industrializados –del mismo modo que a las economías capitalistas que empiezan a desarrollarse en numerosos países subdesarrollados– gran parte de todo esto podría ser igualmente aplicado a las naciones industrializadas de naturaleza formalmente socialista.

Es a partir de esta perspectiva general desde donde deseo discutir los problemas relacionados con la tecnología contemporánea, y particularmente los diversos proyectos que han sido avanzados acerca de cómo podrían resolverse tales problemas a través de la modelación de una tecnología alternativa. Esta tecnología comprendería los instrumentos, máquinas y técnicas necesarias para reflejar y mantener unos modos de producción social no-opresores y no-manipuladores, y una relación no-explotadora con respecto al medio ambiente natural.

A partir de la Revolución Industrial, y particularmente durante los últimos cincuenta años, parece haberse convertido en algo generalmente aceptado el hecho de que una tecnología en continuo desarrollo es lo único que ofrece unas posibilidades realistas de progreso humano. El desarrollo tecnológico, que inicialmente consistió en la mejora de las técnicas artesanales tradicionales, y que posteriormente se extendió a la aplicación del conocimiento abstracto a los problemas sociales, ha prometido que conducirá a la sociedad por el camino que lleva a un próspero y brillante futuro. Según el economista Frederic Benham "existe una poderosa fuerza que trabaja constantamente en pro de una producción *per cápita* cada vez mayor y de unas condiciones de vida cada vez más elevadas. Es el progreso de la ciencia y de la invención; las esperanzas económicas del género humano están basadas en los progresos técnicos" (3). El desarrollo de la tecnología ha servido incluso como indicador del progreso general del desarrollo social, y todavía tendemos a juzgar a las sociedades como avanzadas o retrasadas según su nivel de sofisticación tecnológica.

Esta fe tan acrítica en la tecnología está comenzando a titubear actualmente. Las escaseces de combustible y los cortes de energía han hecho al hombre consciente de la precariedad de su existencia tecnológica. Las armas de destrucción masiva han aportado un siniestro telón de fondo sobre el que se representan las luchas del poder internacional. En las sociedades contemporáneas, el individuo se siente cada vez más atrapado por poderosas fuerzas que están fuera de su control, y es reducido a poco más que una cifra económica, siendo continua e incomprensiblemente manipulado dentro de un vasto complejo inhumano. La tecnología, que originalmente se desarrolló como un medio de elevar al hombre por encima de una vida de pobreza, de esfuerzo y enfermedad, muestra actualmente su otro rostro como la principal amenaza contra su entidad y supervivencia. Sin que ello sea sorprendente, mucha gente ha comenzado a notar que nuestra civilización tecnológica ha abierto la verdadera caja de Pandora, y se está viendo rápidamente superada por su contenido.

Teniendo en cuenta esta situación, la búsqueda de una tecnología alternativa que pudiera evitar tales problemas aparece como algo eminentemente sensato. La utilización de la energía solar para la calefacción de las casas o el gas metano para el funcionamiento del motor de los automóviles prometen unas fuentes de energía que no se basan en el cada vez más escaso suministro mundial de combustibles fósiles, o en las potencialmente azarosas implicaciones de la energía nuclear. Unas nuevas formas de agricultura intensiva, basadas en fertilizantes orgánicos más bien que artificiales, por ejemplo, y la frecuente utilización de técnicas desechadas hace años en interés del "progreso", proporcionan una alternativa ante la gran confianza que demostramos con respecto a la comida importada, o artificialmente estimulada, al mismo tiempo que se preservaría la integridad biológica del suelo. Las industrias artesanales a pequeña escala pueden ofrecer un retorno a un modo de producción comunitario, dentro del cual cada hombre y mujer tiene un control directo sobre su propia vida, y el trabajo se reintegra con todas las otras zonas de actividad y experiencia colectiva. Tales visiones utópicas aumentarán su atractivo conforme sigan creciendo los problemas relacionados con nuestra tecnología actual.

Aunque una tecnología alternativa basada en estos principios puede muy bien ser un requisito necesario para crear unas formas de vida no-alienadoras y no-explotadoras, yo creo que el desarrollo de una tecnología tal no es suficiente para estar seguros de que este estado de cosas será llevado a cabo. Por supuesto, una vez que hemos comprendido la naturaleza política de la tecnología contemporánea, es evidente que una tecnología alternativa genuina sólo puede ser desarrollada –al menos a una escala de cierta importancia– dentro del marco de una alternativa con respecto al conjunto de la sociedad. La realización de ello es una tarea política. La lucha por la emancipación frente a una tecnología evidentemente opresiva y manipuladora coincide con la lucha por la emancipación frente a las opresivas fuerzas políticas que la acompañan. Pensar que el cambio tecnológico es capaz *per se* de llevar a cabo una forma de sociedad más deseable es un determinismo tecnológico llevado a unos utópicos extremos.

Este libro se divide en cuatro partes. El primer capítulo es un intento de describir lo más objetivamente posible algunos de los problemas sociales relacionados con la tecnología contemporánea tanto en los países industrializados como en los subdesarrollados. Los dos capítulos siguientes tratan del modo en el que consideramos la tecnología y su papel en la sociedad. El primero de ellos describe varias interpretaciones del proceso de desarrollo tecnológico, y en él mantengo que cualquier interpretación que considere este proceso como independiente de consideraciones políticas es una distorsión ideológica de la historia de la tecnología; el segundo trata de indicar cómo las innovaciones tecnológicas han actuado, y siguen actuando, de un modo directamente político.

Los tres capítulos siguientes tratan de dos tipos determinados de tecnología alternativa. Se describen primero con cierto detalle los aspectos técnicos de una posible tecnología utópica, acentuando en particular el problema de cómo podría ser modelada una tecnología semejante que estuviese basada en unas líneas ecológicamente estables. Un análisis de la teoría y de la práctica de la tecnología intermedia –como tecnología alternativa para el Tercer Mundo– destaca la imposibilidad de separar el hecho tecnológico del cambio político. En el último capítulo, he tratado de reunir los argumentos más teóricos del libro en una descripción de la función política de la tecnología en la sociedad contempóranea, del papel legitimador de la ciencia, y de algunas de las implicaciones de ambas cuestiones.

Por último, quisiera aclarar algo. Este libro ha sido escrito como una *interpretación* del papel que la tecnología juega en la sociedad. Esto significa que no se trata de una *explicación* de dicho papel. Mi tesis según la cual el cambio tecnológico es un proceso político implica inmediatamente que cualquier tipo de explicación hace necesario un análisis político del Estado contemporáneo, y no es éste el trabajo que he querido elaborar. Mi intención ha sido la de describir el aspecto de la tecnología desde una cierta perspectiva, con la esperanza de que haya quien se sienta inclinado a compartir mi punto de vista. No he tratado de proporcionar argumentos que hayan de ser tomados como "pruebas" en ningún caso (que en sí mismas son un concepto cuasi-científico que puede ser puesto en duda). Ni tampoco he intentado evitar un cierto eclecticismo adoptando una postura rígida y definitiva, pues existen numerosas cuestiones interpretativas que todavía quedan por resolver. Este libro lo ofrezco como una contribución a la discusión acerca de la naturaleza de la sociedad contemporánea y, espero, ayudará a clarificar la razón por la cual consideramos y experimentamos la tecnología de una manera determinada. Esto significa que debe ser leído sobre el telón de fondo de un análisis político que sólo puede ser investigado mediante la consulta de los diversos libros mencionados en alusiones de pasada. Y, como indican tales libros, una mera interpretación no es suficiente. La verdadera tarea que tenemos ante nosotros es la de cambiar nuestra situación y, como he tratado de hacer ver, ésta es una tarea tan política como tecnológica.

1. EL PROCESO CONTRA LA TECNOLOGIA CONTEMPORANEA

Las reacciones contra la tecnología no son nuevas. A través de toda su historia se le ha advertido al hombre que estaba creando fuerzas que no sería capaz de controlar, que las máquinas tomarían eventualmente posesión del planeta y exigirían la obediencia total de la raza humana (en el caso, por supuesto, de que se le permitiese sobrevivir), que al creer ciegamente en la ciencia y en la tecnología era como hacer un pacto, al modo de Fausto, con el diablo. San Agustín advirtió "cuántos tipos de venenos, cúantas armas y máquinas de destrucción han sido inventadas en perjuicio del hombre". La Revolución Industrial tuvo que hacer frente a numerosas críticas provenientes de aquellos que temieron la creciente importancia de las nuevas máquinas, y los problemas sociales que parecieron llevar consigo. La oposición frente a la razón y a la racionalidad, que frecuentemente ha incluido ataques contra la ciencia y la tecnología, ha sido particularmente experimentada por las sociedades que han sufrido un importante cataclismo o catástrofe. La derrota francesa en las guerras napoleónicas ha sido considerada como la causa de un período subsiguiente de misticismo desenfrenado, que supuso también un amplio resurgimiento de la afición por la astrología. Oswald Spengler cautivó el pensamiento de la derrotada Alemania en 1920 con la publicación de su libro *La decadencia de Occidente,* y con su predicción de que "el hombre faustiano sería arrastrado hacia la muerte por sus propias máquinas", Aldous Huxley esbozó el anteproyecto de su terrorífico *Un Mundo Feliz* durante la depresión de los primeros años de la década de 1930. El *1984* de George Orwell, que es una acusación igualmente irrecusable de las posibilidades totalitarias que contiene la tecnología avanzada, fue escrito en los años inmediatamente posteriores a la Segunda Guerra Mundial.

Cualquiera que sea nuestra actitud ante estas tempranas críticas, lo cierto es que los ataques que normalmente sufre la tecnología son demasiado serios y profundos como para ser descartados como si fuesen un fenómeno pasajero. Nuestra sociedad depende, como nunca ocurrió con ninguna otra sociedad anterior, del correcto funcionamiento de una enorme máquina basada en la tecnología. Además, el actual clima de desconfianza con respecto a ella proviene tanto de la experiencia directa de los crecientes problemas sociales asociados con la tecnología contemporánea, como del examen de las relaciones que la tecnología tiene con conceptos abstractos tales como "humanidad" o "progreso". Podemos hacer una crítica de la dominación que, cada vez con mayor fuerza, ejercen los valores económicos sobre los estéticos o humanísticos, o del respeto casi religioso que evocan los conocimientos técnicos. Pero el envenenamiento de nuestro río local por residuos industriales, las enfermedades de pulmón provocadas por el hecho de trabajar con materiales de amianto durante muchos años, la esclerosis de nuestras ciudades a consecuencia de los automóviles privados, o la visión de un niño vietnamita cicatrizado a perpetuidad por la metralla de una bomba, nos ponen en contacto con esos mismos resultados de un modo más vigoroso.

Gran parte de las discusiones convencionales sobre dichos problemas suponen lo que a menudo ha sido calificado de modelo de "uso-abuso" de la función social de la tecnología. Dicho de otro modo, esto significaría que los problemas sociales asociados con la tecnología provienen de la utilización que de ella se hace, y no de la propia naturaleza de la tecnología, que seguiría siendo intachable. Los problemas como los ya mencionados o bien son considerados como un resultado deseado y, a veces, conscientemente dañoso de los intentos de un individuo o grupo para imponer su voluntad sobre otro, o como unos resultados marginales y puramente accidentales de los procesos económicos o políticos. Esta interpretación de los problemas sociales asociados con la tecnología es la que quiero criticar. Espero indicar las razones por las cuales este modelo es inadecuado para interpretar la naturaleza esencial del papel jugado por la tecnología en la sociedad. En su lugar, sugiero que debemos considerar la tecnología como parte del proceso político –incluso a pesar de que ciertas máquinas aisladas pueden jugar un papel neutro en dicho proceso– y, en consecuencia, que los problemas asociados con ella son un resultado tanto de la naturaleza de la tecnología como del modo en el que es utilizada.

En primer lugar, establezcamos algunas definiciones. Del mismo modo que el término "sociedad" es utilizado convencionalmente no sólo para indicar un conjunto de individuos, sino también las relaciones que existen entre ellos, así la "tecnología" la definiremos como un concepto abstracto que comprende tanto las herramientas y máquinas utilizadas por una sociedad, como las relaciones mutuas que su uso implica. Por consiguiente, y en lo que respecta a los objetivos de este libro, no es necesario hacer ningún tipo de distinción entre máquinas y herramientas, teniendo en cuenta que tanto unas como otras pueden ser definidas como objetos seleccionados o fabricados por el hombre como instrumentos para cambiar el estado de su medio ambiente material. La definición mencionada nos permite considerar a la tecnología, del mismo modo que con respecto al sistema legal o educativo, como una institución social. También podemos distinguirla de la "técnica", teniendo ésta el sentido del acto de aplicar los conocimientos, bien directamente o con la ayuda de una herramienta o máquina —esto es, con la ayuda de un elemento tecnológico— a unas tareas determinadas (1).

Si examinamos detalladamente todos los tipos de problemas asociados con la tecnología contemporánea, quizá deberíamos comenzar con los problemas de la polución del medio ambiente, y con el agotamiento de muchos de los recursos naturales mundiales no-renovables. Estos problemas no son en absoluto los únicos o, como alguien podría pensar, los más importantes. Sin embargo, son problemas que han recibido durante los últimos años un enorme interés y no es necesario que subrayemos aquí su gravedad. Puesto que los problemas ecológicos son a menudo compartidos por países que han adoptado los mismos modelos de desarrollo industrial, pero bajo regímenes políticos muy diferentes, es posible superar la opinión según la cual dichos problemas son meramente una *simple* expresión de la ideología política. Además, la urgencia con la que se presentan algunos problemas ecológicos —particularmente los cortos límites de tiempo dentro de los cuales se ha estimado que probablemente quedarán agotados ciertos recursos escasos si continúan siendo utilizados al nivel actual— ha añadido una mayor intensidad a todo el debate acerca de la naturaleza de la tecnología, y sus implicaciones se han hecho mucho más inmediatas.

La deterioración del medio ambiente ha estado siempre relacionada con el desarrollo social y económico. Mucho antes del nacimiento de Cristo, bosques enormes del Oriente Próximo fueron reducidos a zonas sin vegetación a causa de las actividades agrícolas del hombre, y la pérdida de su protección contra el viento, junto con siglos y siglos de pastoreo intensivo, convirtieron rápidamente dichos bosques en áridos desiertos. Los problemas de polución por humos fueron tan agudos en el Londres medieval que durante el siglo XVII hubo que establecer eventualmente controles restrictivos sobre los humos producidos por la quema de leños, y la demanda de leña de los bosques de la Inglaterra meridional fue tan grande durante los siglos XVI y XVII que se prohibió su utilización para transformarla en carbón vegetal y fundir el mineral de hierro a fín de asegurar unos adecuados suministros de madera para la construcción de barcos.

En épocas pretéritas, estos tipos de problemas ambientales se producían de un modo relativamente localizado. Sin embargo, un aspecto crucial de los problemas contemporáneos lo constituye su carácter global. Cuando se agotan las reservas minerales o de energía de un país, normalmente puede obtener un suministro adicional del extranjero, pero cuando se agotan las reservas mundiales, la única alternativa es la de encontrar un sucedáneo o la de prescindir de dichas materias. Los Estados Unidos se están enfrentando ya con una creciente crisis energética que ha conducido al racionamiento del petróleo y ha provocado peticiones oficiales para ahorrar energía eléctrica. La mayor parte de los americanos han ido haciéndose a la idea de que algún día habría una crisis de combustibles y de electricidad, pero por regla general se pensaba que el grado crítico de escasez no ocurriría antes del próximo siglo. Algunos informes de 1973, según los cuales apenas había suficientes reservas de gas natural para asegurar los abastecimientos para la calefacción de las casas, y que indicaban igualmente que las reservas petrolíferas de algunas zonas ya se estaban agotando, levantaron una considerable inquietud.

Los programas encaminados a sustituir los combustibles fósiles por la utilización de la energía nuclear han dado como resultado tanto una serie de problemas técnicos como una acalorada oposición por parte de los defensores del medio ambiente. Hoy en día parece dudoso que la energía nuclear o, por supuesto, cualquier otro tipo de fuente energética a gran escala capaz de sustituir a los combustibles fósiles, pueda llegar suficientemente pronto, en cantidades adecuadas y con sus efectos socialmente peligrosos controlados de modo eficaz, como para evitar un rápido aumento del costo de la energía conforme se van haciendo menores las reservas de los combustibles convencionales. Los problemas políticos y económicos que todo esto puede provocar son enormes. Entre 1960 y 1970, la cantidad de energía importada por el Reino Unido –principalmente en forma de petróleo– se elevó de un 25 a un 45 por ciento en relación al consumo global (aunque es posible que los descubrimientos de gas y de petróleo en el Mar del Norte alivien temporalmente la situación). Durante el mismo período, y a pesar del fuerte énfasis que se ha puesto en los intentos por conseguir el auto-abastecimiento, la dependencia con respecto a los Estados Unidos en materia de importación de energía ascendió de un 6 a un 10 por ciento. Y el mundo occidental en su conjunto pudo calibrar los posibles problemas políticos por venir en agosto de 1973, cuando la utilización del abastecimiento petrolífero como arma política por los Estados árabes, tras la Guerra del Oriente Medio contra Israel, condujo a una reducción a gran escala de los suministros y a la introducción por parte de los distintos gobiernos de amplias medidas destinadas a reducir el consumo de petróleo, así como a una fuerte subida en el costo del mismo.

La llamada "crisis energética" está íntimamente relacionada con el rápido aumento del uso de energía en todas las ramas de la actividad tecnológica, tanto industrial como de cualquier otro tipo. El aluminio, por poner un típico ejemplo, es uno de los materiales más utilizados por la industria moderna. Las reservas mundiales de aluminio son abundantes, y existen pocas posibilidades de que se agoten en un futuro próximo. El principal problema de la utilización del aluminio se centra en la gran cantidad de energía que requiere su transformación industrial. De acuerdo con el profesor Barry Commoner, el aluminio necesita alrededor de quince veces más combustible energético por unidad de "bien económico" que el acero, y unas 150 veces más que la madera, y sin embargo está reemplazando a estos dos últimos materiales en la construcción de modo incesante. Se estima que el 28 por ciento de la utilización industrial global de energía eléctrica en los Estados Unidos hay que atribuirla exclusivamente a la producción química y de aluminio.

La tecnología avanzada es, en opinión de muchos, la causa principal de nuestros actuales problemas ambientales. El profesor Commoner, en su libro *The Closing Circle,* defiende vigorosamente este criterio. Commoner afirma que los niveles de los diversos elementos de polución aumentaron en los Estados Unidos de un 200 a un 2.000 por ciento de 1946 a 1971, y que ni el crecimiento demográfico, ni el aumento del nivel general de vida eran suficientes para justificar los más excesivos de tales aumentos. El examen de los cambios habidos en el porcentaje medio anual de la producción de varios cientos de artículos, que representan en su conjunto la parte más importante de la producción agrícola e industrial total de los Estados Unidos, mostró algunos datos dramáticos. El mayor crecimiento fue registrado en la producción de botellas de soda sin devolución, que según Commoner aumentó el equivalente a un 53.000 por ciento durante dicho período. El segundo lugar lo ocupó la producción de fibras sintéticas, con un aumento de un 5.980 por ciento. El mercurio para la producción de cloro aumentó en un 3.930 por ciento, la producción de unidades de compresores de aire en un 2.850 por ciento, la de plásticos en un 1.960 por ciento, la de productos de síntesis orgánica en un 950 por ciento y la de energía eléctrica en un 530 por ciento.

Estos aumentos exceden con mucho cualquier tipo de aumento en cuanto al crecimiento demográfico o al índice general del nivel de vida. Para Commoner, todo esto demuestra claramente que los cambios más drásticos habidos durante este período se refieren al *tipo* de tecnología y de procesos de producción utilizados por la industria estadounidense, y mucho menos a cambios en la "producción global de bienes económicos", o a cualquier indicio en los aspectos materiales del consumo. Citando ejemplos como los que se relacionan con las innovaciones introducidas en la tecnología agrícola, y con la creciente utilización de plásticos y de detergentes sintéticos no-degradables, concluye que "la nueva tecnología es un éxito económico pero sólo a causa de que es un fracaso ecológico" (2). Commoner continúa estableciendo sù opinión según la cual "la razón más importante de la crisis ambiental que han sufrido los Estados Unidos durante los últimos años es la transformación radical de la tecnología productiva, dado que a partir de la II Guerra Mundial... las tecnologías productivas con intensos impactos sobre el medio ambiente han reemplazado a otras menos destructivas. La crisis ambiental es el resultado inevitable de este antiecológico modelo de crecimiento" (3). La conclusión de Commoner es clara. "No se trata de que exista algún defecto en la tecnología, que sería meramente fortuito con respecto a su valor, sino que se trata de un fracaso proveniente de su básico *éxito* en la producción agrícola e industrial. Si el fracaso ecológico de la tecnología moderna se debe a su éxito en cuanto a la realización de lo que se propone llevar a cabo, entonces el defecto se encuentra en sus *objetivos*" (4).

Varios especialistas en temas ecológicos han criticado la conclusión de Commoner sobre la importancia *primaria* que la tecnología productiva tiene como causa de la crisis ambiental. Estos han señalado que existe un cierto número de casos individuales en los que los efectos combinados del crecimiento demográfico y del aumento de la riqueza son suficientes para explicar la mayor parte de los aumentos habidos en determinados elementos de polución. John Holdren y Paul Ehrlich, por ejemplo, en un escrito publicado en *Science and Public Affairs*, opinan que esto es cierto en el caso del óxido de nitrógeno emitido por los automóviles. Argumentan, en contra del criterio de Commoner, que "la tecnología defectuosa debe ser atacada directamente dondequiera que sea descubierta, punto que nosotros nunca hemos negado. Pero el hecho de que Commoner conceda tan poca importancia al crecimiento demográfico y al aumento de riqueza solamente puede garantizar el que los numerosos problemas ambientales que no son principalmente debidos a una tecnología defectuosa continuen agravándose" (5).

No obstante, los especialistas en temas ecológicos están de acuerdo en general en que incluso en el caso de que la tecnología avanzada no sea el único culpable, debe sin embargo responsabilizarse en una gran medida de las acciones que el hombre lleva a cabo referentes a la polución del medio ambiente natural y del agotamiento de los recursos mundiales. Los economistas indican que el problema surge a causa de que la industria ha ignorado los llamados "costos externos" de producción. Estos son aquellos costos sociales impuestos a la comunidad a consecuencia de una determinada técnica de producción o de desarrollo tecnológico y que no están comprendidos dentro de los procedimientos normales de contabilidad. La polución –como, por ejemplo, verter productos tóxicos en un río local– es un costo externo. Es posible eliminar la polución, ciertamente, pero ello exige un precio; y a pesar de las voces que se levantan indicando que "el que poluciona debe pagar", los costos son normalmente traspasados al consumidor a través de un aumento de precios o de impuestos.

A pesar de las violentas controversias acerca de los métodos utilizados para predecir los probables efectos de la polución, de la superpoblación y de la escasez de recursos en un futuro, cada vez podemos ver con mayor claridad que existen unos límites reales y finitos en lo que se refiere al consumo material, así como al grado en el cual el medio ambiente es capaz de despolucionarse por sí mismo. Por supuesto, algunos de estos límites puede que estén más cercanos de lo que a muchos de nosotros nos gustaría admitir, y lo más importante hoy en día no es discutir si será necesario encaminarnos hacia una economía de crecimiento cero, sino saber cuando y cómo habrá que hacerlo. Sin embargo, la existencia de unos límites finitos en cuanto a los recursos es un hecho que la teoría económica clásica, a pesar de su interés por el concepto de escasez, es virtualmente incapaz de tomar en cuenta, al menos cuando es aplicada a la situación global. John Maynard Keynes sugirió incluso la necesidad de aceptar un nivel de polución inevitable prediciendo que "por lo menos durante otros cien años hemos de fingir que lo bello es sucio y que lo sucio es bello; porque lo sucio es útil y lo bello no" (6). Pero ya no tenemos cien años de sobra. Es físicamente imposible que el mundo pueda continuar proyectando los modelos normales de crecimiento industrial y tecnológico durante ese período de tiempo, sin tener en cuenta los límites físicos impuestos por la naturaleza finita de la tierra y de sus recursos.

La crítica general del crecimiento económico contiene una formulación concreta del proceso contra la tecnología contemporánea. La relación entre tecnología y crecimiento económico es muy compleja. Hay quienes piensan que el desarrollo general científico y tecnológico es suficiente por sí mismo para promocionar el crecimiento económico. De acuerdo con este criterio, uno de los modos más eficaces para estimular dicho crecimiento es el de apoyar intensamente las actividades de investigación y desarrollo (7). Sin embargo, este proceso también funciona en sentido contrario. Una economía basada en un rápido crecimiento requiere un tipo determinado de tecnología, una que sea capaz de producir una innovación máxima de nuevos productos, que frecuentemente apenas tiene en cuenta las necesidades sociales reales. Como un hombre de negocios norteamericano contestó a una reciente encuesta sobre la política de investigación industrial, "el problema será el de hacer anticuados nuestros productos antes de que lo consigan otras personas u otros procedimientos". El objetivo básico de la investigación industrial es, de acuerdo con lo dicho por una importante compañía química italiana, "la transformación de una idea o intuición en un producto nuevo, mejorado o menos costoso", más bien que el deseo inmediato de responder a urgentes problemas sociales (8). Teniendo en cuenta esta relación simbiótica, es casi imposible establecer la exacta naturaleza de los vínculos que hay entre las actividades de investigación y desarrollo tanto públicas como privadas y el nivel de crecimiento económico de un país determinado (aparte del hecho comprobable de que cuanto mayor es el nivel de industrialización, tanto mayor es normalmente la proporción de producto nacional bruto que se gasta en investigación y desarrollo). Parece que nos encontramos en una situación integrada; los dos factores –crecimiento económico y cambio tecnológico– están tan interrelacionados que es imposible hablar exclusivamente en términos del efecto ejercido el uno sobre el otro. Las diversas políticas de expansión económica se han reflejado en formas determinadas de tecnología a través de las cuales ha sido conseguida dicha expansión.

Por consiguiente, no podemos discutir la posible necesidad de limitar –o al menos de estabilizar– el crecimiento económico sin prestar atención a los factores tecnológicos implicados inevitablemente en ellos. Si los productos de una tecnología económicamente basada en la necesidad de innovación y de caída en desuso suponen un desperdicio masivo de recursos, cualquier cambio que se oriente hacia una filosofía de conservación de tales recursos requerirá una economía y una tecnología basadas en principios diferentes. En una sociedad que ha adoptado casi el crecimiento económico como ideología determinadora de sus medidas políticas, es poco probable que dicho cambio sea aceptado por aquellos cuya riqueza está basada en los intereses que el crecimiento produce sobre la inversión de capitales, o por supuesto por aquellos que se encuentran perfectamente acomodados en el marco de la economía clásica.

Si la innovación y la competencia comercial proporcionan el incentivo para el desarrollo de la tecnología industrial, los gastos del sector público dedicados a la investigación y el desarrollo son dominados por las necesidades defensivas y militares. En Inglaterra, éstos alcanzan casi la mitad de la cantidad total gastada por el Gobierno en investigación y desarrollo, esto es, 260 millones de libras de un total de 583 millones (1.327 millones de dólares) en 1969. El presupuesto de investigación y desarrollo militar de los Estados Unidos, de 8.000 millones de dólares aproximadamente, es casi de la misma envergadura que el gasto *total*, público y privado, en todas las ramas de la investigación y desarrollo en Inglaterra, Francia y República Federal Alemana en su conjunto. La tecnología ha dependido siempre en una gran medida del apoyo financiero proveniente del sector militar. Muchos de los ingenieros más tempranos, como por ejemplo Leonardo da Vinci, se ganaron parcialmente la vida ejecutando proyectos militares para dirigentes políticos. En la actualidad, la situación es bastante semejante. En 1972, el aumento que pidió la administración Nixon al Congreso para proyectos de investigación y desarrollo militares fue mayor que el pedido para todos los otros sectores de investigación y desarrollo en conjunto, incluyendo la sanidad, el transporte y los servicios sociales, y el 52 por ciento de los científicos e ingenieros dedicados a la investigación y desarrollo empleados por el Gobierno Federal de los Estados Unidos en 1969 trabajaban para el Departamento de Defensa. Como resultado de esta concentración de la tecnología de los Estados Unidos en aplicaciones militares nos encontramos con que se ha erigido en dicho país un enorme complejo bélico-industrial. Importantes compañías industriales –Honeywell, Lockheed, etc...– están actualmente implicadas en la construcción de máquinas cuyo objetivo principal es la destrucción de la vida humana. No es necesario que uno sea pacifista para quedar horrorizado ante las atrocidades que han sido hechas posibles por las técnicas "científicas" bélicas, con sus actuales dimensiones: atómica, biológica, química e incluso psicológica. (9)

Si tenemos en cuenta la relación de la tecnología avanzada con los problemas de los países subdesarrollados, surge una nueva serie de problemas. Muchos economistas del desarrollo todavía sostienen la idea de que la clave de éste se encuentra en un crecimiento económico continuo medido por factores de conjunto como el producto nacional bruto. Normalmente, el crecimiento ha de ser realizado a través de una concentración de la producción industrial. Esto es considerado como un primer paso frente a la dependencia de la exportación con respecto a los países desarrollados en cuanto a mercancías primarias –té, azúcar, etc...– y frente a una dependencia igualmente onerosa de la importación con respecto a dichos países en cuanto a bienes manufacturados. Estas teorías sobre el crecimiento y la "sustitución de importaciones primarias" legitiman la transferencia masiva de técnicas de la industrialización avanzada y de inversiones privadas de los países desarrollados a los subdesarrollados. Todo esto conduce a una idea del desarrollo, expresada en medidas globales de realización económica, recalcando particularmente la importancia del crecimiento económico como medio de lograr una firme posición en el comercio mundial. Un informe preparado durante el mando del ex-primer ministro canadiense Lester Pearson para el International Bank for Reconstruction and Development en 1969 establece inequívocamente que "la opinión de aquellos que administran actualmente la ayuda, bien bilateral o multilateral,... (es) que las crecientes asignaciones de ayuda deberían dedicarse principalmente a realizaciones".

Sin embargo, la introducción de la tecnología avanzada en los países subdesarrollados puede ocasionar numerosos problemas. El primero de ellos es la disminución que causa en las reservas exteriores, y la necesidad que conlleva de una masiva inversión de intereses provenientes del exterior. Estas reservas son utilizadas para comprar los bienes de equipo que requiere una producción industrial avanzada, y frecuentemente para comprar además tanto el trabajo de especialistas como las materias básicas necesarias para el funcionamiento de los bienes de equipo. Otro problema relacionado con este último es el de la creciente dependencia técnica en la que se encuentran los países subdesarrollados con respecto a los países desarrollados, con importantes implicaciones económicas y políticas. Muchas compañías multinacionales prefieren establecer sus propias empresas subsidiarias en un país extranjero, en vez de proporcionar información técnica a unos posibles competidores por medio de patentes y convenios concesionarios. A menudo, estos convenios realizados atan tal cantidad de cabos en cuanto a aspectos tales como la comercialización e innovaciones posteriores que, como ha explicado un economista suramericano, "la única decisión que puede tomar el concesionario es la de aceptar o no un convenio para la compra de tecnología".

El tercer problema de una rápida industrialización es el del desempleo. Frecuentemente, esto está relacionado con la sustitución de las técnicas tradicionales basadas en el trabajo necesario para el funcionamiento de la artesanía y de otras formas de producción a pequeña escala, por unas técnicas industriales basadas en el capital. Esto también refleja la migración de la población rural que abandona su tierra para dirigirse a las ciudades en busca de trabajo. En muchos países subdesarrollados se estima que actualmente el desempleo alcanza cifras de hasta un 30 por ciento. La falta de puestos de trabajo proviene parcialmente de la introducción en dichos países de tecnología avanzadas inapropiadas para sus condiciones sociales y económicas. Como ha indicado el profesor Hans Singer, director del *Institute of Development Studies* de la Universidad de Sussex, "los países subdesarrollados están importando actualmente la llamada tecnología moderna, aunque la palabra moderno, igual que la palabra progreso, significa lo que es moderno, y lo que es progreso, para las naciones más ricas" (10).

Los efectos de la tecnología avanzada, en combinación con un sistema comercial mundial dominado por las naciones desarrolladas, ha contribuido a la formación de una doble brecha en el desarrollo. La primera es la que existe entre naciones ricas y naciones pobres. De acuerdo con el Banco Mundial, la participación de los países capitalistas avanzados en el comercio mundial aumentó de un 60 a un 72 por ciento entre 1950 y 1969, mientras la de los "países menos desarrollados" descendió durante dicho período de un 32 a un 18 por ciento.

La segunda brecha es la existente en los propios países en vías de desarrollo. El 80 por ciento aproximadamente de la gente que vive en estos países trabaja todavía en el campo, mientras que las innovaciones tecnológicas siguen concentrándose en el sector industrial, o en la mecanización intensiva de los procesos agrícolas. La mayor parte de los beneficios producidos por estos dos últimos sectores corresponden a una minúscula parte de la población. Según Judith Hart, antiguo ministro británico de Desarrollo de Ultramar, "los contrastes de riqueza y pobreza en muchos países en vías de desarrollo son probablemente mayores que los habidos en cualquiera otra civilización en cualquier época de la historia" (11). La desigualdad es perpetuada por la disponibilidad y utilización de la tecnología, reflejo directo del énfasis que ponen los economistas en el desarrollo de la economía, en vez de atender a la satisfacción de las necesidades sociales directas y a las cuestiones de control político correspondientes.

Para construir una crítica completa de la tecnología contemporánea, hemos de superar las consideraciones de tipo meramente ambiental, económico y de desarrollo. Igualmente importantes son los efectos que produce la tecnología sobre el individuo en sociedad. Incluso los problemas de polución sólo pueden ser evaluados en la medida en que afectan al individuo. Esto ocurre bien directamente, en términos de peligrosidad para la salud y para el bienestar general, o indirectamente en el sentido de privar al individuo de importantes recursos materiales. De modo similar, un análisis de las prioridades sociales sólo puede conducirnos a unas conclusiones directamente políticas que encierran nuestras propias ideas acerca de la posición y del papel del individuo en la sociedad.

Una de las consecuencias más evidentes de vivir en una sociedad industrializada consiste en que el individuo se encuentra cada vez más al margen de muchas de las más importantes decisiones tomadas por –o quizá sería mejor decir en nombre de– la sociedad en la que vive. Incluso un dirigente político, comentando en *The Times* (27 de Mayo de 1968) un discurso pronunciado en 1968 por el entonces Ministro de Tecnología británico Anthony Wedgwood Benn sobre la necesidad de aumentar la participación en la toma de decisiones, comentó que "podemos ver una paradoja de la moderna sociedad tecnológica; la sociedad crea problemas tan complejos que sólo pueden ser manejados por aquellos que poseen una formación de especialistas y unos intrincados conocimientos, y al mismo tiempo produce gentes, que en general, han recibido una educación más elevada y que tienen más deseos de conocer que las generaciones precedentes. Esto centraliza la toma de decisiones pero extiende el deseo de colaborar en dichas "decisiones".

La difusión de las ideas de "auto-gobierno", particularmente tras el éxito de las actividades en el *Upper Clyde Shipbuilders* y otros sitios, demuestra que este deseo no es en absoluto exclusivo de aquellos que poseen una educación superior. Sin embargo, importantes decisiones sobre un desarrollo tecnológico determinado no son tomadas tras un debate público acerca de su deseabilidad social general, sino que se decide en función de su viabilidad comercial y de sus perspectivas financieras en el mercado mundial. Un ejemplo de ello lo encontramos en el fracaso que han supuesto los cada vez mayores costos del proyecto del Concorde. Otros dos importantes casos, aunque menos conocidos, son los contratos para proveer de nuevo material telefónico al *British Post Office,* y los intentos ingleses para crear una industria de energía nuclear comercialmente viable. En ambos casos, las discusiones entre bastidores de las que dependían muchos millones de libras esterlinas provenientes de fondos estatales han sido enmascaradas con una muralla de argumentos técnicos. Estos argumentos son utilizados a menudo para desviar cualquier tipo de pregunta "no-experta" o, dicho de otro modo, para desalentar una participación pública en tales discusiones. Cualquier intento de intervenir es frecuentemente desechado argumentando que "sólo los expertos conocen realmente el tema del que están hablando" (12). El Dr. Harold Agnew, director de *Los Alamos Laboratories Weapons División* de los Estados Unidos, ha declarado según una cita recogida de él que "la base de la tecnología avanzada es la innovación y nada es más bochornoso para la innovación que el ver que el producto de uno no es utilizado o reglamentado al margen de endebles premisas que implican la opinión pública mundial" (13).

Los problemas políticos que provienen de la necesidad técnica de utilizar un alto nivel de especialización han sido ampliamente discutidos. En su libro *The New Priesthood,* por ejemplo, Ralph Lapp habla del poder e influencia que poseen importantes científicos y tecnólogos en los Estados Unidos, y cita un comentario hecho por Woodrow Wilson durante su campaña presidencial de 1912: "Lo que yo temo es un Gobierno de expertos. ¿Qué importamos nosotros si vamos a ser científicamente cuidados por un pequeño número de señores que son los únicos hombres que conocen el asunto? Porque si no entendemos de nuestros asuntos, no seremos hombres libres" (14). Según Ralph Lapp, este proceso ya se ha dado, y la democracia se enfrenta actualmente a su más severa prueba consistente en conservar sus tradiciones en una época de revolución científica durante la cual "la nación depende cada vez más para su bienestar de un reducido grupo de gente que forman una élite científica y técnica" (15).

El punto hasta el cual los recursos necesarios para hacer funcionar y mantener nuestra sociedad tecnológica se encuentran en manos de una gigantesca "tecnoestructura" ya ha sido descrito ampliamente por economistas como J.K.Galbraith, y no es necesario que nos explayemos aquí en ello (16). Los científicos y los tecnólogos están cada vez más vinculados a los mecanismos del poder. El conocimiento, y en consecuencia la capacidad de asesoramiento, de los problemas científicos y tecnológicos se ha convertido en una parte esencial del proceso político. Pero ya es más dudoso el hecho de que los científicos y los tecnólogos posean realmente el poder al que temía Woodrow Wilson y que ha sido descrito por Lapp. Sin duda alguna, muchos de ellos están en situación de aconsejar sobre decisiones con amplias implicaciones sociales y políticas. Al mismo tiempo, sin embargo, sólo se les concede la libertad de tomar aquellas decisiones que han sido aprobadas políticamente o que pueden llegar a serlo.

Un típico ejemplo que muestra la necesidad de una aprobación política lo encontramos en la decisión del Gobierno británico de ignorar las conclusiones de la Roskill Commission sobre el emplazamiento del tercer aeropuerto de Londres, y la aceptación de un sitio distinto al recomendado por dicha Comisión. Otro ejemplo lo encontramos en el hecho de que cuando el "comité de expertos" del Gabinete británico propuso al Gobierno conservador en 1970 que se abandonase el proyecto del Concorde, recibió la respuesta de que pensase de nuevo en ello, teniendo en cuenta las delicadas negociaciones con el Mercado Común. Subsiguientemente, el "comité de expertos" llegó a la conclusión de que el proyecto del Concorde debería ser llevado hacia delante, y las relaciones anglo-francesas fueron preservadas. Del mismo modo, hubo consideraciones de tipo político en la decisión del Gobierno –basada en recomendaciones de Lord Rothschild– de que gran parte de las actividades de investigación científica fuesen determinadas por las necesidades de los diversos departamentos y ministerios gubernamentales. Mientras que es públicamente justificada en términos de una mayor "eficacia" y "rentabilidad", dicha restructuración refleja el deseo de fortalecer e institucionalizar los vínculos de la tecnoestructura, en la que el Gobierno, la industria y las universidades combinan sus esfuerzos para formar un consenso corporativo. En los Estados Unidos, aquellos científicos y tecnólogos que pusieron sus conocimientos a disposición del esfuerzo bélico americano en el Vietnam fueron rápidamente absorbidos por el complejo militar. Esto se llevó a cabo a través, por ejemplo, del grupo Jason del Institute for Defense Analysis, comité compuesto por una élite selecta de unos 40 científicos académicos provenientes de varias universidades de los Estados Unidos. Aquellos otros científicos y tecnólogos igualmente eminentes que se manifestaron enérgicamente *contra* la guerra en el Vietnam, dando a la publicidad pruebas documentadas acerca de los masivos daños ecológicos producidos por la utilización de herbicidas y otros elementos químicos para arrasar la vegetación, fueron relativamente ignorados por los responsables de la política militar de los Estados Unidos (17). Estos ejemplos muestran claramente que los científicos y tecnólogos poseen poder solamente a través de su adhesión y alianza con respecto a una base política preestablecida.

También deberíamos tener en cuenta el hecho de que los científicos y tecnólogos son frecuentemente utilizados, no ya sólo para producir los instrumentos de la acción política, sino también para añadir una máscara de objetividad –y en consecuencia de neutralidad política– a las decisiones políticas. La presentación de las cuestiones políticas como si fuesen técnicas, accesibles sólo por medio de un debate entre "expertos", tiene importantes consecuencias políticas. Esto legitima el que el individuo pueda opinar cada vez menos sobre importantes decisiones –que pueden ir desde el futuro desarrollo del sistema telefónico, o del transporte aéreo supersónico, hasta la integración británica en el Mercado Común, decisión política "justificada" con argumentos tanto económicos como culturales– que probablemente tendrán una considerable influencia sobre su vida. Con frecuencia, la única posibilidad de manifestar el desacuerdo con respecto a tales decisiones es la de llevar a cabo actividades colectivas de grupo de presión. En este caso, quienes poseen las mayores posibilidades de éxito son aquellos que tienen a su disposición la mayor cantidad de recursos; el asesoramiento por parte de expertos, a menos que sea ofrecido voluntariamente, puede ser caro, y de este modo sólo pueden disponer de él aquellos que tienen la capacidad de pagarlo.

Llevada a sus últimas consecuencias, la "despolitización" de la sociedad industrial avanzada pudiera tener consecuencias más graves todavía, ya que porporciona un arma poderosa para la consecución de un control estrechamente co-ordinado de las acciones de todos los miembros de la sociedad, esto es, el camino hacia el totalitarismo. Esta tendencia ha sido cada día más posible a consecuencia del desarrollo de la cibernética –la ciencia de controlar la información y la comunicación– y del diseño de redes de comunicación computorizadas. A principios de 1973, Chile llevó a cabo experimentos bajo la dirección de un cibernético inglés, Stafford Beer, para descubrir la medida en la cual la economía del país podría ser regulada por medio de la utilización de un computador para registrar las actividades diarias de cada fábrica. También se indicó que se estaba tratando de saber si es posible predecir los efectos de medidas políticas y económicas (18). Indicios de totalitarismo están ya contenidos en el informe de la *Royal Commission on Local Government* en Inglaterra, el informe Redcliffe-Maud, publicado en 1969, donde se establece que "las nuevas y más sofisticadas técnicas de administración también proporcionan un impulso al desarrollo de la dirección central. El computador ha abierto nuevas perspectivas" (19).

El profesor Frank George, director del *Institute of Cybernetics* de la Universidad de Brunel, ha indicado que "el verdadero peligro que la cibernética... puede conllevar, y por supuesto ya es así, consiste en que hace más probable y más fácil el establecimiento de una autocracia fascista: una comunidad completamente controlada por el gobierno central" (20). Carl Friedrich y Zbigniew Brzezinski, en un estudio realizado sobre la autocracia y la dictadura totalitaria, llegaron a la conclusión de que cuatro de los seis elementos comunes a la mayor parte de las autocracias y dictaduras –a saber, control monopolístico de las comunicaciones, del armamento, del terror y de la economía– se basan en alguna forma con base tecnológica (21).

Esto no quiere decir que el creciente uso y dependencia de la tecnología o la aplicación de la cibernética a la planificación social conduzcan por sí mismas hacia el totalitarismo. Ni que decir tiene, las dictaduras han existido a todos los niveles de desarrollo tecnológico. El punto fundamental, sin embargo, se encuentra en que el aumento de una "despolitización" relacionada con la tecnología avanzada podría presentar a dicho sistema como una necesidad económica "racional" que funcionase al margen de consideraciones políticas, decorado predicho por George Orwell en su *1984*. Esta tendencia ya se ha manifestado en varios argumentos en favor de unas medidas políticas altamente autoritarias para el control de la población. Al disfrazar las cuestiones políticas de complejas cuestiones técnicas, la tecnocracia elimina la responsabilidad de los individuos y, de este modo, parece aislarlos respecto a los procesos políticos.

Ya podemos ver cómo la tecnología contemporánea tiende a acentuar y a reforzar las divisiones de clase y la desigualdad más bien que a eliminarlas. Aquellos que no poseen los recursos suficientes para utilizar la tecnología de la que disponemos se encuentran en una situación de permanente desventaja. Fijémonos, por ejemplo, en la difícil situación de aquellos que han sido llamados "los pobres del transporte", miembros de la comunidad discriminados y condenados por ésta, por no tener un automóvil privado, al carecer de unos servicios adecuados de transporte público. De modo similar, muchas de las ventajas de las investigaciones médicas contemporáneas se han visto devaluadas en Inglaterra por una Seguridad Social que permite a aquellos pacientes que pueden pagar un tratamiento privado un acceso casi inmediato a la pericia del médico, mientras que otros deben esperar meses e incluso años para recibir dicho tratamiento. Pueden ser proporcionados nuevos teléfonos inmediatamente a aquellos ingleses que los piden con una finalidad comercial o financiera, pero los pensionistas y otra gente que los necesitan tienen que esperar a menudo años para que se los pongan.

Lejos de ser la gran democratizadora que aportaría igualdad para todos, la tecnología se ha convertido en un medio más mediante el cual una clase social mantiene su supremacía sobre otra. Cuanto más sofisticada se hace la tecnología, tanto mayor es dicho efecto. La *British Society for Social Responsability in Science* señala en su declaración política que "el conocimiento científico y técnico es una importante fuente de poder, pero solamente las grandes instituciones poseen los recursos necesarios para beneficiarse de ello... de este modo la ciencia es utilizada directamente para aumentar el poder de los ya poderosos y para frustrar las esperanzas de los menos poderosos" (22).

La tecnología, al mismo tiempo que le aparta del proceso político, proporciona también los medios por los que el trabajador queda al margen del control sobre los procesos de la producción industrial y le ofrece el papel pre-definido que es necesario juegue en este proceso. Karl Marx utilizó el término *alienación* para describir el modo mediante el cual, bajo el sistema capitalista de producción, el producto del trabajo de un hombre queda inmediatamente separado de él, y pierde todo tipo de control sobre lo que pueda ocurrir con dicho producto. Para Marx, la actividad productiva era el principal modo por el cual el hombre establecía sus relaciones tanto con respecto al mundo natural, como con respecto a los otros miembros de la sociedad. También era el proceso mediante el cual el individuo realizaba toda su capacidad como ser humano. Marx consideró al trabajo como la manifestación concreta de aquello que diferenciaba al hombre del resto del reino animal. En *la ideología alemana,* por ejemplo, escribe que los hombres "comienzan a distinguirse de los animales tan pronto como comienzan a *producir* sus medios de subsistencia, estadio que es condicionado por su organización física" (23).

Marx identifica cuatro tipos de alienación que, en la sociedad capitalista, impiden este proceso: la alienación del hombre con respecto a su trabajo, con respecto al producto de su trabajo, con respecto a otros hombres y con respecto a la especie humana en general. La alienación era principalmente una función de las relaciones de producción, más bien que de los modos determinados de producción (máquinas y técnicas utilizadas por una sociedad); y sería algo específico a la sociedad capitalista, desapareciendo una vez que ésta fuese sustituida por un régimen comunista.

El concepto de alienación ha sido ampliamente debatido desde la época de Marx. Algunos lo rechazan en cuanto concepto "a-científico" perteneciente a los primeros escritos de Marx, que serían más "humanistas". Indican el hecho de que apenas se hace mención de él en los tres volúmenes de *El capital* para argumentar que en la época en la que Marx escribió su obra fundamental, éste "corrigió" sus ideas primitivas y desechó la alienación como concepto útil (24). Otros consideran que se trata de una tergiversación del marxismo, y han realizado un desarrollo más amplio de la idea marxiana de la alienación, particularmente bajo la influencia de las teorías de Freud y de otros respecto a la naturaleza del subconsciente humano. Algunos de éstos han intentado ampliar la crítica de Marx para incluir la idea de que el hombre se encuentra alienado con respecto a sí mismo –o "deshumanizado"– tanto a causa de la naturaleza del medio ambiente social contemporáneo como a consecuencia del hecho de que se encuentra controlado por una clase social dominante. Estos sugieren que los modos de producción pueden ser tan importantes como las relaciones de producción en cuanto a la determinación del estado alienado del hombre en la sociedad industrial. El psicólogo Erich Fromm, por ejemplo, ha escrito que "el hombre, como un mecanismo dentro de la máquina de producción, se convierte en una cosa y deja de ser humano... la pasividad del hombre en la sociedad industrial de hoy día es uno de sus rasgos más característicos y patológicos... siendo pasivo, se siente indefenso, solo y ansioso" (25). Fromm considera esto como el "síndrome de alienación".

La naturaleza algo abstracta del concepto marxiano de alienación dificulta su aplicación como instrumento analítico a situaciones determinadas de trabajo. Sin embargo, Melvin Seeman ha identificado cinco aspectos diferentes de alienación, utilizados por sociólogos y psicólogos como categorías operacionales. Aquellos corresponden aproximadamente a los cuatro aspectos de la alienación señalados por el propio Marx. Estos son: la *impotencia* del individuo cuando se siente controlado o manipulado por otra gente o por un sistema impersonal (como la tecnología); la *carencia de sentido* que asocia a su trabajo, sentimiento aumentado por la división y fragmentación de las tareas de producción, y a menudo evidentemente estimulado por la estructura burocrática; la *auto-enajenación* del trabajador que frecuentemente experimenta un modo de despego despersonalizado con respecto a su trabajo; y finalmente un *aislamiento* general que puede conducir a la alienación social o a una desintegración general de comunidades integradas, que es frecuentemente asociado con el concepto del sociólogo francés Emile Durkheim de *anomia* (26). Estos cuatro modos de alienación fueron utilizados por el sociólogo norteamericano Robert Blauner en su amplio estudio sobre el trabajador en fábricas de la industria estadounidense. Su conclusión general fue que, aunque cada dimensión de la alienación variaba en forma e intensidad de acuerdo con el sistema industrial estudiado, "dentro de las técnicas de la manufactura moderna y de los principios de organización burocrática industrial se encuentran de forma inherente unas tendencias generales alienadoras" (27).

Blauner descubrió que los obreros de una planta química automatizada daban muestras de un grado de alienación subjetiva mucho menor que aquellos que trabajaban en una fábrica textil o en una cadena de producción de automóviles. Esto lo atribuía a factores tales como a la imprevisibilidad de los procesos químicos que añaden "interés, excitación y estímulo", a la flexibilidad en los ritmos de trabajo, posible gracias al control automático, y a la creciente cantidad de "ocio en-el-trabajo" que normalmente se realizaba por medio de "lecturas... conversaciones y bromas con los compañeros de trabajo". La conclusión general que Blauner sacó de todo esto fue que "puesto que el trabajo en las industrias de proceso continuo implica control, sentido e integración social, tiende a ser auto-realizador en vez de auto-enajenador " (28). Dicho de otro modo, la creciente automatización y el estilo que introduce son considerados por Blauner (y por un amplio número de sociólogos industriales liberales) como un medio de eliminar el problema de la alienación.

Lo que el análisis de Blauner sobre el trabajo automatizado fue incapaz de prever fueron los cambios que se han realizado mediante el desarrollo de técnicas de control más sofisticadas en los diez años que nos separan de la fecha en que llevó a cabo sus investigaciones. Los sistemas de seguridad contra fallos y otros mecanismos automáticos de control han tendido a reducir al mínimo las implicaciones del operador, eliminando una vez más gran parte de su reconquistado sentido de la responsabilidad. En estas circunstancias, el proceso de automatización sólo consigue agravar la alienación y la frustración (29). Un estudio sobre los trabajadores de fábricas de automóviles descubrió que muchos se quejaban de la alienación social aportada, por ejemplo, por las distancias cada vez mayores entre los puestos de trabajo en el taller automatizado y por las cada vez menores interrupciones y posibilidades de contacto entre los trabajadores. Se quejaban de un sentimiento de enajenación con respecto a su proceso productivo bajo condiciones de trabajo automatizado (30). De acuerdo con el sociólogo B. Karsh, "la automatización parece desconectar al hombre de las máquinas... habiendo la producción en masa desposeído al hombre de las formas creativas de trabajo, permanece desposeído del control sobre su trabajo a causa de la automatización" (31).

Un importante efecto de la introducción cada vez mayor de la tecnología basada en el capital proviene de las necesidades que implica con respecto a las costumbres de la fuerza de trabajo. Por encima de un cierto nivel de inversión de capital, sólo pueden conseguirse unas ganancias máximas a través de la utilización máxima de los bienes de equipo, y los costos de trabajo se convierten en una parte relativamente insignificante de los costos globales. Un estudio sobre empresas británicas realizado por un equipo de asesores de directivos concluyó que "por término medio, el computador de las empresas británicas sólo es utilizado la mitad de tiempo de sus posibilidades, y es productivo sólo dos terceras partes del tiempo que es utilizado, *desperdiciando* unas 3.000 libras esterlinas mensuales" (32). La cantidad total desperdiciada respecto a 104 computadores investigados fue superior a los tres millones y medio de libras esterlinas anuales, siendo debida esta situación, de acuerdo con el director de la empresa que llevó a cabo el estudio, a "serios fallos de dirección". Para evitar este modo de "desperdicio", los operadores de computadores se encuentran actualmente obligados a organizar sus vidas de acuerdo con las demandas del computador, y no de modo contrario. De acuerdo con un sindicalista británico, "los bienes de equipo altamente capitalizados, como los bienes de equipo asistidos con computador, están siendo en la actualidad cada vez más empleados en las zonas técnicas. A consecuencia de esto, los empleadores desearán asegurar el que todos los empleados que utilicen estos bienes de equipo acepten el mismo tipo de subordinación con respecto a la máquina como el ya establecido por ellos en el taller" (33). Un resultado directo de esto es el relativamente nuevo fenómeno de los graduados universitarios que se encuentran en una situación de trabajo por turno, y la "proletarización" general de los trabajadores técnicos.

Los problemas de desempleo y de exceso de mano de obra creados por la automatización son más difíciles de discutir. Sin ninguna duda, la creciente productividad de la industria británica durante los últimos años ha sido realizada a costa de un número cada vez menor de puestos de trabajo en determinadas industrias o compañías. En GEC, por ejemplo, el mayor empleador privado del Reino Unido, el número de empleados disminuyó de 230.000 a 181.000 entre 1969 y 1972, mientras que los beneficios aumentaron durante este período de 49 millones de libras a 77 millones. Sin ninguna duda, asímismo, es posible relacionar el desempleo en ciertas firmas e industrias con la introducción de ciertos tipos de automatización. Podemos indicar la construcción de vastos complejos químicos que representan una inversión de muchos millones de libras y que, sin embargo, no emplean a más de una docena de personas.

No obstante, las razones de las cifras de desempleo dramáticamente altas durante los primeros años de la década de los 70 –incluyendo por primera vez un alto nivel de desempleo entre científicos e ingenieros cualificados– provienen tanto de las medidas políticas y económicas adoptadas como de los cambios habidos en la tecnología de la producción (34). Por supuesto, el atribuir *directamente* este desempleo a los efectos producidos por la automatización es una muestra más de "despolitización", al invocar el concepto de "eficacia" para justificar medidas que han sido tomadas en base a realizaciones económicas en vez de atender a las necesidades sociales. Por el contrario, deberíamos buscar las causas de ello en el funcionamiento de un sistema que prefiere emplear a muchos miles de ingenieros más especializados y a delineantes para diseñar un avión supersónico, o una sofisticada tecnología militar, en vez de ocuparse de los problemas de los sistemas de transportes públicos urbanos o de los servicios médicos.

Individualmente considerados, un gran número de los problemas sociales relacionados con la tecnología avanzada que hemos discutido pueden tener soluciones técnicas homeopáticas. A menudo, éstas incitan a políticos y otra gente a afirmar su firme creencia de que tales problemas pueden ser solucionados por medio de una tecnología nueva y mejor, de la misma manera que sugieren que los problemas relacionados con el crecimiento económico solamente pueden ser resueltos por medio de un mayor crecimiento económico. Indican que muchos problemas de polución, por ejemplo, pueden ser resueltos o atenuados por la introducción de adecuados mecanismos de control de polución, y de adaptaciones circunstanciales a los procesos de producción. De modo similar, algunos de los más inmediatos problemas psicológicos creados por la tensión de las condiciones modernas de trabajo pueden ser mitigados por la introducción de técnicas como las de "extensión del trabajo" y la re-integración de fases de trabajo previamente fragmentadas. Los problemas de los transportes urbanos pudieran ser solucionados (teóricamente, al menos) mediante la eliminación de los coches privados y una inversión masiva financiera y tecnológica en redes de transporte controladas globalmente por computador. La lista de tales "arreglos técnicos" de los que podemos disponer podría ampliarse indefinidamente, porque los problemas que mejor pueden ser solucionados por la tecnología son precisamente aquellos que han sido aislados de su entorno social. De este modo, la fe en la tecnología queda incólume. Con respecto a los problemas de polución y de la guerra nuclear, Donald Schon ha escrito que "mientras estos efectos involuntarios de la tecnología son perjudiciales, no nos dejan sin una clara trayectoria de acción. Simplemente, debemos aplicar más enérgicamente y más exhaustivamente el tipo de razón práctica central al avance tecnológico" (35). Un planteamiento más sofisticado con respecto al "arreglo técnico" es el desarrollo de instituciones sociales destinadas a predecir las probables consecuencias sociales de determinados desarrollos tecnológicos (como la recientemente creada *Office of Technology Assessment* en los Estados Unidos) de modo que se pueda intentar minimizar dichas consecuencias antes de que ocurran.

A pesar de estas frecuentes reafirmaciones de fe en la capacidad de la tecnología por parte de políticos y tecnólogos, las actitudes frente a la ciencia y a la tecnología han comenzado a cambiar enormemente durante los últimos años. Los veinticinco años que siguieron a la Segunda Guerra Mundial, y particularmente los años 50 y 60, han supuesto un período de expansión para la tecnología. Los científicos y los tecnólogos, habiéndose distinguido con exitosos proyectos bélicos tales como el desarrollo del radar y la bomba atómica, se vieron en la cresta de una ola de optimismo. Los gastos de investigación y desarrollo en los Estados Unidos aumentaron casi sesenta veces entre 1940 y 1965, de 340 millones a 20.000 millones de dólares anuales. Aumentos similares fueron realizados en la mayoría de las otras naciones industriales avanzadas. Los dirigentes políticos realizaron numerosas declaraciones públicas afirmando su confianza en que la ciencia y la tecnología aportarían las soluciones para todos los mayores problemas mundiales. El Presidente Kennedy, por ejemplo, anunció en 1963 que "conforme empezamos a dominar las potencialidades de la ciencia moderna nos dirigimos hacia una era en la cual la ciencia puede realizar su promesa creadora y ayudar a que se manifieste la sociedad más feliz que el mundo pueda conocer". Harold Wilson describió el objetivo del Partido Laborista en 1960 como el de enjaezar el socialismo a la ciencia y la ciencia al socialismo; cuatro años más tarde, pocos meses antes de que se convirtiese en Primer Ministro, dio una conferencia en Birgmingham en la que dijo que el futuro británico era el de "ser forjado en la candencia" de la revolución tecnológica inspirada por el Gobierno.

Sin embargo, a mitad de la década de los 60, la corriente de optimismo comenzó a declinar. Una vez que se venció la carrera de colocar un hombre en la Luna, hubo un inmediato descenso en los gastos relativos a investigaciones relacionadas con el espacio, que disminuyeron de un total de un 20,4 por ciento de los gastos totales sobre investigación y desarrollo dentro del presupuesto del Gobierno Federal de los Estados Unidos en 1965 a casi la mitad de esta cifra en 1970. Esta reducción de la investigación espacial contribuyó a que descendiese en un 16 por ciento el número de investigadores, científicos e ingenieros empleados en las industrias aeroespaciales entre 1970 y 1971. La incapacidad de los Estados Unidos para conseguir algún tipo de victoria en la guerra del Vietnam, a pesar de su amplia supremacía tecnológica, produjo una mayor desconfianza con respecto a la imagen oficial del éxito de la tecnología. En la Europa Occidental, la incapacidad evidente de la tecnología para ayudar a resolver los problemas económicos experimentados por numerosos países durante los últimos años de la década de los 60, condujo a un gradual enfriamiento del entusiasmo político por gastar grandes cantidades de dinero en investigación y desarrollo sin la perspectiva de una inmediata amortización económica. Mientras que el General de Gaulle había insistido previamente en la necesidad de "impulsar sin cesar nuestras investigaciones técnicas y científicas a fin de evitar nuestro hundimiento en una amarga mediocridad y el ser colonizados por las actividades, los inventos y la capacidad de otras naciones", muchos políticos parecen estar actualmente de acuerdo con la Tesorería británica que, prestando declaración ante la Comisión de Gastos de la Cámara de los Comunes en su sesión de 1971/72, indicó que "la mayor parte de la gente pensaría que los beneficios obtenidos por la nación de sus gastos en investigación y desarrollo han sido decepcionantes".

El camino que va desde la desilusión a la desconfianza es corto. En enero de 1973, Harold Wilson pronunció un discurso en Edinburgo advirtiendo contra los peligros del progreso tecnológico, y describiendo a las fuerzas de la tecnología como "cabalgando a través de las vidas de la gente", dejando una estela de miseria y destrucción. Los problemas del hombre en la moderna sociedad tecnológica, dijo, su frustración, su tensión, su impotencia, eran comunes a todos los países avanzados. El contraste con sus discursos de diez años antes, con su elevada glosa de euforia tecnológica, no puede ser más notable. El número del mes siguiente de la revista *Private Eye* contenía una caricatura en la cual Wilson estaba dando instrucciones a su secretaria: "busque mis discursos electorales de 1964 y donde diga las maravillas de la tecnología ponga sus horrores".

Esta desilusión ha sido reflejada y corroborada por varios escritores que han tratado de sintetizar un análisis de los problemas de nuestra moderna sociedad tecnológica. Los más importantes de estos han sido Jacques Ellul, Herbert Marcuse, Jürgen Habermas y Theodore Roszak. El principal ataque de Ellul, contenido en su libro *La sociedad tecnológica,* publicado hace unos veinte años, lo ha dirigido contra *la technique*. Esto quizá se traduce mejor como práctica tecnológica que, según Ellul, ha "modelado un mundo omnívoro que sólo obedece a sus propias leyes y que ha renunciado a toda tradición... el propio hombre ha sido dominado por *la technique* y se ha convertido en su objeto" (36). Sus argumentos son muy parecidos a los del escritor victoriano Samuel Butler en *Erewhon*, cuyo personaje central se encuentra con una sociedad que ha desterrado a las máquinas, tras haberse dado cuenta de la creciente opresión y dominio ejercidos por la "conciencia mecánica" sobre el hombre. *El hombre unidimensional* de Marcuse y *The Makings of a Counter Culture* de Roszak son, tanto el uno como el otro, unos vigorosos ataques contra la sociedad industrial. Para Marcuse, "la fuerza liberadora de la tecnología –la instrumentalización de las cosas– se convierte en una traba para la liberación: la instrumentalización del hombre" (37), mientras que Roszak establece que "en el caso de la tecnocracia, el totalitarismo es perfeccionado porque sus técnicas se convierten progresivamente en algo más subliminal" (38).

Hasta hace unos años, la mayor parte de estos ataques se han desarrollado de un modo marginal con respecto a las líneas generales de la crítica popular. Pudieron ser rechazados tanto por la derecha como por la izquierda considerándolos como poco más que unos estruendos producidos por los descontentos o por románticos frustrados. El hecho de poner en duda la naturaleza misma de la tecnología y no solamente los usos a los que ha sido aplicada, pareció suponer un reto frente a la base global del pensamiento racional; la aparente neutralidad política de la ciencia y la tecnología, hace que la responsabilidad por estas actividades pase a formar parte de los procesos políticos convencionales. Los ataques que ha sufrido particularmente la filosofía de la "contra-cultura", con su rechazo casi total del estilo de vida convencional de la sociedad industrial contemporánea, han tendido a considerar la crítica de la ciencia y de la tecnología modernas como una especie de vuelta a la Edad Media. Jacob Bronowski ha descrito a la contra-cultura como "una recapitulación bajo atavíos modernos de los prejuicios anti-intelectuales, irracionales y antiliberales que se han dado siempre de forma endémica en América. Un arsenal de viejos y herrumbrosos prejuicios está siendo introducido entre los jóvenes disfrazado de evangelio de la naturaleza" (39).

Cualquiera que sea la opinión de cada uno sobre el significado político del movimiento de la contra-cultura, una de las ideas prácticas más importantes que ha surgido de él es la que forma parte de este libro de modo esencial, esto es, la necesidad de desarrollar una tecnología alternativa. Las raíces de la tecnología alternativa hemos de buscarlas tanto en las críticas sociales y políticas de aquellos interesados en lo que consideran los aspectos anti-humanos y alienadores de la tecnología contemporánea, como entre aquellos otros que argumentan, basándose principalmente en los aspectos ecológicos, que la polución y el desperdicio de recursos realizados por una tecnología tal hacen de la búsqueda de un modo alternativo de desarrollo tecnológico una urgente necesidad.

La tecnología alternativa está actualmente agrupando a un número de gente cada vez mayor proveniente de partidarios de ambos campos. Su planteamiento general se inicia a partir de la premisa de que las raíces de los problemas creados por la tecnología moderna han de ser buscados tanto en el diseño de la tecnología en sí como en los usos a los que se aplica. Renunciando a todo intento de remendar los problemas en base a medidas sociales circunstanciales, sugiere que las soluciones solamente podrán encontrarse a través de una revisión radical de los cimientos industriales y tecnológicos de la sociedad. Robin Clarke, uno de los co-fundadores del *Biotechnic Research and Development* (BRAD), ha descrito "el nuevo criterio" indicando "que la ciencia y la tecnología no podrán encontrar por sí mismas una salida para la presente crisis, pero toda salida real implicará una ciencia y una tecnología, incluso en el caso de que estas actividades no tengan mucho que ver en lo futuro, cualitativa o cuantitativamente, con lo que actualmente consideramos como ciencia y tecnología" (40).

Sería erróneo suponer que existe una completa armonía de intereses entre aquellos que componen lo que pudiera ser llamado de un modo amplio el movimiento de la tecnología alternativa. En una cierta medida, los diferentes planteamientos se reflejan en los nombres concretos que han sido elegidos para describir las actividades en cuestión. Entre los nombres sugeridos, y adoptados por diferentes grupos o individuos, encontramos los de: tecnología flexible, tecnología radical, tecnología de bajo impacto, tecnología intermedia (aplicada, particularmente, a las necesidades tecnológicas de los países subdesarrollados), tecnología del pueblo, tecnología liberadora, etc... No obstante, el planteamiento de cada grupo contiene normalmente algún tipo de combinación de una serie de elementos comunes. En estos están incluidos la mínima utilización de los recursos no-renovables, las mínimas interferencias ecológicas, la auto-suficiencia regional y sub-regional y la eliminación de la explotación y de la alienación de los individuos. Sin embargo, los grupos se diferencian según el distinto énfasis puesto en cada uno de estos elementos, y las diferencias entre los grupos son a menudo tan notables como lo son sus semejanzas. Algunos consideran la tecnología alternativa como una especie de "póliza de seguros" para cubrir el posible colapso tecnológico de la sociedad a través de algún masivo desastre ecológico. Otros la tienen en cuenta como un medio de evitar que se produzca dicho colapso, y según éstos la tecnología alternativa constituye la única base de confianza para el futuro desarrollo social, dentro del cual cada país pueda desarrollar toda una serie de tecnologías apropiadas a sus propios recursos y necesidades particulares. Pero para otros muchos, la tecnología alternativa la constituyen las máquinas y herramientas por medio de las cuales tanto el hombre como la naturaleza quedarán liberados de la dominación y explotación inherentes a nuestra tecnología actual, haciendo hincapié en el hecho de que una alternativa tal proporciona un marco en el que tienen cabida tanto una alternativa de tipo tecnológico como otra de tipo político.

Por consiguiente, cuando hablamos de tecnología alternativa nos referimos principalmente a un grupo de planteamientos con respecto a un diseño y utilización de máquinas y herramientas alternativos más bien que con respecto a un grupo determinado de máquinas. El concepto de una sociedad basada en comunas en la cual las actividades de todas las comunas son coordinadas por medio de una compleja red de computadores puede ser calificada como una tecnología alternativa en términos de autoabastecimiento y de descentralización de control: no obstante, podría decirse que los recursos y los especialistas que son necesarios para establecer dicha red de computadores la excluiría inmediatamente de la categoría de tecnología alternativa. Cualquiera que sea la actitud adoptada, lo más importante de las tecnologías alternativas no se encuentra en las soluciones concretas que pudieran presentar frente a ciertos problemas. Lo importante es, más bien, el planteamiento que representan, según el cual la tecnología debería tener como objetivo el adecuarse a las necesidades y recursos humanos –y no lo contrario– y el reconocimiento de que no sólo son deseables, sino necesarios, modelos radicalmente diferentes de desarrollo tecnológico.

Ninguno de los problemas sociales relacionados con la tecnología contemporánea es suficiente para condenar la base global de la tecnología moderna, cuando dichos problemas son considerados aisladamente. Sin embargo, cuando los consideramos en su totalidad, es difícil no llegar a la conclusión de que lo necesario es el desarrollo de una tecnología alternativa que esté basada en criterios políticos y ecológicos que permitan la consideración de los problemas potenciales de la tecnología antes de que ésta haya sido proyectada, en vez de tenerlos en cuenta una vez que ya han sido consumados. Esta tecnología alternativa podría coincidir con la sugerencia de Aldous Huxley según la cual necesitamos un "progreso tecnológico orientado de modo diferente (que dé como resultado) una progresiva descentralización de la población, de la accesibilidad al poder político y económico, y de la propiedad de los medios de producción" (41). De igual modo esto está en estrecha relación con la recomendación de Gandhi según la cual "toda máquina que proporcione ayuda a todo individuo tiene un lugar, pero no debería haber ningún sitio para aquellas máquinas que concentran el poder en unas cuantas manos y convierten a las masas en meras máquinas pensantes, en el caso de que no produzcan en ellas el desempleo" (42). Ambas citas subrayan el hecho de que la tecnología alternativa puede demostrar a largo plazo que proporciona la única base posible para un estilo de vida que sea personalmente satisfactorio, socialmente justo y económica y ecológicamente viable.

2. LA IDEOLOGIA DE LA INDUSTRIALIZACION

¿Qué sentido pueden tener los diversos problemas sociales relacionados con la tecnología contemporánea que han sido subrayados en el capítulo precedente? Dicho de otro modo, ¿cómo se relacionan entre sí dichos problemas y donde se encuentran sus raíces? Para responder a tales cuestiones debemos dirigir nuestra atención a la relación entre cambio social y cambio tecnológico. Los problemas sociales no pueden ser comprendidos por medio de una simple descripción y análisis de sus manifestaciones contemporáneas. También han de ser examinadas sus raíces históricas. Para explicar por qué la tecnología produce los efectos inherentes a ella, es necesario ir más allá de una descripción de los desarrollos tecnológicos determinados y de sus consecuencias. También debemos tener en cuenta el específico grupo de condiciones que dio orígen inicialmente a dichos desarrollos. Al reconstruir la historia de la tecnología comenzarán a surgir algunas ideas acerca de los estímulos que se encuentran detrás de los procesos de innovación tecnológica. Dichos estímulos indicarán el tipo de valores sociales y políticos que se encuentran implícitos en los planteamientos de la tecnología contemporánea, por encima de aquellos de naturaleza principalmente económica.

La interpretación tradicional de la innovación tecnológica consiste en indicar que su intención más importante es la de aumentar el rendimiento de la producción industrial. Según se argumenta, esto se hace a fin de maximizar la producción de plusvalía (y en consecuencia, en las sociedades capitalistas, de beneficio). Espero demostrar en este capítulo y en el siguiente que esta interpretación es inapropiada para explicar lo que realmente ocurrió en ciertas situaciones históricas determinadas. Se trata, de hecho, de una "ideología", una determinada interpretación sobre fenómenos o acontecimientos que distorsionan su naturaleza esencial en base a objetivos políticos (1). En este caso, la ideología ha demostrado ser un instrumento extraordinariamente poderoso en la historia del desarrollo social, porque ha difundido la idea de que la tecnología posee de alguna manera una lógica objetiva interna que determina una progresión única de un estadio de desarrollo a otro siguiente. Por consiguiente, la tecnología es considerada como algo que permanece políticamente neutral en cualquier situación determinada, jugando un papel completamente pasivo con respecto a los problemas de poder y control. A esta interpretación la llamaremos la "ideología de la industrialización".

El mensaje de esta ideología es que la industrialización, a través del desarrollo tecnológico, es una necesidad práctica -más bien que política- para la consecución del desarrollo social. Esto implica que el proceso posee una objetividad, y trata de excluir a aquél de los debates sobre problemas políticos. De este modo, proporciona una legitimidad a aquellas políticas que llevan a cabo el proceso de industrialización, sin tener en cuenta a menudo sus consecuencias políticas e incluso sociales. La miseria social experimentada durante la Revolución Industrial es justificada como el "precio" que ha de ser pagado por el progreso humano. Otro tanto se dice con respecto a la destrucción actual del medio ambiente natural y de las comunidades humanas tradicionales. La obstaculización del progreso tecnológico es considerada, casi por definición, como algo reaccionario. Hablar de industrialización es algo así como hablar de modernización, de progreso, de una vida mejor y más sana para todos.

La misma fórmula se manifiesta con respecto a las naciones subdesarrolladas. A éstas se les dice que la única posibilidad para su futuro es la de iniciar el modelo de industrialización ya adoptado por las naciones desarrolladas. Tal industrialización es vendida a las naciones subdesarrolladas no en base a su deseabilidad social o política, sino como una necesidad técnica (sea o no políticamente deseable). El profesor T. S. Ashton acaba su libro sobre la Revolución Industrial con estas palabras: "existen actualmente en las llanuras de la India y de la China hombres y mujeres, sometidos a plagas y al hambre, que viven un poco mejor, según las apariencias exteriores, que los animales de su ganado que se afanan con ellos durante el día y que comparten su dormitorio por la noche. *Estos modelos asiáticos, y estos horrores no mecanizados, son el resultado que obtienen aquellos que aumentan sus cifras demográficas sin haber atravesado una revolución industrial*" (2).

Sin duda alguna, la industrialización ha conseguido mejorar de modo importante la salud y el nivel de vida de una gran parte de la población mundial. No se puede negar que ha conseguido importantes realizaciones en este aspecto. Pero es importante distinguir el carácter esencial del proceso de industrialización de la ideología a la que ha dado lugar. Lo que la ideología disfraza es el grado de explotación y manipulación políticas que, en la mayoría de los casos, ha acompañado al proceso de industrialización y, por ello, al desarrollo de la tecnología contemporánea. La industrialización parece necesitar, y por ello la ha legitimado, la explotación tanto de los hombres como del medio ambiente natural. Por ejemplo, la aparente necesidad de una disciplina autoritaria y de una organización jerárquica de la empresa, necesarias para hacer funcionar los complejos bienes de equipo imprescindibles para la producción en cadena, es mantenida para justificar aquellas relaciones entre la dirección y los trabajadores, que son consecuencia de tal disciplina y organización. La innovación tecnológica parece legitimar estas relaciones aumentando el grado de disciplina necesario para hacer funcionar " de modo eficaz" a una empresa. De acuerdo con Ashton, por ejemplo, "los nuevos métodos de administración, los nuevos incentivos y la " nueva disciplina " fueron parte de la Revolución Industrial en la misma medida en que lo fueron las propias invenciones técnicas: el adaptarse a ellas fue el precio que tuvieron que pagar los trabajadores por los mayores sueldos que aportó la industria a gran escala" (3).

La tecnología de la sociedad occidental ha llegado a incorporar, como ya veremos, tanto la explotación de los hombres como la del medio ambiente natural, explotación que ha caracterizado al sistema político dentro del cual se ha desarrollado. Según André Gorz, "las fuerzas productivas son modeladas por las relaciones de producción capitalistas... la importancia de las últimas sobre las primeras es tan profunda que cualquier intento por cambiar las relaciones de producción estará condenado al fracaso a menos que se realice un cambio radical en la naturaleza de las fuerzas productivas, y no sólo en la manera en la cual son utilizadas y en los objetivos hacia los que tienden" (4).

En el capítulo siguiente exploraremos de modo adicional la naturaleza política de la innovación tecnológica y sus implicaciones con respecto a la tecnología avanzada. Sin embargo, es necesario examinar en primer lugar las diversas interpretaciones convencionales de la historia de la tecnología contenidas en la difusa noción de la industrialización.

Normalmente se considera al modelo tradicional de la evolución social como constituyendo un sencillo modelo de desarrollo lineal. La Edad de la Piedra, cuando el hombre aprendió por primera vez a manejar las herramientas e instrumentos primitivos, es considerada como la "aurora" de la civilización. Tras muchos miles de años, a aquélla le siguió la Edad del Bronce. Durante este período, el hombre descubrió las ventajas que podría conseguir al realizar sus herramientas con metales, particularmente en lo que se refiere a sus usos agrícolas y militares. El bronce, no obstante, supone una aleación relativamente blanda. Fue únicamente el subsiguiente descubrimiento y utilización del hierro lo que proporcionó a la civilización la base material mediante la que pudo "despegar". El hierro era relativamente abundante en los países del Mediterráneo oriental, y la difusión de las técnicas de fundición y de trabajo del hierro hizo que éste se convirtiese en el metal más importante de las civilizaciones griega y romana. Endurecido frecuentemente en la actualidad mediante la adición de carbón para convertirlo en acero, el hierro contituye todavía la piedra angular de todas las sociedades avanzadas. Hasta cierto punto, el hombre del siglo XX puede considerarse aún como miembro de la Edad del Hierro.

Esta interpretación de la historia de la civilización, con su visión unidimensional del progreso, implica que las sociedades pueden ser consideradas como primitivas o avanzadas según sea su nivel de desarrollo tecnológico. Dicha interpretación se encuentra en la base de casi todas las investigaciones culturales y antropológicas llevadas a cabo hasta los primeros años de nuestro siglo, y todavía es la más utilizada para indicar niveles de "desarrollo". (También es la descripción más popular en los libros de texto escolares, asegurando de este modo que dicha interpretación es mantenida por el sistema educacional). El modelo implícito de evolución social es basado frecuentemente en el concepto de determinismo tecnológico, esto es, la idea de que el desarrollo social se encuentra determinado casi enteramente por el tipo de tecnología que una sociedad inventa, desarrolla, o es introducido en ella. Por ejemplo, el antropólogo Leslie A. White ha escrito que "no son los cambios de opinión los que hacen girar las ruedas de la evolución social. Son más bien los grupos sociales y políticos los que, mediante el manejo de las fuerzas tecnológicas, determinan la dirección y el alcance de las opiniones... la fuerza motriz de una cultura, por decirlo de este modo, consiste en su tecnología, porque es en ésta donde la energía es utilizada y donde se hace de ella algo productivo" (5).

Las implicaciones de este concepto son simples y sugestivas. Cada generación lanza al aire unos cuantos inventores (empezando, quizá, con el hombre que descubrió el fuego). Sus inventos parecen haberse convertido tanto en los elementos determinantes como en los escalones del desarrollo humano. Las invenciones cuyo resultado no haya sido exitoso son condenadas por su fracaso; aquellas exitosas, pronto demuestran su valía, y son rápidamente integradas en el medio ambiente social, que entonces ellas mismas comienzan a transformar. De este modo, un "avance" tecnológico, que en sí mismo a menudo es considerado un acontecimiento fortuito, independiente de las influencias ambientales, es presentado como algo que tiene importantes "consecuencias" sociales, y así uno puede estudiar el "impacto" de la tecnología sobre la sociedad. De este modo, el crecimiento de las primeras ciudades ha sido explicado como siendo un resultado directo del desarrollo de las técnicas agrícolas que hicieron posible que el hombre se elevase por encima de un simple nivel de subsistencia y que pensase en términos comerciales y culturales; el surgimiento del Imperio Romano ha sido atribuido a la superioridad de su tecnología militar y de comunicaciones; y el florecimiento del Renacimiento a la introducción de la imprenta en Europa.

De un modo más detallado, el historiador Lynn White ha atribuido el desarrollo del sistema feudal en la Europa de la Edad Media a la introducción del estribo. Al aumentar el control que el caballero posee sobre su montura en la batalla, White indica que el estribo revolucionó la tecnología militar y todo el arte de la guerra. Una vez que el caballo se convirtió en el más importante de los elementos militares, éste historiador sugiere que la súbita y urgente demanda de caballería condujo a que la Europa medieval reorganizase sus reinos según unas líneas feudales. Esto significó que sus gobernantes pudieron obtener tropas a caballo en una cantidad mucho mayor que antes, proporcionando cada pueblo feudal los recursos para un caballero. White sostiene que las "instituciones feudales, la clase y la cultura caballeresca se transformaron, crecieron y decayeron; pero durante un millar de años llevaron los signos de su nacimiento a partir de la nueva tecnología militar en el siglo VIII" (6). White comenta también las implicaciones agrícolas de la introducción del arado pesado. Este fue "un aparato agrícola que reemplazó el tiempo y la energía humana por la fuerza de los animales". De acuerdo con White, el arado no sólo hizo que el hombre cambiase, dejando de ser parte de la naturaleza para convertirse en su explotador, sino que también aumentó enormemente la capacidad del campo para producir alimentos. Junto con el desarrollo de nuevas formas de abastecimiento de alimentos que incluían la utilización de vegetales como los guisantes y las judías, White sostiene que esto "es suficiente para explicar, al menos por lo que se refiere a la Europa septentrional, la asombrosa expansión demográfica, el crecimiento y la multiplicación de las ciudades, el aumento en la producción industrial, la extensión del comercio, y la nueva exuberancia de espíritus que animaron aquella época" (7).

Muchas de las interpretaciones sobre la Revolución Industrial siguen el mismo modelo. Sostienen que ésta es el resultado directo de importantes desarrollos tecnológicos tales como las máquinas de hilado, la utilización del carbón y la introducción de la fuerza de vapor. Incluso Federico Engels, por ejemplo, antes de entrar en contacto con las teorías económicas de Marx, pensó que la Revolución Industrial era un resultado directo de las mejoras llevadas a cabo en la tecnología. "La invención de la máquina de vapor y de la maquinaria para trabajar el algodón", escribió en 1844, "dio lugar, como es sobradamente conocido, a una revolución industrial, revolución que transformó toda la sociedad civil" (8). Describiendo la desorganización social que acompañó a las innovaciones tecnológicas, Engels escribe que "la división del trabajo, la aplicación del agua y especialmente la aplicación de maquinaria son las tres grandes palancas por medio de las cuales la manufactura, a partir de mediados del siglo pasado, ha estado dislocando el mundo" (9).

La idea de que la tecnología se desarrolla de un modo independiente con respecto a la sociedad, y que subsiguientemente se impone sobre esta última, es aún el modelo más comunmente utilizado en la actualidad. De este modo, R.J. Forbes sostiene que la "tecnología... se ha convertido en la principal fuente de cambio material y de esta manera determina el modelo de la sociedad en su conjunto" (10). Uno de los que ha propuesto esta idea de modo más abierto ha sido Marshall McLuhan, quien suscitó un amplio interés durante los años 60 con sus ideas sobre la manera en la cual la tecnología ha influido sobre la experiencia del hombre sobre la sociedad. "El medium es el mensaje... las consecuencias personales y sociales de todo medium –es decir, de cualquier extensión de nosotros mismos– constituyen un resultado de la nueva escala que ha sido introducida en nuestros asuntos por cada una de las extensiones de nosotros mismos, o por medio de cualquier nueva tecnología" (11), escribe en *Cómo comprender los media*. McLuhan recoge, por ejemplo, la interpretación de Lynn White acerca de los orígenes tecnológicos del sistema feudal, y continúa la argumentación sugiriendo que como resultado de posibles innovaciones tecnológicas tales como la posibilidad de comprar desde el propio hogar a través de dos canales de televisión, "si el motorista es tecnológica y económicamente muy superior al caballero armado, pudiera ocurrir que los cambios eléctricos habidos en la tecnología vayan a desmontar a aquél y hacer que volvamos a una escala pedestre" (12). De nuevo, se hace hincapié en el cambio social *determinado* por desarrollos tecnológicos aparentemente autónomos.

Las teorías del determinismo tecnológico han proporcionado numerosos criterios válidos sobre la relación existente entre cambio social y cambio tecnológico. No obstante, y por desgracia, existe un cierto número de hechos históricos que no pueden ser interpretados en términos tan simples. Han existido numerosas invenciones que fueron ignoradas e incluso suprimidas por la sociedad en la cual nacieron por primera vez, y algunas otras fueron re-descubiertas o reinventadas muchos siglos después bajo condiciones sociales diferentes. La utilización del vapor para poner en funcionamiento ciertas máquinas elementales, por ejemplo, era ya conocida entre los antiguos griegos, y la biblioteca de Alejandría contenía la descripción de un modelo de máquina de vapor que podía funcionar perfectamente. Fue, sin embargo, casi dos mil años después cuando la idea fue utilizada para su aplicación práctica. Aunque esto fue debido parcialmente al hecho de que la sociedad griega en su conjunto carecía de los conocimientos técnicos y mecánicos para explotar las fuentes de energía en una gran escala, también fue en parte resultado del hecho de que una sociedad como la antigua Grecia no necesitaba apenas importantes instrumentos de producción de energía, o incluso instrumentos a pequeña escala que supusiesen un ahorro de trabajo. Al poseer un abundante suministro de esclavos, la producción de energía presentaba pocos problemas para las sociedades antiguas. El Emperador Vespasiano, cuando le fue presentado un diseño para la construcción de un aparato mecánico, y se le dijo que el tal aparato realizaría el trabajo de muchos hombres, replicó al parecer "llevénselo de mi vista, tengo que alimentar a mis pobres".

También han existido sociedades que poseían unos conocimientos y unas habilidades técnicas comparables a las que existían en Europa en los comienzos de la Edad Media, pero que han permanecido en unos niveles de desarrollo relativamente bajos. El profesor Joseph Needham, por ejemplo, ha puesto de manifiesto considerables pruebas para demostrar el sofisticado conocimiento tecnológico de los chinos. No solamente fueron éstos quienes desarrollaron por primera vez, y entre otras cosas, el papel, la imprenta, la brújula magnética y la pólvora, sino que también lograron impresionantes proezas en lo que a ingeniería se refiere. Entre estas últimas se encuentra el puente construido sobre el río Chiao Shui, en el sur de Hopei, que es una elegante arcada de piedra tan poco curvada como el Pont de la Concorde de París, y que durante 500 años no pudo ser igualado por ningún puente occidental. Needham atribuye a la China la primitiva historia de los relojes, y en este país se construyó, en 1090, una enorme torre-reloj astronómica. Los chinos utilizaron también barcos de ruedas de pala mucho antes que se pusiesen en funcionamiento en Occidente. Y, sin embargo, la China nunca desarrolló su tecnología más allá de este estadio relativamente primitivo, y hasta que fue publicado el primer volúmen de la imponente obra de Needham *Science and Civilisation in China,* ha sido considerada frecuentemente como un país tecnológicamente atrasado (13). También es posible encontrar huellas semejantes de antiguos desarrollos tecnológicos limitados en, por ejemplo, India y América del Sur.

Una vez considerados estos ejemplos, ya no es posible continuar apegados a un sencillo modelo de determinismo tecnológico. Un planteamiento más sofisticado sugiere la existencia de una interdependencia funcional entre los desarrollos tecnológicos, por un lado, y el desarrollo económico por otro. De acuerdo con esta interpretación, las máquinas o técnicas que fueron desarrollados en cualquier momento de la historia deben su existencia al hecho de que eran las más idóneas para las necesidades de las condiciones económicas dominantes. De modo similar, estas conclusiones económicas impulsaron por sí mismas el posterior desarrollo de una tecnología "adecuada".

La combinación de desarrollo tecnológico y de crecimiento económico fue considerada suficiente para conducir a la civilización a lo largo del camino de la industrialización y del progreso general. "El progreso humano refleja directamente la contribución de la ciencia y de la dirección empresarial a la sociedad", según un artículo aparecido en un periódico de dirección de empresas. "La ciencia creó el conocimiento y lo hizo aplicable al progreso humano... La dirección de empresas se desarrolló para utilizar de modo eficaz los productos de la ciencia para el crecimiento económico y el progreso social" (14). Esta interpretación general reconoce el hecho de que la innovación tecnológica es un proceso social, haciendo asimismo hincapié en la importancia que poseen los factores económicos. Toda innovación será introducida sólo en la medida en que pueda demostrar que es "económicamente viable"; si esto no es así, por muy ingeniosa que sea, tendrá pocas posibilidades de alcanzar una aceptación social. Aunque esto lleva consigo el problema de cómo evaluar el concepto de "viabilidad económica", es suficiente para explicar por qué los instrumentos para ahorrar esfuerzos humanos interesaron tan poco a los griegos. También muestra cómo, en general, la carencia de un marco económico adecuado fue suficiente para ahogar el desarrollo tecnológico en muchas civilizaciones antiguas.

Este concepto de interdependencia funcional entre el desarrollo económico y el tecnológico representa de nuevo el crecimiento de la tecnología como una evolución lineal a través de estados sucesivos a lo largo de una trayectoria inevitable. En cada estadio de la historia humana, se piensa que la tecnología y la organización social ha progresado a través de caminos paralelos pero independientes. De acuerdo con esta interpretación, las sociedades primitivas poseían tecnologías primitivas adecuadas para tareas rudimentarias, pero rara vez alcanzaron grandes niveles de sofisticación. Incluso en las antiguas sociedades "civilizadas", tales como la griega y la romana, la tecnología permaneció estacionada en niveles relativamente simples. La Edad Media fue testigo, por primera vez, de la utilización a gran escala de una tecnología compuesta de máquinas elementales; se dice, por ejemplo, que en Inglaterra existían 5.000 molinos, tal como registra el *Domesday Book,* y el molino constituía una parte importante de la economía de los pueblos feudales. También empezaron a utilizarse máquinas elementales en el terreno del hilado y de la agricultura. No obstante, la mayor parte de la tecnología utilizada se encontraba todavía a un nivel artesanal. Se suponía que el artesano no solamente tenía los suficientes conocimientos como para reparar o cambiar cualquier pieza de su equipo en el caso de que se rompiese, sino que frecuentemente era él mismo quien construía su propio equipo y herramientas. Los artesanos se agruparon en gremios, que guardaban celosamente los secretos de sus artes, transmitidos de generación en generación, y dentro de los cuales debían pasar por largos períodos de aprendizaje todos aquellos que quisiesen dedicarse a la artesanía.

En su libro *Technics and Civilisation,* Lewis Mumford divide la historia de la tecnología en tres fases sucesivas, que sin embargo se encuentran interrelacionadas y coinciden parcialmente. Dichas fases son la eotécnica, la paleotécnica y la neotécnica, siguiendo una clasificación sugerida por Patrick Geddes. Mumford clasifica al período comprendido entre 1000 y 1750 aproximadamente como la fase eotécnica. Durante este período, escribe Mumford, "los dispersos adelantos técnicos y las sugerencias de otras civilizaciones fueron reunidos, y el proceso de invención y de adaptación experimental continuó a un ritmo lento... este complejo alcanzó su punto culminante, tecnológicamente hablando, en el siglo XVII, con el establecimiento de la ciencia experimental, basada en las matemáticas, en las sutiles manipulaciones, en la precisa medición del tiempo y en la exactitud del sistema de medidas" (15).

Fue hacia finales de la fase eotécnica cuando las tecnologías artesanales medievales comenzaron a sentirse incapaces de hacer frente a las crecientes demandas del comercio. Estas demandas habrían sido estimuladas por un aumento gradual en el nivel de vida global y en la apertura de mercados extranjeros. La necesidad de una mayor productividad condujo a la creación de talleres y se establecieron los cimientos del sistema de producción fabril. Marx y Engels describieron esta situación, de un modo que es generalmente aceptado, en el *Manifiesto Comunista*. "La antigua organización feudal o gremial de la industria ya no podía satisfacer la demanda, que crecía con la apertura de nuevos mercados. Vino a ocupar su puesto la manufactura. La clase media industrial suplantó a los maestros de los gremios; la división del trabajo entre las diferentes corporaciones desapareció ante la división del trabajo en el seno del mismo taller" (16). Marx describe en el primer volumen de el *Capital* lo que él considera como los dos orígenes del sistema fabril de manufactura.

El primero de ellos fue la reunión de un número determinado de artesanos con conocimientos especializados, realizando cada uno de ellos, y de modo tradicional una parte diferente del mismo proceso productivo, bajo el control de un capitalista; los dos ejemplos que proporciona Marx son el de la construcción de carrozas y el de la manufactura de ropa. Alternativamente, Marx describe la situación en la cual una serie de artesanos, realizando cada uno de ellos la misma tarea, fueron empleados en un taller bajo una sola unidad de capital. Al principio cada artesano seguía los viejos métodos artesanales, pero "desde hacía tiempo, las condiciones exteriores hicieron necesario que la concentración de trabajadores en un único y mismo lugar, y la simultaneidad de su trabajo, fuese utilizada de un modo diferente" (17).

Como Marx indica, los orígenes de la división industrial del trabajo hemos de buscarlos en los primeros talleres. Aquellos que establecieron los primitivos talleres pronto se dieron cuenta de que en vez de tener a una serie de gente realizando cada uno de ellos de modo simultáneo un grupo de tareas relativamente complejas, se podría conseguir una mayor eficacia dividiendo el proceso de producción en una serie de tareas consecutivas más simples. Entonces, cada individuo debía ocuparse de una tarea determinada, y el artículo de consumo que estaba siendo elaborado pasaba de un individuo a otro a lo largo de la "producción en cadena" hasta que era acabado. Adam Smith, en *La riqueza de las naciones,* publicada en 1776, cita un famoso ejemplo de las ventajas que pueden conseguirse a través de la división del trabajo en la manufactura de alfileres. Indica que diez productores de alfileres, dividiendo el trabajo en tareas separadas, son capaces de producir 48.000 alfileres en el espacio de tiempo que, trabajando individualmente, sólo habrían sido capaces de producir diez. Smith escribe que "la mayor mejora de la capacidad productiva del trabajo, y la mayor parte de la habilidad, destreza y juicio con el que es dirigido o aplicado, parecen haberse debido a los efectos de la división del trabajo" (18). Smith añade que fue esto lo que aportó, en una sociedad bien gobernada, "esa universal opulencia que se extiende ella misma hasta las clases más bajas de la sociedad" (19).

La división del trabajo y la fragmentación general de las tareas productivas, ambas dentro de una sola empresa, y entre diferentes empresas del mismo campo, constituyen todavía el modelo dominante de la producción industrial contemporánea. Las técnicas se han refinado de modo considerable desde la época de Adam Smith. En Inglaterra, se considera actualmente que el ciclo de trabajo óptimo es de un minuto, y en los Estados Unidos se han realizado ciertos esfuerzos a fín de reducirlo a 50 segundos. La organización básica de cualquier tipo de producción en cadena se encuentra todavía en gran parte determinada por lo que la dirección ha calculado como los medios más "eficaces" para la fragmentación de las tareas productivas. La tecnología productiva contemporánea supone un reflejo de esta situación. De acuerdo con Galbraith, la consecuencia más importante de la tecnología, "al menos por lo que se refiere a objetivos económicos, se encuentra en que fuerza la división y la subdivisión de toda tarea (práctica) en sus partes componentes. Así, y sólo así, el conocimiento organizado puede ser utilizado para el rendimiento económico... casi todas las consecuencias de la moderna tecnología y gran parte de la forma adoptada por la industria moderna, provienen de esta necesidad de dividir y subdividir las tareas productivas" (20).

Sin embargo, estamos yendo un poco deprisa. En primer lugar, debemos volver a un segundo, e importante, estadio en la historia de la tecnología europea, esto es, la introducción de las máquinas en las manufacturas fabriles. La fuente de energía más utilizada durante la Edad Media fue el molino de agua. Fue desarrollado en primer lugar por los griegos para moler trigo, utilizándose asimismo para otros tipos de objetivos, como para serrar madera, en una época tan temprana como el siglo cuarto después de Cristo. Hacia el siglo XIV era utilizado en las manufacturas de casi todos los centros más importantes de Europa. Existen relaciones de molinos de agua que proporcionaban energía para el proceso de reducción de trapos a pulpa en 1290, para martillar y cortar las herramientas de una fundición de hierro en 1320, utilizándose también para fines tales como el aderezo de pieles en una curtiduría, para proporcionar energía a telares de seda, para enfurtir los paños en los batanes y para mover las máquinas prensadoras de los armeros.

El hecho de reemplazar en la producción la energía humana por otra de tipo mecánico fue un paso importante. No solamente aumentó enormemente la productividad, sino que la separación de la energía con respecto a la destreza le dio inmediatamente un carácter impersonal a todo el proceso de producción. Tanto las máquinas-herramientas como las máquinas en sí se desarrollaron de acuerdo con las posibilidades que ofrecían los nuevos instrumentos de energía. Una serie de importantes invenciones mecánicas desarrolladas en los primeros estadios de la Revolución Industrial utilizaron la energía que proporcionaban los molinos de agua. El telar de Richard Arkwright, por ejemplo, producido en 1768, necesitaba más energía de la que podía proporcionar un operador humano, y desde el primer momento el trabajo fue organizado en molinos. La energía hidraúlica, sin embargo, presentaba una serie de desventajas. Durante el invierno, las corrientes de agua se helaban, y los molinos debían interrumpir su actividad; de modo similar tampoco podían funcionar en tiempo de sequía. Dado que no existía la posibilidad de transmitir a grandes distancias la energía que producían, las fábricas debían ser emplazadas cerca de corrientes fuertes de agua y de ríos, lo que explica parcialmente el crecimiento de las primitivas industrias textiles en zonas relativamente montañosas, tales como el Lancashire y el Yorkshire. Todo esto suponía numerosos problemas de transporte y de comunicaciones en general; a menudo, las materias primas debían de ser llevadas a la fábrica desde distancias considerables, mientras que los productos acabados habían de ser llevados de igual modo a mercados lejanos en numerosas ocasiones.

La innovación más importante que transformó esta situación fue la máquina de vapor. Por primera vez, era posible obtener las grandes cantidades de energía imprescindibles para hacer funcionar las máquinas sin depender de las fuerzas naturales. Las fábricas ya no tenían por qué estar situadas cerca de fuertes corrientes de agua (aunque muchas de ellas continuaron utilizando el nombre de "molino"). La movilidad geográfica que proporcionaba la máquina de vapor hizo posible el rápido crecimiento de ciudades industriales por todo el norte de Inglaterra. De nuevo, no obstante, sería erróneo atribuir esta innovación al azar. Ashton, que ha insistido en que los cimientos de la Revolución Industrial fueron tanto económicos como técnicos, ha indicado las otras actividades e intereses que fueron necesarios antes de que pudiera introducirse la energía basada en el vapor de agua. "Las investigaciones de Blake, el capital y el espíritu emprendedor de Boulton, la ingenuidad de Wilkinson, los conocimientos técnicos de Southern y un cúmulo de oscuros mecánicos fueron todos ellos elementos necesarios para la construcción de la máquina de vapor", escribe Ashton (21). Los experimentos de Watt fueron financiados de hecho por uno de los más importantes capitalistas industriales, John Roebuck, y ambos poseyeron en común la primera patente obtenida por Watt en

1769. De acuerdo con Ashton, "la conjunción de unas crecientes provisiones de tierra, trabajo y capital hicieron posible la expansión de la industria; el carbón y el vapor proporcionaron el combustible y la energía para la manufactura a gran escala; las bajas cifras de interés, el aumento de los precios, y las altas esperanzas de beneficio proporcionaron los incentivos" (22). La Revolución Industrial fue una consecuencia de la interacción de estos tres campos.

Marx y Engels describen en el *Manifiesto Comunista* este mismo proceso. Señalan que, conforme continuaron aumentando los mercados para productos industriales, las elementales técnicas de la manufactura fueron incapaces de mantenerse al mismo ritmo de las crecientes demandas. "El vapor y la maquinaria revolucionaron entonces la producción industrial. La gran industria moderna sustituyó a la manufactura; el lugar de la clase media industrial vinieron a ocuparlo los industriales millonarios –jefes de verdaderos ejércitos industriales–, los burgueses modernos... El mercado mundial aceleró prodigiosamente el desarrollo del comercio de la navegación y de todos los medios de transporte por tierra. Este desarrollo influyó a su vez en el auge de la industria..." (23).

La mayor parte de los historiadores dedicados a temas económicos y sociales estarían de acuerdo con la caracterización implícita del desarrollo histórico de la tecnología. Tendrían pocas cosas que objetar a la interpretación del crecimiento de la sociedad industrial como consecuencia de la introducción de la maquinaria en la manufactura. Dicho de otro modo, se considera que las crecientes demandas del mercado proporcionan el principal incentivo para la innovación tecnológica a través de la necesidad de una maquinaria más eficaz y productiva. Al mismo tiempo, la naturaleza de las divisiones de clase en todo momento histórico determinado –a la que se refiere Marx cuando habla de las "relaciones de producción" –es considerada en sí misma como un reflejo del nivel de desarrollo tecnológico. Las técnicas agrícolas y productivas medievales requerían una sociedad feudal –continúa más o menos esta interpretación– a fin de que pudieran ser aplicadas eficazmente. La aparición de la producción fabril requería la concentración del capital en unas pocas manos, y proporcionaba simultáneamente los medios por los que dicho capital pudiera ser acrecentado del modo más eficaz. Y así sucesivamente.

El desarrollo social era considerado como una progresión natural a través de una serie de estadios, desde el nomadismo y el comunismo primitivo hasta el capitalismo industrial, pasando por el feudalismo. La tecnología proporcionaba los instrumentos por medio de los cuales era conseguido este desarrollo, pero jugaba un papel pasivo y neutral dentro del proceso de desarrollo propiamente dicho, que era dejado en manos del funcionamiento de las fuerzas económicas. Para Marx, la maquinaria era principalmente un medio para crear plusvalía, término que utilizaba para describir el excedente del valor de mercado del producto final con respecto al costo de las materias primas utilizadas en su manufactura y a los salarios pagados en compensación de todo tipo de trabajo humano implicado en su producción. "La maquinaria es un mecanismo que, a través de la instrumentalidad de las herramientas relacionadas con ella, lleva a cabo la misma operación que el trabajador manual de antaño realizaba con herramientas de un tipo parecido" (24), escribe Marx en *El Capital*. "Si consideramos exclusivamente a la maquinaria como un medio de abaratar el producto, el límite de su utilización consiste en que su propio producto cueste menos que el trabajo al que ha sustituido... La utilización de maquinaria se encuentra limitada por la diferencia entre el valor de la máquina y el valor de la fuerza de trabajo a la que ha sustituido" (25). Sin embargo, es importante destacar que aunque Marx fue consciente de la crucial importancia del desarrollo de las fuerzas materiales de producción bajo el capitalismo, se encontraba muy lejos de ser un determinista tecnológico. Marx destacó repetidamente que no es la tecnología la que hace necesaria la acumulación para el capitalista, sino que la necesidad de acumular hizo que el capitalista desarrollase las fuerzas de la tecnología.

Los primeros años del siglo XIX fueron testigos de los comienzos de lo que hemos llamado la "ideología de la industrialización". La miseria social que supondría posteriormente la Revolución Industrial no había ocurrido todavía, y la industria poseía todavía un cierto aire de fuerza trascendental. Artistas tales como Joseph Wright de Derby y Philip de Loutherberg pintaron las fábricas con un respeto casi místico. Turner basó su eufórico cuadro "Lluvia, vapor, velocidad" sobre observaciones hechas, asomándose desde una ventana mientras caía una lluvia torrencial, acerca de un tren que cruzaba el puente de Maidenhead. Los primeros capitalistas fueron arrastrados también por ese tipo de fervor sobre el desarrollo industrial. Se produjo un estallido de "ferrocarril-manía", que condujo a un alza súbita de las acciones ferroviarias durante la década de 1840, y una subsiguiente baja estrepitosa en 1849. La Gran Exposición de 1851, que fue quizá el punto culminante de la Revolución Industrial, se convirtió en un festival casi religioso que celebraba las fuerzas de la industrialización.

La idea de que los procesos de la producción industrial se desarrollan de acuerdo con una propia lógica interna, proporcionando meramente los instrumentos para el desarrollo económico independientemente de motivaciones políticas, fue posteriormente adoptada por Lenin. En su libro *Estado y Revolución*, escrito un mes antes de que los bolcheviques alcanzasen el poder en octubre de 1917, consideró la modernización equivalente a la adopción de la serie de técnicas industriales que ya estaban siendo utilizadas en los países capitalistas. Los bolcheviques adoptaron subsiguientemente el tema de la creación de lo que parecía ser una abundancia material generalizada proveniente de la industrialización. Puesto que dicha tecnología industrial no existía en gran medida en la Rusia anterior a 1917, Lenin decidió que la venidera "revolución cultural" requeriría una industrialización a gran escala y la expansión de la tecnología mecánica del modelo capitalista. El comunismo se conseguiría a través de la integración del socialismo y de la electricidad, y esto significaba literalmente que toda Rusia debería ser equipada de energía eléctrica. "Nosotros mismos, los trabajadores", escribió, "organizaremos la producción a gran escala sobre las bases de lo que ya ha creado el capitalismo, confiando en nuestra propia experiencia como trabajadores, estableciendo una estricta disciplina férrea apoyada por el poder estatal de los trabajadores en armas... Tal comienzo, sobre la base de una producción a gran escala, conducirá por sí mismo a una gradual desaparición de toda burocracia" (26).

Habría que seguir utilizando a expertos técnicos, junto a capataces y a contables; la diferencia principal se encontraba en que serían empleados por los trabajadores más bien que por los capitalistas.

La actitud en general de Rusia con respecto a la industrialización en la época que nos ocupa es ilustrada por los numerosos carteles bolcheviques revolucionarios que, como muchos otros cuadros ingleses de la Revolución Industrial, dan muestras de una fe casi mística en la energía mecánica. Grandes factorías arrojan en ellos enormes nubes de humo negro, símbolo de la modernización y de la fuerza industrial no sólo en Rusia, sino también en el Japón, en Europa y en América del Norte. En cuanto al arte se refiere, estas eufóricas actitudes se reflejaron en las actividades de los constructivistas rusos, cuyos personajes más importantes, tales como Tatlin y Malevich, se ocuparon en simbolizar la nueva edad maquinista que estaba siendo recibida con tanto fervor. "Este es nuestro siglo, máquina-tecnología-socialismo. Confía en ello, y presta tu hombro a las tareas del siglo", escribió el artista húngaro Moholy-Nagy pocos años más tarde (27).

Lenin estaba particularmente fascinado por las técnicas de reorganización del trabajo que habían sido desarrolladas durante la década de 1880-90 por el ingeniero americano Frederick Winslow Taylor, bajo la denominación de "dirección científica de empresas". El planteamiento básico de Taylor fue el de aplicar a las operaciones manuales los principios que los constructores de máquinas habían aprendido a aplicar al trabajo de una herramienta durante la primera parte del siglo XIX. Taylor dividió cada tarea en sus partes componentes, y luego reorganizó y reintegró dichas partes del modo más "eficaz". Esto supuso el más importante avance dirigido hacia una división del trabajo más sencilla, e indicaba a la administración no solamente aquello que debía hacer el trabajador, sino cómo lo había de hacer.

Taylor desarrolló primeramente sus ideas después de estudiar las actividades de los trabajadores que cargaban lingotes de hierro en la Bethlem Steel Company en los Estados Unidos. Estableciendo precisas instrucciones acerca de cómo deberían realizar los obreros su trabajo, basándose en sus propios cálculos y observaciones, consiguió aumentar el promedio diario de carga de carbón por hombre de 16 a 59 toneladas diarias, y la carga de bloques de 120 a 350 por hombre y por hora. La fábrica Bethlem Steel fue capaz de reducir su plantilla de 500 a 450 obreros. Aunque los salarios fueron elevados un 60 por 100 –los estímulos financieros constituyeron un importante modo de obtener altos índices de trabajo por parte de aquellos que tuvieron la suerte de conservar su empleo– la compañía percibió considerables beneficios financieros. Las ideas de Taylor pusieron de moda la ingeniería "industrial", particularmente en Inglaterra y en los Estados Unidos, entre 1910 y 1930, dando como resultado técnicas que a partir de entonces se han convertido en una parte esencial de los procesos industriales en casi todas partes. De modo especial, lo que nosotros conocemos como "automatización" es conceptualmente una lógica extensión de la dirección científica de empresas de Taylor.

Para Lenin, la dirección científica de empresas pareció ser no sólo un útil instrumento para el capitalismo, sino también la respuesta para la producción socialista. Lenin pareció ignorar el hecho de que el planteamiento de Taylor en su conjunto implicaba el tratar a los hombres como si no fuesen más que unas máquinas insensibles y no-pensantes; condición necesaria para una ejecución eficaz de sus ideas, según escribió Taylor, era que el trabajador "debía ser tan estúpido y tan flemático que su estructura mental se pareciese más a la de un buey que a la de cualquier otra cosa" (28). Según escribía Lenin en 1918, "el sistema de Taylor es una combinación de la refinada brutalidad de la explotación burguesa y de una serie de los mayores logros científicos en el campo del análisis de los movimientos mecánicos del trabajo... La Unión Soviética debe adaptar por encima de todo aquello que haya de válido en los logros de la ciencia y de la tecnología en este campo... Debemos organizar en Rusia el estudio y la enseñanza del sistema de Taylor y tratar de adaptarlo sistemáticamente a nuestros propios fines" (29).

En un artículo anterior, escrito en 1914, Lenin había condenado el modo en que el capitalismo utilizaba los métodos de Taylor, pero se había abstenido de atacar a sus técnicas en sí, que hicieron posible lo que Lenin llamó "la distribución racional del trabajo social" (30).

La creencia general en el modelo de interdependencia funcional del desarrollo tecnológico, y por ello en la neutralidad ideológica de la tecnología en sí, contribuye a explicar la copia en Rusia y en las naciones socialistas de la Europa oriental de los modelos de desarrollo industrial seguidos en los países capitalistas occidentales. También existen muchas maneras en las cuales esa creencia sigue manifestándose en nuestra propia sociedad. Un ejemplo de ello es la equivalencia general que se establece entre el crecimiento económico y el desarrollo social, y la idea según la cual el primero puede ser logrado de un modo mucho más eficaz a través de una inversión masiva en los sectores más avanzados y más altamente industrializados de la economía. Como ya hemos indicado en el capítulo precedente, éste es uno de los conceptos más importantes que se encuentran detrás de las estrategias de desarrollo promovidas por muchos economistas especializados en materia de desarrollo, y que actualmente están siendo aplicadas a los problemas de los países del Tercer Mundo.

Incluso allí donde comienza a decrecer el énfasis puesto en la importancia del crecimiento económico global, esto no significa necesariamente que haya algún cambio general de actitud con respecto a las posibilidades que ofrece la tecnología, sino que es simplemente una indicación según la cual debemos hacer más sofisticadas nuestras técnicas de aplicación. Por ejemplo, la Organización para la Cooperación y Desarrollo Económico publicó un informe en 1972 titulado *Ciencia, Crecimiento y Sociedad.* Este informe subrayó algunas de las razones que aconsejaban desviar el esfuerzo de investigación y desarrollo con respecto a una exclusiva concentración sobre la realización del crecimiento económico. En su introducción al informe, el profesor Harvey Brooks, Decano de la División de Ingeniería y Física Aplicada, de Harvard, y presidente del Comité que preparó el informe, subrayó algunas de las suposiciones básicas que han sido realizadas. "En general, representan una extrapolación que separándose del crecimiento económico cuantitativo, de la defensa y del prestigio nacional se dirige hacia una administración más racional tanto del crecimiento como de la nueva tecnología en interés de las necesidades sociales recientemente percibidas y de una mayor eficacia en cuanto a las realizaciones en el sector público y en el logro de las necesidades colectivas" (31).

En otras palabras, los problemas que se encuentran actualmente relacionados con la tecnología avanzada no son interpretados en el sentido de que nos hemos equivocado en cuanto a tratar de utilizar la tecnología para resolver todos nuestros problemas sociales. Se trataría de que nuestro planteamiento no lo hemos sofisticado suficientemente, esto es, que no siempre hemos seleccionado una tecnología "verdaderamente" adecuada a una situación económica y social determinada. La idea básica según la cual el desarrollo social queda garantizado por el cambio tecnológico acumulativo permanece intacta. Esto incluso parece tomar una importancia adicional, conforme necesitamos actualmente los servicios de una "tecnología social" para predecir qué tipo de innovaciones deberíamos establecer en la tecnología productiva. De ahí el creciente interés por las técnicas de evaluación tecnológica, por medio de las cuales se intentan conocer las consecuencias sociales de cada innovación tecnológica determinada de modo que los aspectos menos deseables de cualquier innovación concreta puedan ser minimizados. En su libro *Future Shock,* Alvin Toffler nos proporciona una ilustración del tipo de fe que actualmente se encuentra ampliamente afecta a la evaluación tecnológica: "Un sistema sensitivo de indicadores engranados para medir el logro de fines sociales y culturales, e integrado con indicadores económicos, forma parte del equipamiento técnico que necesita toda sociedad previamente a que pueda alcanzar con éxito el siguiente estadio de desarrollo eco-tecnológico. Es una pre-condición absoluta para una planificación post-tecnocrática y para una dirección evolutiva" (32).

Si los problemas creados por la tecnología avanzada, como trataré de demostrar, son debidos en parte a los mismos supuestos ideológicos que se encuentran detrás de las técnicas de evaluación, y en particular la supuesta "objetividad" del método científico, entonces no es necesario romperse la cabeza para ver que estas técnicas no llegarán muy lejos probablemente. La *Roskill Commission*, establecida en 1969 para examinar el emplazamiento del tercer aeropuerto londinense, recibió abultados volúmenes de "datos de expertos". Estos indican, por ejemplo, que es menos perjudicial socialmente que vuelen ruidosos aeroplanos sobre las zonas de clases bajas en vez de volar sobre las zonas de clases medias a causa de los diferentes efectos sobre los valores de la propiedad en dichas zonas. Este es uno de los ejemplos más sofisticados del planteamiento "tecno-económico" a cuestiones de ingeniería social. Pueden encontrarse otros en cualquier intento de realizar una planificación "científica" en los que se aporta una combinación de costo-beneficio y de análisis de sistemas para recurrir a la glosa de la objetividad científica –y por ello de la racionalidad económica– con respecto a lo que frecuentemente no son sino manifestaciones de prejuicios políticos o ideológicos.

Las técnicas generales de planificación muestran una extensión adicional de la ideología de la industrialización. Dentro del marco de la producción industrial, las ideas de Taylor han sido sustituidas por conceptos tales como el de "enriquecimiento del trabajo", producidos por sociólogos industriales, y que se relacionan con el hecho de que, incluso a pesar de que es necesario continuar tratando a los hombres como máquinas a fin de conseguir que trabajen lo más eficazmente posible, no podemos ignorar las evidentes necesidades fisiológicas y psicológicas del trabajador, y por supuesto es posible utilizar éstas para aumentar la eficacia de la producción.

Las técnicas de análisis operacional y de "ingeniería humana" han llevado más lejos todavía la sofisticación de este proceso. "El hombre es un complejo conjunto de mecanismos relacionados entre sí con amplios circuitos de realimentación dentro y entre los sistemas", aprendemos hoy en día de los psicólogos industriales. "Debe ser también considerado como un sistema que sigue funcionando acoplando continuamente su modelo de actividades internas y externas, de modo que el estudio de las relaciones causa/efecto es esencialmente erróneo" (33). Estas caracterizaciones del individuo en términos de una serie de cualidades esencialmente pasivas y objetivas proporciona una legitimación adecuada a unas técnicas que tienen como finalidad llegar a un grado máximo de explotación.

La ideología de la industrialización se encuentra también presente en una amplia gama de actitudes con respecto a las necesidades tecnológicas de los países del Tercer Mundo. Este problema será tratado más detalladamente en un capítulo posterior. No obstante, podemos citar numerosos ejemplos de este planteamiento. Uno de ellos es la afirmación hecha por Robert Macnamara, presidente del Banco Mundial, según la cual el costo de la crianza de un niño en el Tercer Mundo es de 600 dólares, pero el costo de evitar su nacimiento por medio de las técnicas de control de natalidad quedaba reducido a 6 dólares.

No viene al caso saber si dicho cálculo es correcto dentro de sus limitados términos. Lo que es importante es la actitud general que refleja frente a los problemas de desarrollo vistos a través de una óptica occidental, y el marco general dentro del cual son concebidos. El desarrollo es considerado como un proceso que puede y debe ser "objetivamente" cuantificado en términos económicos, incluso en el caso, como ocurre con la tecnología intermedia, de que se utilice un planteamiento económico relativamente sofisticado para intentar evaluar las necesidades sociales. Como ha escrito Samir Amin, director del Instituto Africano para la Planificación y el Desarrollo Económico, de las Naciones Unidas, en Dakar, acerca de la bibliografía sobre las relaciones entre desarrollo y crecimiento demográfico, "la creciente utilización de técnicas refinadas para "medir" las relaciones, cuantificadas en términos de "costo-beneficio", como, por ejemplo, la utilización mágica de computadores, no garantiza automáticamente su naturaleza científica. Por el contrario, el tema dominante en esta bibliografía se basa en la ideología y no en la ciencia; y esta ideología corresponde a las necesidades de un plan político de acción que dificulta el desarrollo del "Tercer Mundo", y especialmente el del Africa tropical" (34).

Este es el punto esencial del asunto. El planteamiento en su conjunto es, de hecho, una ideología, una serie de ideas que distorsionan la realidad histórica y que actúan como poderosos medios de disfrazar sus raíces políticas. La industrialización proporciona una aparente racionalidad –y por ello parece legitimar– a políticas de naturaleza explotadora. La industrialización promete la emancipación por medio de las máquinas, y efectivamente ha conseguido elevar el nivel de vida de mucha gente; pero al mismo tiempo es utilizada para justificar la cada vez mayor dominación y opresión sufrida por el hombre, y que ha sido posible gracias a las máquinas. Predica la igualdad social y la democratización que aportarían las máquinas; y, sin embargo, aunque ha destruido muchas barreras clasistas tradicionales, es utilizada para legitimar y promover nuevas divisiones clasistas y desigualdades. Por encima de todo, la industrialización predica la neutralidad política de la tecnología, presentando a esta última como si fuese simplemente un instrumento que puede ser utilizado para bien o para mal; pero produce una tecnología que es un reflejo directo de la ideología de la sociedad tecnocrática avanzada, a saber el dominio del "pensamiento científicamente racional" y de formas autoritarias de control social por encima de cualquier otro tipo de interpretaciones de la experiencia humana. De acuerdo con Jürgen Habermans, "lo que es curioso de la "racionalidad" de la ciencia y de la tecnología es que es lo que caracteriza a la creciente capacidad de autosuperación de las fuerzas productivas, que suponen continuamente una amenaza para el marco institucional *y al mismo tiempo* establecen el nivel de legitimación para las relaciones de producción que restringen dicha capacidad" (35).

La ideología de la industrialización ha sido utilizada tanto por la derecha como por la izquierda en el tradicional espectro político. Por ejemplo, en un folleto titulado *Government and High Technology*, el profesor John Jewkes sugiere que el Gobierno británico ha demostrado ser incapaz de dirigir una tecnología compleja y potente, y que los intentos políticos por socavar la neutralidad y la lógica interna del desarrollo tecnológico deben conducir necesariamente a una intromisión injustificada y a unos intentos por planificar lo implanificable. Concluye que el gobierno debería limitarse al apoyo de las actividades puramente investigadoras en las universidades y al desarrollo de la tecnología que requieren los servicios públicos, dejando el resto a la interacción de las fuerzas del mercado (36).

De un modo ligeramente diferente, Engels utiliza la aparente neutralidad de la tecnología para atacar las actitudes antiautoritarias de los anarquistas.

"Fijémonos en una fábrica, en un ferrocarril, en un barco que navega en alta mar, ¿no es evidente que ninguno de estos complejos sistemas técnicos, basados en el empleo de maquinaria y de la cooperación planificada de mucha gente, podría funcionar sin un cierto grado de subordinación y, por consiguiente, sin un cierto grado de autoridad y poder? Si los autonomistas se encierran en sí mismos para decir que la organización social del futuro restringirá la autoridad exclusivamente a los límites que hacen inevitables las condiciones de producción, podríamos entendernos los unos con los otros; pero *son ciegos con respecto a todos los factores que hacen la cosa necesaria* y luchan apasionadamente contra la palabra" (37).

Incluso hoy en día, los procesos de la revolución tecnológica y política son considerados por la mayor parte de los países socialistas (y por los partidos comunistas oficiales), como autónomos y como funcionando a distintos niveles. El primero de ellos se refiere al desarrollo de las fuerzas productivas, y el segundo a las relaciones de producción; según indican, la contradicción surge de las potencialidades conflictivas de ambos procesos. Según Mijhail Drobyshev, de la Academia de Ciencias de Moscú, en un discurso pronunciado recientemente en una conferencia de la Unesco sobre las tensiones existentes entre la ciencia y la cultura, "El progreso de la actual revolución científica y tecnológica está siendo detenido por las relaciones de producción capitalistas y por ciertos elementos culturales basados en ellas. Utilizando una sencilla analogía, podríamos decir que el tren del progreso científico y tecnológico casi ha pasado ya por la estación del capitalismo, y los pasajeros que no han conseguido montar en él difícilmente podrán saltar sobre el estribo, por mucho que corran a lo largo del andén" (38). De modo semejante, el Partido Comunista Francés adoptó en 1966 una resolución según la cual "El siglo en el que vivimos... es el de las matemáticas, la física, la química y la biología, el siglo de la energía nuclear y de los vuelos espaciales, de la televisión y de la cibernética... el mismo sistema que explota a los trabajadores... limita la capacidad emancipadora de la ciencia" (39).

La industrialización, como todas las ideologías, se ha ataviado como si fuese un conjunto absoluto y objetivo de valores que se niega a reconocer la validez de cualquier crítica. En muchos aspectos, puede ser comparada a la magia primitiva: puede ser que las técnicas no funcionen siempre, pero esto se debe probablemente a un error humano en el intento de comunicarse correctamente con lo sobrenatural, un error que puede ser corregido la vez siguiente. En su libro *La pensée sauvage,* el antropólogo francés Claude Lévi-Strauss caracteriza la diferencia entre la magia y la ciencia contemporánea del siguiente modo: "La magia postula un determinismo completo y omnicomprensivo. Por otro lado, la ciencia se basa en una distinción entre niveles: sólo algunos de éstos admiten formas de determinismo; en otros niveles no se consideran aplicables estas mismas formas de determinismo. Podemos ir más lejos y pensar que la rigurosa precisión de los pensamientos mágicos y del proceso ritual es una expresión de la aprehensión inconsciente de la *verdad del determinismo*, el modo en el cual existen los fenómenos científicos" (40). Sustituyamos la palabra magia por la de ideología de la industrialización, y encontraremos algunos indicios para explicar varios de nuestros problemas actuales. Esto es así particularmente cuando recordamos las palabras de otro antropólogo, E.E. Evans-Pritchard, al describir las omnicomprensivas creencias brujeriles de la tribu Azande. "En esta trama de creencias, cada hebra depende de todas las demás, y un Zande no puede salir de sus mallas porque es el único mundo que conoce. La trama no es una estructura externa en la cual se encuentra encerrado. Es la textura de su pensamiento y no puede pensar que su pensamiento es erróneo" (41). Como Robin Horton ha comentado acerca de ésta y de otras observaciones similares, "la ausencia de todo tipo de consciencia alternativa produce una aceptación absoluta de los dogmas teóricos establecidos, y elimina toda posibilidad de ponerlos en duda" (42). De nuevo, el paralelismo de estos fenómenos con las actitudes ideológicas de la industrialización no requiere grandes explicaciones.

3. LA POLITICA DEL CAMBIO TECNICO

Debemos ahora fijarnos con mayor detalle en el proceso de innovación tecnológica. En el capítulo precedente hemos visto cómo aquello que hemos descrito como la ideología de la industrialización nos proporciona unos criterios determinados para considerar este proceso. Esta interpretación, como quiero sugerir, oscurece el modo en el cual la innovación tecnológica se encuentra íntimamente relacionada con los problemas de poder y de control en la sociedad, al explicar esta relación en términos aparentemente neutrales de aumento en la eficacia y en la productividad. Para mostrar las fuerzas políticas y sociales en funcionamiento, no es suficiente con fijarnos meramente en las consecuencias de un desarrollo tecnológico determinado, o incluso en las condiciones económicas que hicieron posible su introducción. Debemos ir más allá de todo esto para examinar las razones específicas que han dirigido el proceso de innovación en casos concretos. Estas razones han sido mediatizadas frecuentemente tanto por las actitudes dominantes con respecto a la naturaleza del hombre y de la sociedad, como por condiciones sociales supuestamente objetivas. Veremos cómo la naturaleza de la tecnología refleja y legitima los modos dominantes de actividad instrumental y productiva de una sociedad. Y espero indicar la manera en la cual, como el especialista en historia económica David Landes ha escrito acerca de los efectos del cambio tecnológico durante la Revolución Industrial, "la reorganización del trabajo supone la reorganización de las tareas productivas: las relaciones mutuas entre los hombres y entre sus empleados se encontraban implícitas en el modo de producción: la tecnología y los modelos sociales se refuerzan mutuamente" (1).

Sería muy interesante seguir esta idea y todas sus implicaciones a través de la historia humana, pero esto queda fuera de las posibilidades y de los objetivos de este pequeño libro. En este capítulo trataré simplemente de dar ciertas indicaciones sobre cómo se ha desarrollado este proceso en la práctica durante una serie de períodos cruciales de la historia de la tecnología occidental. Cada uno de los estadios que he considerado representa un paso importante hacia nuestra situación actual; y cada uno de ellos muestra la manera en la cual las formas dominantes de organización y de control social, bajo el disfraz de una adecuada ideología, se han incorporado a la tecnología de la época. Los efectos acumulativos de estas actitudes se nos plantean actualmente con respecto a la tecnología contemporánea. En particular, los medios de producción de las sociedades industrializadas a partir de la Revolución Industrial se han convertido, en gran medida, en un reflejo de las relaciones de producción bajo las cuales se desarrollaron principalmente, esto es, las relaciones de clase autoritarias y jerárquicas del capitalismo industrial.

Nuestro análisis sugerirá cómo, bajo estas relaciones de producción, la innovación tecnológica era determinada, no sólo en relación con la eficacia de la tecnología productiva, sino también con respecto a las necesidades de una tecnología que mantuviese las formas autoritarias de disciplina, la regimentación jerárquica y la fragmentación de la fuerza de trabajo. Además, los productos tenológicos de consumo —tales como coches y televisores— han sido diseñados dentro del marco, no tanto de su deseabilidad social, como de la necesidad que posee una economía capitalista de desarrollar los medios por los que mantenerse a sí misma. De igual modo, la tecnología contemporánea ha sido desarrollada sobre la base de una máxima explotación del medio ambiente natural, sin ningún tipo de consideración con respecto a la necesidad de conservar un equilibrio estable. La historia de la tecnología puede ser considerada como el proceso de la transformación histórica que va desde la dominación del hombre por la naturaleza, a la dominación del hombre y de la naturaleza por el hombre.

Las raíces históricas de la tecnología se encuentran en los instrumentos primitivos de las sociedades tribales. Aunque estos instrumentos daban muestras a menudo de una simplicidad mecánica, el modo en que eran utilizados podía ser altamente complejo. Si estudiamos las tribus de Nueva Guinea, las tradiciones de los Pieles Rojas o las actividades de los esquimales, encontramos casi invariablemente dos importantes factores. El primero de ellos consiste en que el conjunto de valores mágico-religiosos relacionados con los distintos elementos del medio ambiente natural —como por ejemplo, especies de animales, o recursos extraídos de la tierra— transforma a menudo cualquier interacción con ese medio ambiente, a través de la utilización de la tecnología, en un acto simbólicamente significativo. La labranza de la tierra, la recolección de ciertas plantas alimenticias, o la caza de animales determinados podía tener una significación muy superior a la importancia funcional de la actividad. En el antiguo Egipto, por ejemplo, todo artesano implicado en la elaboración de metales o en el soplado de vidrio se consideraba que interfería con la producción natural de metales y minerales. Al mismo tiempo que respetaban numerosos tabús, debían encomendarse a los dioses o a los espíritus que guiaban su trabajo mediante ofrendas y oraciones. Existe un poema sumerio que elogia el origen divino y las virtudes de los diversos instrumentos de los artesanos, y ciertos textos asirios indican a los vidrieros que, antes de encender un horno, entierren un feto bajo él.

El segundo punto, que muy a menudo está relacionado con el primero, se refiere al hecho de que la producción social en las sociedades tribales, y los ritos religiosos relacionados con ella, estaba organizada casi invariablemente de modo a garantizar la integridad ecológica del medio ambiente sobre el que dependía la sociedad para la obtención de sus recursos materiales, como parte de la integridad social de la sociedad en sí misma. Los esquimales, por ejemplo, creían que todos los animales vivos poseían un alma. En los rituales religiosos, la fragilidad del ecosistema ártico quedaba reflejada en los intentos que los esquimales realizaban para proporcionar unas relaciones amistosas con aquellos animales que cazaban para conseguir alimentos y ropa; los esquimales cuidaban de evitar los infortunios que pudieran sobrevenirles por ofender el alma del animal que habían matado (2). Las constumbres pastoriles de las tribus nómadas de Afghanistán han resultado estar organizadas de modo que proporcionan un máximo beneficio a los diferentes grupos que utilizan sucesivamente los mismos pastos. El Dr. Fredrik Barth, antropólogo que ha realizado amplios estudios sobre dichas tribus nómadas, ha escrito que "el modelo de utilización de los pastos no constituye, de este modo, una invasión y una evacuación masiva de las zonas, sino un proceso de movimiento continuo por parte de diferentes grupos, tendiendo más bien hacia una sutil adaptación del índice de utilización de acuerdo con el índice de producción de los pastos" (3).

Los Pieles Rojas de América del Norte, que dependen en lo que se refiere a su principal fuente de alimentación de las grandes manadas de búfalos que recorren el continente, dan muestras de una consciencia ecológica semejante. Estas tribus de indios han desarrollado un estricto código de reglas para asegurar que sólo son cazados aquellos búfalos que son mínimamente imprescindibles para su alimentación, dejando intactas las manadas cada año. Incluso los modelos de cultivo rotativo en los que se basan, por ejemplo, las actividades agrícolas de las tribus indias de la cuenca del Amazonas poseen unos sólidos cimientos ecológicos. Esta práctica implica la utilización intensiva de un claro realizado en medio de la selva durante dos o tres años, hasta que ha sido extraída toda la substancia del suelo. El sistema estaba basado en el hecho de que las tribus se trasladaban luego a un lugar distinto, volviendo a su primitivo emplazamiento muchos años más tarde, y durante este tiempo la vegetación volvía a tener su fisonomía normal. En estos y en otros casos similares veremos que las técnicas de producción constituían - y todavía es así ocasionalmente - un elemento integrante en el modo de vida global de la sociedad tribal, y en raras ocasiones pueden ser aisladas de las consideraciones de tipo religioso, social, cultural o ecológico.

Lévi-Strauss ha sugerido que incluso las tecnologías primitivas utilizadas por esas sociedades han necesitado un cierto tipo de conocimiento abstracto. Ciertas actividades tales como la de producir una cerámica sólida a partir de la arcilla desmenuzada e inestable, o la de transformar raíces y simientes tóxicas en artículos alimenticios inofensivos, "requieren una actitud genuinamente científica, un interés constante y atento y un deseo de conocimiento por sí mismo". Sugiere asimismo que las principales razones por las cuales este tipo determinado de ciencia no condujo a un rápido desarrollo social y económico consistieron en que se trataba de algo fundamentalmente diferente con respecto al tipo de ciencia que poseemos en la actualidad. Lévi-Strauss identifica dos modos distintos de pensamiento científico representando "dos niveles estratégicos en los que la naturaleza es accesible a la investigación científica: uno de ellos más o menos adaptado al de la percepción e imaginación, separándose de todo esto el otro nivel" (4). Al primer nivel lo califica de "ciencia de lo concreto", distinguiéndolo del segundo, que representa la ciencia abstracta que poseemos actualmente. (Una distinción semejante ha sido realizada por Joseph Needham, entre la ciencia china tradicional y la ciencia occidental contemporánea).

Un importante aspecto de esta distinción se encuentra en su nivel operacional. Lévi-Strauss caracteriza al tecnológo primitivo comparándolo con el *bricoleur,* esto es, con un hombre-que -sirve - para - todo, o con un profesional del hágalo - usted - mismo. A diferencia del ingeniero contemporáneo, el *bricoleur* no puede contar con unas materias primas y unos instrumentos especialmente elegidos para una tarea determinada. "Su universo de instrumentos es un universo cerrado y las reglas del juego consisten en hacer siempre cada cosa con "lo que haya a mano", es decir, con un conjunto de instrumentos y materiales que es siempre finito, así como heterogéneo" (5). El ingeniero, de acuerdo con Lévi-Strauss, está tratando siempre de escapar de los límites impuestos por un determinado estadio de civilización, mientras que el *bricoleur,* bien por inclinación o por necesidad, permanece siempre dentro de dicho estadio. Robin Horton muestra un caso similar en su estudio sobre las relaciones que existen entre el pensamiento africano tradicional y la ciencia occidental. La diferencia clave, escribe, es de una naturaleza muy sencilla: "Se trata de que en las culturas tradicionales no existe una consciencia desarrollada de alternativas respecto al cuerpo establecido de principios teóricos, mientras que en las culturas orientadas científicamente, esta consciencia está altamente desarrollada. Esta es la diferencia a la que nos referimos cuando decimos que las culturas tradicionales están 'cerradas' y las culturas orientadas científicamente están 'abiertas' " (6).

En las sociedades tribales primitivas, la innovación tecnológica parece haberse encontrado subordinada a las normas sociales, siendo éstas el producto directo de la experiencia colectiva. Esto no significa que no existiese dicha innovación, sino que estaba basada en necesidades que eran ellas mismas determinadas por la práctica social. Joseph Ki-Zerbo ha descrito la sociedad negra tradicional como algo que se encuentra "en un continuo estado de invención. A un nivel técnico y económico, cada familia, cada pueblo, cada grupo tribal descubrió los medios para realizar un equilibrio positivo con la naturaleza. Para darnos cuenta de esto, únicamente tenemos que fijarnos en las variedades de grano seleccionado, en los métodos de cultivo, en los instrumentos y modos de trabajo extremadamente variados, en las numerosas curaciones desarrolladas, incluso teniendo en cuenta que fueron administradas con abundancia de ritual mágico" (7).

Por consiguiente, los desarrollos tecnológicos permanecieron dentro de los límites de las tradiciones sociales y culturales existentes. Aunque se desarrollaron a partir de un sistema inmediato de trabajo social y de su herencia de conocimientos técnicamente explorables acumulada, nunca se ampliaron hasta el punto de que pudieran representar un reto frente al modelo dominante de organización social.

Tanto Lévi-Strauss como Horton hacen hincapié en que las tecnologías primitivas, basadas en lo "concreto" más bien que en una ciencia abstracta, y que de este modo se desarrollaron sobre líneas supuestamente "cerradas" más bien que sobre unas líneas "abiertas", fueron desarrolladas normalmente de acuerdo con conceptos implícitos de estabilidad social y ecológica. Como parte integrante de un proceso general de socialización, fueron desarrolladas de un modo que relacionaba al individuo tanto con los otros miembros de la comunidad tribal, como con el medio ambiente que le rodea. Es interesante observar aquí que los sociólogos industriales han descubierto un fenómeno equivalente de oposición al cambio técnico en los grupos de trabajo "estabilizados" de la industria moderna. Además, la actividad tecnológica que relaciona a una serie de participacipantes pretende aumentar la cohesión social entre ellos cuando trabajan como un grupo identificable. Un informe de la OCDE que se refiere a la actitud de los trabajadores con respecto al cambio técnico concluía que, "en un entorno social dentro del cual la conciencia comunitaria es fuerte y la ocupación y las vidas sociales están íntimamente entrelazadas... la resistencia al cambio en ambas esferas es fuerte. Por otro lado, los individuos que se sienten identificados con el crecimiento y con las sociedades diversificadas darán muestras probablemente de menos reservas frente a la innovación" (8).

Al trazar la historia de la tecnología contemporánea y al mostrar la manera en la cual se escindió con respecto a estas tradiciones primitivas, es necesario que comencemos con la Edad Media. Fue durante este período cuando un gran número de desarrollos tecnológicos que ya habían sido realizados por civilizaciones más antiguas - y no sólo por los griegos y por los romanos, sino también por los chinos, por los árabes, los indios y otras culturas - comenzaron por primera vez a ser unificados dentro de un programa tecnológico que más tarde acompañaría al nacimiento del capitalismo industrial.

Muchos de los primitivos desarrollos habidos tanto en la ciencia como en la tecnología comenzaron en los monasterios. El entorno religioso les concedía una relativa protección con respecto al desorden social existente en el mundo exterior. También les proporcionó una ética que ensalzaba las virtudes tanto de la reflexión abstracta como del duro trabajo. Los monasterios se pusieron a menudo a la cabeza del progreso de mecanización de tareas molestas (posiblemente, como ha sido sugerido, a fin de reservar el máximo tiempo posible para los ejercicios devotos. Los monjes cistercienses, por ejemplo, construyeron gran número de sus monasterios en lugares cercanos a los ríos, por lo que pudieron establecer en ellos molinos de agua; en la Abadía de Clairvaux, en Francia, se utilizó uno de estos molinos para la obtención de energía hidráulica, la cual servía para moler trigo, para calentar agua, para poner en funcionamiento pleno algunos instrumentos mecánicos y para desalojar las basuras, realizándose todo esto por medio de la misma agua en etapas sucesivas. En la Abadía de Fountains, en Yorkshire, podemos descubrir que la energía hidráulica fue empleada para usos similares. Como dice Mumford, "la rutina espiritual del monasterio, si bien no favoreció de modo positivo a la maquinaria, por lo menos anuló muchas de las influencias que actuaban contra ella. Y a diferencia de la disciplina semejante de los budistas, la de los monjes occidentales hizo surgir unos tipos de maquinaria más fértiles y complejos que las ruedas de oraciones" (9). De modo semejante, Whitehead ha sugerido que "la alianza de la ciencia y de la tecnología, por medio de la cual el aprendizaje se mantiene en contacto con hechos inquebrantables e irreductibles, debe mucho a la inclinación práctica de los antiguos benedictinos" (10).

Una inmediata consecuencia de la rígida disciplina del monasterio consistió en el desarrollo del reloj, considerado por muchos como la invención clave de la moderna era industrial. El tiempo suponía un importante aspecto de la disciplina del monasterio. Por ejemplo, una bula del Papa Sabianus decretó que las campanas de todos los monasterios deberían ser tañidas siete veces durante las veinticuatro horas del día. Pronto se hizo necesario el desarrollo de los medios por los cuales pudieran ser medidas estas horas canónicas y para asegurar su repetición regular. Los primeros relojes utilizados en los monasterios fueron meros relojes de agua, pero sabemos que en el siglo XIII existieron relojes mecánicos. Rápidamente los campanarios brotaron por todas partes, anunciando las horas regulares del día su función principal era la de asegurar y formalizar la obediencia devota, pero tambien aportaron regularidad a la vida del trabajador y del comerciante (11).

Lynn White ha registrado que "súbitamente, hacia la mitad del siglo XIV, los relojes mecánicos cautivaron el pensamiento de nuestros antepasados. Una cierta parte del orgullo cívico que anteriormente había sido dedicado a la construcción de catedrales fue dirigida en aquél entonces hacia la construcción de relojes astronómicos de una complejidad y de una elaboracion asombrosas" (12). Aquí nos encontramos con un punto muy importante. La nueva tecnología de producción de maquinaria surgió a partir de la *doble* disciplina existente en los monasterios, esto es, la disciplina de la actividad mental por un lado, y de la actividad física por otro. La primera de ellas legitimó y, a través del desarrollo y utilización del reloj, determinó en una gran medida a la última. La ciencia que fue desarrollada en los monasterios era una ciencia abstracta, basada en las tradiciones filosóficas de los griegos. Se trataba de algo muy diferente, desde el punto de vista conceptual, a la "ciencia de lo concreto" que se había desarrollado anteriormente. Esto hizo surgir normalmente una tecnología de tipo diferente, que trasladó el antropocentrismo de la tradición judeo-cristiana a las máquinas, que comenzaron a afirmar el supuesto dominio del hombre sobre la naturaleza y la aplicación de las fuerzas naturales para sus propios fines. El orden intelectual que contenía la nueva ciencia se convierte en algo sinónimo, por medio de las creencias religiosas, del control social que comienza a imponerse sobre las actividades del hombre. Estas tendencias de pensamiento emergieron posteriormente con el Metodismo y con otros movimientos religiosos que afirmaron el objetivo divino de la Revolución Industrial. También podemos descubrirlas en la subordinación de la actividad humana a las constricciones del reloj, subordinación que fue desarrollada por vez primera por propietarios de fábricas tales como Josiah Wedgwood, y que posteriormente constituyó la base de la "dirección científica de empresas" de Taylor. Con alguna razón los benedictinos pueden ser identificados entre los antepasados del capitalismo moderno.

Una vez que fue establecido un monopolio virtual del conocimiento escolástico, las autoridades eclesiásticas trataron de ampliarlo también al control de los oficios técnicos. La construcción de catedrales, por ejemplo, absorbió una gran proporción de fuerza de trabajo especializada, y los artistas y artesanos proporcionaron unas decoraciones internas de acuerdo con el tono de la obra. Una serie de arquitectos y de escultores que trabajaron en un entorno religioso, incluso tomaron sus procedimientos de trabajo –tales como el principio de "clarificación", que hacía necesario un orden explícito y previo de las ideas en base a un plano general–

directamente de las tradiciones escolásticas desarrolladas en los monasterios. Muchos de los gremios artesanales fueron basados en vigorosas tradiciones religiosas y, por ello, se encontraron bajo el poderoso control de las autoridades religiosas. Cuarenta y siete de las ciento seis vidrieras de color de la Catedral de Chartres, datando la más primitiva de entre ellas de 1194, fueron construidas por gremios, y muchas de ellas exhiben las ocupaciones de sus donantes.

Quizá es igualmente importante el hecho de que, a menudo, la Iglesia estableció contactos con las profesiones establecidas, para destruir toda actividad tecnológica que pareciese atacar su hegemonía. En Inglaterra, los monjes llevaron a cabo una activa campaña contra los molinos manuales, desde finales del siglo XIII hasta la Rebelión de los Campesinos en 1381 (13). Las mujeres que estaban embarazadas se convirtieron frecuentemente en los parias de la sociedad al no poder encontrar ningún tipo de trabajo; con sus conocimientos médicos y de hierbas medicinales, que a menudo incluían actividades tales como el aborto, fueron posteriormente acusadas de practicar la brujería. De acuerdo con Margaret Murray, en su libro *Witchcraft in Western Europe*, durante los siglos XVII y XVIII "la Iglesia Cristiana se encontraba todavía dedicada a la tarea de aplastar los restos de paganismo y fue apoyada en esto por la profesión médica, que vio en las brujas sus rivales más peligrosas en el terreno económico". Uno de los fundadores de la química moderna, Paracelso, experimentó una oposición similar por parte de las autoridades religiosas y médicas. Paracelso trató de argumentar que la finalidad principal de la alquimia era la de ayudar al boticario y al médico, más bien que la de dedicar todos sus esfuerzos a intentar fabricar oro. En 1525, cinco años después de que Lutero quemase la bula papal en Wittenburg como protesta frente a la opresiva autoridad de la Iglesia de Roma, Paracelso quemó públicamente las obras de Galeno y de Avicena, alquimistas antiguos, entre los médicos de Basilea, realizando un gesto similar en nombre de la ciencia (14). La fuerza de la oposición manifestada por la comunidad religiosa frente a las ideas de científicos tales como Copérnico, Galileo y Bruno –habiendo sido este último quemado en la hoguera a causa de su escepticismo religioso– sugiere el alcance del deseo mostrado por las autoridades religiosas de mantener un control monopolista sobre todos los aspectos de los conocimientos útiles.

Fue en el mundo del comercio donde las máquinas desarrolladas bajo la austera disciplina de los monasterios se aplicaron por primera vez en base a una amplia escala social. El período más importante desde este punto de vista fue el transcurrido durante el siglo XVII y los comienzos del siglo XVIII. Fue predominantemente durante este período cuando ocurrió que grupos de artesanos fueron reunidos en talleres, constituyendo los comienzos de la producción fabril que más tarde fue conocida como manufactura. Esta situación reflejó la evidente necesidad económica de organizar la producción sobre bases más "racionales" que las utilizadas anteriormente, en respuesta a las crecientes posibilidades comerciales que quedaron abiertas.

Los primitivos talleres contenían dos importantes implicaciones. La primera de ellas fue que supusieron el primer nivel de advenimiento del capitalismo industrial. Como escribe Marx en *El Capital*, "Un mayor número de trabajadores trabajando juntos en un solo lugar... a fin de producir el mismo tipo de artículo de consumo bajo la dirección de un capitalista, constituye, tanto histórica como lógicamente, el punto de arranque de la producción capitalista" (15). Igualmente importantes desde nuestro punto de vista fueron los mecanismos que presentaron estas primitivas fábricas para mantener la disciplina en las situaciones laborales. Y también fue durante este período cuando las técnicas de la actividad productiva comenzaron por vez primera a adoptar su papel "legitimador".

Para comprender de un modo más claro la secuencia general de acontecimientos, examinaremos con algún detalle el caso de las industrias textiles y de hilaturas. Estas nos proporcionan un ejemplo de los tipos de procesos históricos que se desarrollaron en todas las ramas de la industria productiva. Además, el desarrollo de las industrias textiles se encuentra en el centro de la Revolución Industrial en su conjunto. Otros ejemplos, tales como la elaboración de papel o la industria de la cerámica, pueden ser ligeramente diferentes en algunos detalles, pero normalmente se puede demostrar la existencia de unos amplios principios semejantes detrás de toda innovación tecnológica.

La tejeduría tradicional era un prolongado proceso. La lana o el algodón tenían que ser convertidos en fuertes hilos –o hilazas– en los cuales las fibras eran alineadas y entrelazadas. El modo tradicional de realizar estas operaciones consistía en la técnica que utilizaba el huso y la rueca, que permaneció virtualmente inalterada durante muchos miles de años, hasta la invención del torno de hilar, introducido por primera vez en Europa durante el siglo XIII. Una vez que la hilaza había sido preparada, lavada y secada, era llevada al telar, en el cual era pasada a través de hilos verticales ya fijados en el bastidor –conocidos como la urdimbre– para hacer la trama. El diseño básico del telar permaneció casi invariable desde la época de los egipcios hasta la Edad Media. A partir del siglo XI, fue posible realizar varias mejoras por medio de la creciente energía que proporcionaban los molinos de agua y los molinos de viento. La artesanía textil floreció en Flandes, en la Toscana y en algunas partes de Inglaterra entre los siglos XII y XVI. Cada uno de los elementos del proceso global –el hilado, el cardado, el trenzado o el abatanado– tenía su propio gremio artesanal. Sin embargo, estos gremios no estaban, por regla general, íntimamente relacionados entre sí. El control global de todo el proceso de producción se encontraba normalmente en manos de los banqueros, comerciantes y financieros. Estos realizaban tanto la función de suministrar el capital necesario y las materias primas, como también la de recoger la hilaza una vez que había sido tejida, para entregarla a los hilanderos, y así sucesivamente.

Los financieros pronto se dieron cuenta de que, en vez de acudir a los gremios basados predominantemente en ámbitos urbanos para conseguir la elaboración de los diferentes procesos, podían conseguir un gran número de ventajas utilizando las grandes cantidades de mano de obra barata que existían en las zonas rurales. El emplazamiento de las industrias al margen de los núcleos urbanos, y la utilización de mano de obra rural basada en un sistema de industria campestre, alcanzaron rápidamente una amplia aceptación.

La demanda de productos textiles ascendió rápidamente con los crecientes niveles de vida relacionados con los modelos comerciales en continuo aumento, y con los desarrollos establecidos en otros terrenos tales como la producción alimenticia. Los comerciantes, ansiosos por explotar este mercado en un grado máximo, se enfrentaron con los problemas de mantener constante el suministro de bienes. El estilo de vida de los trabajadores rurales era bastante irregular. Cuando hacía buen tiempo, tan probable era encontrárselos arando la tierra como trabajando en sus telares. Numerosos oficios honraban el "Santo Lunes" como una fiesta adicional con respecto al Domingo, particularmente en aquellas zonas donde existían industrias domésticas en pequeña escala y obras accesorias. El modelo general de trabajo implicaba ratos de trabajo y de ocio. Engels, con ligeros prejuicios quizá, afirmó que "los trabajadores vegetaban a través de una existencia pasablemente confortable, llevando una virtuosa y pacífica vida, toda ella piedad y probidad" (16).

La aversión de la clase mercantil con respecto a dicha evidente indisciplina se encuentra ampliamente documentada. El mensaje de Burke al pobre trabajador en 1795 era muy simple: "Paciencia, trabajo, sobriedad, frugalidad y religión es lo que habría que recomendarles; todo lo demás es un fraude declarado". Tales actitudes reflejan un problema inmediato en relación con los comerciantes. Los importantes avances ocurridos en las técnicas de hilado –siendo el más importante de ellos el torno de hilar de Hargreaves, durante los años 1760– condujeron a la existencia de importantes aumentos en las cantidades de hilazas de las que se podía disponer. Sin embargo, los comerciantes tenían poco control sobre los tejedores, y de este modo eran limitados los medios de aumentar la productividad sobre una base de emplazamientos extraurbanos. Prácticamente, sus únicos medios de control eran de naturaleza financiera e hicieron frecuentes intentos tendentes a disminuir los salarios. Pero los tejedores resistieron. A menudo ocultaron ciertas cantidades de los materiales pertenecientes a los comerciantes, mientras que los tejedores a quienes se les había alquilado los telares se dieron cuenta de que rompiéndolos podían causar, de modo directo, graves perjuicios a dichos comerciantes. Además, el hecho de que los tejedores, que trabajaban en sus propias casas campesinas, se encontrasen frecuentemente distribuidos a lo ancho y a lo largo de una amplia zona rural hizo que existiesen numerosos problemas de transporte y de comunicaciones en general. Frecuentemente, para soslayar estos problemas y otros semejantes, los comerciantes empezaron a agrupar a los tejedores en fábricas. Landes ha descrito los apuros de los comerciantes en su estudio de la innovación tecnológica titulado *The Unbound Prometheus*, que ya citamos al comienzo de este capítulo. "Es comprensible que el pensamiento de los patronos se dirigiese hacia la creación de talleres en los que la gente pudiese ser agrupada para trabajar bajo capataces vigilantes", escribe, "y para poner en funcionamiento las máquinas que solucionarían el problema de la escasez de mano de obra, refrenan al mismo tiempo la insolencia y la deshonestidad de los hombres" (17).

Es posible identificar cuatro importantes razones para el establecimiento de fábricas. Los comerciantes querían controlar y comercializar la producción de los tejedores de modo que las malversaciones quedasen reducidas a un mínimo, maximizar la producción haciendo que los tejedores trabajasen más horas a velocidades mayores, tener bajo control toda innovación técnica de modo tal que sólo pudiese ser aplicada para la acumulación de capital y, en general, organizar la producción de modo que el papel del capitalista fuese indispensable. Las fábricas proporcionaron el marco organizador donde pudieran conseguirse todos estos deseos mencionados. Así, aunque se establecieron máquinas en las primitivas fábricas, rara vez constituyeron la *razón* del establecimiento de una fábrica determinada. La fábrica fue una necesidad más organizativa que técnica (18). Dicha organización impuso una nueva disciplina durante todo el proceso de producción, y fue descrita por Charles Fourier como una "forma mitigada de cárcel para penados".

Los tejedores acudieron a las fábricas con una gran desgana. Allí se resintieron de la disciplina que se vieron obligados a aceptar, habiendo estado acostumbrados anteriormente a organizar su propio horario de trabajo. También se resintieron del modo en el cual el sistema fabril afectaba a sus relaciones familiares. En épocas anteriores, el hilado y el tejido habían sido tareas en las que intervenía toda la familia y que se llevaban a cabo en el domicilio de los trabajadores. Pero con el sistema fabril, los niños fueron enviados a las hilanderías, y las esposas y adolescentes a las naves donde se encontraban los telares mecánicos. De acuerdo con el testimonio declarado por un testigo presencial de todo ello ante un Comité gubernamental en 1834, "Todas las personas que se encuentran trabajando en los telares mecánicos están allí de modo forzado, porque no pueden existir de ningún otro modo; por regla general son gente cuyas familias han sido destrozadas y sus asuntos arruinados... tienen tendencia a ir como pequeñas colonias a colonizar esos molinos".

Pero la energía mecánica era costosa. Allí donde los comerciantes habían conseguido que los salarios disminuyesen –cosa que fue conseguida de un modo fácil una vez que la fuerza de los gremios y de las asociaciones de trabajadores fue quebrantada después de una serie de huelgas que fracasaron– seguían utilizando formas de energía humana. E.P. Thompson ha sugerido que "puede decirse que el carácter barato y superfluo del hilado con telares manuales *retrasó* las invenciones mecánicas y las inversiones de capital en el ámbito textil" (19).

Por consiguiente, la organización de la industria textil basada en el establecimiento de fábricas no fue, como dejan suponer algunos historiadores, un desarrollo directo a partir de una base técnica más eficaz, sino que muchas de las nuevas máquinas sólo fueron desarrolladas e introducidas *después* de que los tejedores hubiesen sido ya concentrados en las fábricas. Esto queda más subrayado si atendemos al hecho de que otros países europeos, en los que acontecimientos tales como la Revolución Francesa habían mostrado la manera en la cual la concentración de trabajadores podía suponer un vigoroso reto con respecto a las estructuras de poder existentes, fueron mucho más reacios a agrupar a sus tejedores en fábricas. En estos países se siguió manteniendo el sistema de los emplazamientos extraurbanos, mucho después de que este sistema hubiese sido abandonado en Inglaterra.

Podemos encontrar un ejemplo semejante al de la industria textil en los esfuerzos realizados por Josiah Wedgwood en el campo de la cerámica. Fue Wedgwood quien levantó la industria ceramista en el Midlands, estableciendo una amplia fábrica en Etruria, cerca de Stoke-on-Trent, en la segunda mitad del siglo XVIII. Wedgwood se convenció, desde el primer momento, de que el único modo posible por el cual podría obtener los modelos y cantidades de bienes necesarios, debido al rápido crecimiento del mercado, era a través de una división del trabajo cuidadosamente calculada, implicando la separación de todos los diferentes procesos que suponía la producción de cerámica. Esto requería la imposición de una fuerte disciplina fabril. Wedgwood fue uno de los primeros industriales que desarrolló el sistema de fichar. También publicó una larga y detallada serie de instrucciones, relacionadas con todos los aspectos de la diciplina fabril, estableciendo asimismo la existencia de la categoría de los capataces.

Al igual que los tejedores, los ceramistas no estaban acostumbrados a este tipo de disciplina. "Los ceramistas habían gozado de su independencia demasido tiempo como para aceptar amablemente las reglas que Wedgwood trataba de implantar –la puntualidad, la presencia constante, las horas fijadas, las escrupulosas reglas de cuidado y de limpieza, la evitación de despilfarros, la prohibición de bebidas alcohólicas", como ha escrito un historiador (20). Sin embargo, Wedgwood se mantuvo aferrado a sus principios. Al actuar de este modo, convirtió una colección de lo que él llamó "trabajadores lentos, borrachos e inútiles" en lo que describió diez años más tarde como "un magnífico conjunto de manos". Etruria proporcionó uno de los primeros ejemplos del sistema fabril que, como dice P. Mantoux en su clásico libro *La Revolución Industrial*, "concentra y multiplica los medios de producción de forma que la producción es acelerada y aumentada".

El hecho más importante de los comienzos del sistema fabril –y en consecuencia de la producción capitalista en general– consiste en que no parece haber sido determinado solamente por factores tecnológicos o incluso económicos. La Revolución industrial surgió igualmente a partir de las relaciones de clase del capitalismo –la división de la sociedad en una clase capitalista y en otra proletaria– que habían comenzado a establecer los mismos capitalistas con la ascensión de la clase mercantil, mucho antes de que se produjesen los principales avances en el campo de la tecnología productiva. De este modo, es imposible decir que las relaciones de producción fueron una consecuencia inevitable de los perfeccionamientos ocurridos en los medios de producción; ambos elementos fueron cada uno reflejo del otro.

En concreto, la dimensión política adoptó una nueva actitud hacia la naturaleza del hombre y de su papel en la sociedad, y supuso asimismo el nacimiento de nuevas ideas acerca de la importancia del trabajo. Según Landes, la frustración y la vejación manifestadas por los patronos con respecto al pobre trabajador a finales del siglo XVII y a comienzos del XVIII se reflejó en el hecho de que "mientras que antes la pobreza había sido considerada como un mal inevitable y el hombre pobre como un objeto de piedad, en aquel entonces la pobreza era un pecado, y el hombre una víctima de su propia perversidad" (21).

Las máquinas que eran necesarias durante los primeros años de la Revolución Industrial fueron aquellas que no solamente reemplazaron al trabajo manual, sino que también hicieron inevitable la concentración de las tareas productivas en fábricas. Un telar holandés que podía tejer de modo simultáneo 24 cintas estrechas y una compleja estructura manual para la elaboración de punto para el tejido de calcetería, instrumentos ambos perfectamente adaptados a la manufactura doméstica, fueron abandonados rápidamente para dejar paso a máquinas más amplias, cuya superioridad mecánica eliminó paulatinamente las formas tradicionales de la producción manual. Los ejemplos más importantes de estas innovaciones mecánicas fueron la estructura hidráulica de Arkwright, producida en 1768 y diseñada a fin de utilizar la energía hidráulica para el hilado de algodón, el telar mecánico de Cartwright, diseñado en 1784, que podía funcionar por medio de caballerías, de ruedas hidráulicas, o de máquinas de vapor, y las máquinas intermitentes de hilar de Crompton –llamadas así porque constituían un cruce entre el torno de hilar de Hargreave y la estructura hidráulica– desarrolladas en 1779 y capaces de producir hilazas fuertes, finas e incluso apropiadas para numerosos tipos de elaboraciones textiles. La comparativamente amplia producción de estas máquinas significó que pronto superaron la capacidad de las pequeñas corrientes de agua que hacían funcionar los molinos. En 1785 se realizó el último paso lógico al adaptar la máquina de vapor de Watt a las funciones de proporcionar energía para tales máquinas. Cada uno de estos desarrollos eran crucial en lo que se refiere al establecimiento del sistema fabril, y contribuyó a la consecución de una disciplina general en la fuerza de trabajo. De acuerdo con Ashton, "fue sólo bajo el impacto de poderosas fuerzas, atractivas o repugnantes, como el trabajador o artesano inglés fue transformado en mano de obra fabril" (22).

Estas fueron las fuerzas que quedaron legitimadas por lo que hemos llamado la ideología de la industrialización –o, por decirlo de otro modo, el "precio" que había de pagarse por el progreso. Significaron la emergencia de las relaciones de poder jerárquicas y autoritarias del capitalismo industrial. El éxito de la Revolución Industrial se debió tanto a los cambios habidos en cuanto a la dirección administrativa de empresas como a los desarrollos tecnológicos. Hartwell ha comentado que "el carácter y el éxito de aquellos que lograron sobrevivir entre los elevados índices de fracaso que rodearon a los primeros industriales pueden explicarse, no tanto en términos de las diferencias habidas en la calidad del trabajo o de las máquinas, como en términos de las diferencias existentes en la calidad de la dirección de la empresa" (23). También indica que muy a menudo un hombre combinaba en sí mismo dos o más de los papeles que caracterizaban la producción industrial, es decir, el capitalista, el inventor, el innovador, y el organizador de la producción. Esto pone de manifiesto los íntimos lazos que frecuentemente ligaban estas actividades. Richard Arkwright –patrón furiosamente severo, y plagiario tecnológico– es quizá uno de los mejores ejemplos del hombre que era al mismo tiempo un innovador tecnológico y organizativo.

Pero no todo el mundo se rindió ante las fuerzas ascendentes del capitalismo industrial. Los últimos años del siglo XVIII fueron testigos de las crecientes actividades de diversos grupos de destructores de máquinas, que se dispusieron a resistir frente a los avances de la nueva tecnología. Existían dos tipos diferentes de actividades de destrucción de máquinas. Para algunos, esto se convirtió en un sólido modo de ejercer presión sobre los patronos como parte de un modelo general de conflictos de clases. Acontecimientos típicos de estos conflictos fueron la destrucción de minas de carbón durante las amplias revueltas ocurridas en Northumberland en 1740, la destrucción de telares en las industrias de calcetería en East Midlands y las actividades de los "ludditas", –diversos grupos de destructores de máquinas llamados de este modo a causa de su legendario dirigente Ned Ludd– en Nottinghamshire, Leicestershire y Derbyshire. Estas actividades tenían un doble objetivo. Por un lado, se enfrentaban directamente con los patronos y, por otro, estimulaban la solidaridad entre los trabajadores. En su mayor parte, de acuerdo con Eric Hobsbawm, la destrucción de las máquinas surgió frecuentemente a consecuencia de las típicas relaciones sociales de la producción capitalista que habían comenzado a existir como parte integrante de la Revolución Industrial. "Los hombres de 1760", escribe, "constituían todavía una buena manera de comprender la naturaleza del sistema económico con el que hubieron de enfrentarse. Sin embargo, está claro que la suya no era una simple lucha contra el progreso técnico como tal" (24).

Otras actividades de destrucción de máquinas llevaban en sí una genuina hostilidad con respecto a las nuevas máquinas, y contra las relaciones sociales de producción que llevaban consigo. Las máquinas no sólo suponían una amenaza con respecto a los puestos de trabajo, sino contra todo un modo de vida que comprendía la libertad, la dignidad y el sentido de parentesco del artesano. Los intentos que se llevaron a cabo para resistir ante las máquinas encontraron un amplio apoyo no solamente entre aquellos que sufrían directamente las consecuencias, sino también entre otras clases sociales. La protección manifestada por los granjeros amenazados por la nueva maquinaria agrícola explica en parte las razones por las cuales el Gobierno consideró necesario desplegar doce mil soldados para atajar el problema de los "ludditas" entre 1811 y 1813, ejército mayor que el empleado por Wellington en la Península Ibérica.

Las actividades de los destructores de máquinas en Lancashire entre 1778 y 1780 ilustran el fenómeno de la oposición con respecto a nuevas máquinas en particular, sin llegar a convertirse en una oposición frente a la mecanización en general. Estos destructores de máquinas distinguían entre aquellos tornos de hilar que tenían 24 ó menos husos, apropiados para la producción doméstica, y que no destruían, y entre aquellos otros más amplios, apropiados exclusivamente para su utilización en fábricas, que destrozaban. Ideas semejantes fueron expresadas posteriormente por Samuel Butler en su novela *Erewhon*, publicada por primera vez en 1872. Butler adapta las ideas de Darwin sobre la evolución natural al desarrollo de las máquinas, sugiriendo que las máquinas pueden acabar eventualmente por dominar al hombre, y por consiguiente deberían ser destruidas. Pero añade que: "La verdadera alma del hombre es debida a las máquinas y la existencia de éstas es en gran parte una condición *sine qua non* para aquél, en la misma medida en que lo es la del hombre para aquéllas. Este hecho no nos permite proponer la completa aniquilación de las máquinas, pero seguramente indica que deberíamos destruir todas las que no nos fueran imprescindibles, para que no acabaran tiranizándonos incluso de modo más completo" (25). Aunque estas palabras han sido puestas en boca de un filósofo "erewhoniano", posteriormente Butler escribió en una introducción a la novela que pensaba que la teoría "era bastante sólida".

Los destructores de máquinas vencieron en una serie de conflictos locales. En Norfolk, por ejemplo, el movimiento antimaquinista logró mantener constantes los salarios de los tejedores durante un cierto número de años, pero los "ludditas" se encontraron indefensos cuando tuvieron que hacer frente al ímpetu de reagrupación política del capitalismo industrial, apoyado tanto por unas vigorosas fuerzas militares como por el "élan" revolucionario que llevó consigo la industria. "Por aquel entonces, avances tecnológicos adicionales cambiaron de nuevo la composición de la fuerza de trabajo", observa Landes, "había crecido una nueva generación, acostumbrada a la disciplina y a la precisión de la fábrica" (26).

El "luddismo" decayó durante los años 1820, dejando paso a actividades más organizadas por medio de las agrupaciones sindicales y de otras tempranas formas mediante las que los trabajadores se organizaron en las fábricas. Al imponer la disciplina de la fábrica, los patronos habían creado inconscientemente una nueva fuerza política, la del proletariado industrial. Cuanto más fueron fragmentadas las tareas productivas, tanto mayor fue el deseo de los trabajadores de unirse para llevar a cabo unas acciones industriales unificadas.

El estadio siguiente más importante en el desarrollo de la tecnología sucedió aproximadamente al mismo tiempo, y en gran medida como respuesta a esta situación. Aunque las actividades militantes eran dirigidas normalmente hacia objetivos específicos –tales como unos salarios más altos y unas mejoras en las condiciones de trabajo– supusieron un serio reto con respcto al funcionamiento eficaz de la gran máquina industrial que se estaba desarrollando. Los conflictos entre los propietarios de las fábricas y los trabajadores organizados fueron cada vez más frecuentes. En esta situación, la innovación tecnológica adoptó un nuevo papel. Las máquinas comenzaron a ser introducidas no solamente para ayudar a crear un marco dentro del cual pudiera imponerse una disciplina, sino que muy a menudo su introducción fue debida a una acción consciente por parte de los patronos para contrarrestar las huelgas y las otras formas de militancia industrial. Incluso la amenaza de la mecanización, con el desempleo implícito que llevaría consigo, era frecuentemente utilizada por los patronos para mantener unos salarios bajos. De este modo, aunque ya en 1825 era posible disponer de la maquinaria para cardar la lana, el bajo costo del trabajo de los cardadores hizo posible que los propietarios de las fábricas mantuviesen la espada de Damocles de la maquinaria sobre sus cabezas durante veinte años más.

"La necesidad de una paz industrial", escribe Thompson, "para tener una fuerza de trabajo estable, y una plantilla de trabajadores hábiles y experimentados, hacía necesaria la modificación de las técnicas de organización (más brutales) –y por supuesto, el crecimiento de nuevas formas de paternalismo– en las fábricas algodoneras durante los años de 1830" (27). La innovación tecnológica fue una de las nuevas técnicas de organización. Los factores económicos, aunque de gran importancia a largo plazo, a menudo quedaron subordinados a las necesidades, a corto plazo, de responder a los conflictos laborales. Los beneficios sólo podían ser garantizados y mantenidos por una fuerza de trabajo relativamente dócil. La introducción de las máquinas fue tanto una parte de las tácticas cotidianas de la lucha de clases entre trabajo y capital, como un componente de la estrategia global. Estas tácticas incluyeron inevitablemente la necesidad de aumentar el control social por parte del capital, y las relaciones autoritarias que esto implicaba se fueron cristalizando en las máquinas que fueron introducidas.

Para ver cómo funcionaba este proceso lo único que debemos hacer es consultar un notable volúmen, titulado *The Philosophy of Manufactures*, escrito por un académico escocés, Andrew Ure, archiapologista del sistema fabril en su conjunto, y publicado en 1835. Ure describe enérgicamente cómo los industriales, oprimidos por los sindicatos militantes e "incapaces de controlar a los trabajadores reduciendo los salarios" fueron obligados a utilizar las innovaciones tecnológicas para estos objetivos. Un típico ejemplo de ello fue el aumento de la extensión de las máquinas intermitentes de hilar. Al disminuir el número total de máquinas de hilar necesarias, reemplazaron a los hilanderos adultos y aumentaron el número de sus auxiliares, debilitando por consiguiente el sistema de aprendizaje fabril y reduciendo la autoridad de los hilanderos. "Esta necesidad de ampliar las estructuras de hilado había dado recientemente un extraordinario impulso a la ciencia mecánica", escribe Ure. "Al doblar el tamaño de su máquina de hilar, el propietario está en disposición de librarse de los hilanderos indiferentes o inquietos, y de convertirse de nuevo en el dueño de su fábrica, lo que no es pequeña ventaja" (28). Esto ocurrió a pesar del hecho de que tales modificaciones eran frecuentemente costosas y que las grandes máquinas supusieron el que el trazado de las fábricas tuviese que ser reconstruido a menudo con gastos considerables.

Otro ejemplo mencionado por Ure sobre la utilización de las innovaciones tecnológicas como táctica de organización empresarial, es el desarrollo de la máquina de hilar automática. De acuerdo con Ure, las huelgas habidas en fábricas de varias ciudades del Midlands llevaron a los propietarios de fábricas locales a pedir a una firma de constructores de máquinas de Manchester que "dirigieran el talento inventivo de su dueño, Mr. Roberts, a la construcción de una máquina de hilar automática, a fin de emancipar a la industria de la mortificante esclavitud y de la ruina inminente... Mr. Roberts, quien por aquel entonces no tenía grandes conocimientos acerca de las máquinas tejedoras, suspendió sus ocupaciones profesionales como ingeniero y dedicó su fértil genio a la construcción de un autómata hilandero" (29). Los esfuerzos de Richard Roberts se vieron finalmente coronados por el éxito, y la máquina de hilar automática fue patentada en 1830. Fueron gastadas 13.000 libras esterlinas en el perfeccionamiento de su diseño, la mayor parte de las cuales fueron suministradas por los propietarios de las fábricas. Aunque al principio fue aceptada lentamente, los propietarios industriales pronto descubrieron que la nueva máquina les proporcionaba un medio de evitar los altos salarios que pedían los hilanderos especializados. Roberts se convirtió en un hombre rico, mientras que los operarios de las fábricas conocían a la nueva máquina pavorosa con el nombre de "El Hombre de Hierro".

Para Ure, el mensaje estaba claro. "Este invento confirma la gran doctrina ya expuesta, es decir, que cuando el capital consigue que la ciencia se ponga a su servicio, la mano de obra refractaria aprende a ser siempre dócil" (30). Esta "mano de obra refractaria" es la que había destruido ya la casa de John Kay en 1753, los tornos de hilar de Hargreaves en 1768, y las fábricas de Arkwright en 1776 y en años posteriores. También había organizado extensas huelgas de hilanderos en 1818 durante las cuales se encerraron lanzaderas en templos y talleres de Manchester, Barnley, Bolton y otras ciudades. Las huelgas no quedaron necesariamente limitadas a la industria textil, y cada una de estas huelgas proporcionaba un incentivo adicional para adoptar la mecanización. Según Samuel Smiles, el biógrafo victoriano que escribió sobre una serie de eminentes figuras industriales, "En el caso de muchos de nuestros más potentes instrumentos y máquinas automáticas, los industriales no pudieron ser convencidos de que las adoptasen hasta que fueron obligados a hacerlo a causa de las huelgas. Este fue el caso de la máquina de hilar automática, de la máquina para cardar la lana, de la máquina para el cepillado, de la máquina ajustadora, del mecanismo de vapor de Nasmyth y de muchas otras" (31).

La historia nos muestra el éxito de la industrialización durante la Revolución Industrial en lo que se refiere al aumento de la productividad, y, a largo plazo, de los salarios y del nivel general de vida. Pero, como ya hemos visto, sería erróneo interpretar la contribución de las máquinas en todo ello en unos términos que sólo se refieran al aumento del rendimiento productivo. Parece que fue igualmente importante su contribución en general en cuanto al mantenimiento del "orden social". Marx confirmó esto posteriormente cuando escribió que la maquinaria "es utilizada como el arma más poderosa del arsenal capitalista, como el mejor medio para vencer las rebeliones contra el capital" (32).

El concepto del "remanente económico" nos proporciona un posible indicio económico. Los especialistas dedicados a la historia económica, al hacer un nuevo examen del proceso de crecimiento económico habido durante la Revolución Industrial, han descubierto que el aumento del valor total de la producción de la industria británica durante este período fue considerablemente mayor que el aumento habido en el valor de las tradicionales inversiones en tierra, trabajo y capital. Una explicación de ello podría ser que el remanente representa la contribución del conocimiento y de la pericia técnica con respecto a una mayor productividad. Alternativamente podría argumentarse que ello representa la mayor eficacia económica que fue posible gracia a la aportación de las nuevas máquinas manejando los escasos recursos existentes. Parte de todo esto puede ser considerado como una consecuencia de los modelos, cada vez mayores, de control autoritario sobre la inversión de trabajo y sobre su organización, proceso del que habla Weber calificándolo de "racionalización". En concreto, esto fue conseguido por medio de un sistema educativo destinado a producir el "capital humano" que encajaría tanto en el marco técnico como disciplinario del nuevo sistema fabril (33).

Por consiguiente, las máquinas podrían ser consideradas como los medios por los cuales la clase capitalista reduce la entropía –o tendencia al desorden– de todo el sistema productivo. De este modo, esto aumenta la eficacia del sistema a través de la imposición de un aparente "orden" o "racionalidad" tecnológicos sobre la fuerza de trabajo. El aumento que resulta de ello en cuanto a eficacia organizativa podría tener como consecuencia la elevación de la producción con respecto a la inversión, pareciendo de nuevo legitimar las relaciones autoritarias y jerárquicas de producción que todo este proceso lleva consigo. El propio Landes ofrece una hipótesis de trabajo según la cual "el modelo de costo de factores necesario para un avance tecnológico es diferente al requerido para explotar las posibilidades de dicha avance" (34).

Dicho de otro modo, en nuestra interpretación histórica del proceso de innovación tecnológica, debemos ir más allá de los meros factores económicos, y por tanto, más allá de los conceptos de interdependencia funcional entre desarrollo tecnológico y desarrollo económico. Una posible alternativa, como ya he sugerido, es la de interpretar este proceso como un reflejo de las jerárquicas y autoritarias relaciones de clase de la producción del capitalistmo industrial.

Del mismo modo que la ciencia, como hemos indicado en el capítulo primero, se convierte en la ideología legitimadora del poder, la tecnología se convierte en la ideología legitimadora del control social. Las innovaciones en la tecnología nunca fueron neutrales, sino que formaron parte del proceso político mismo. Marx escribe en *El Capital* que la "maquinaria posee, como capital y a través de la instrumentalización de los capitalistas, tanto conciencia como deseo; por consiguiente está animada por el deseo de reducir al mínimo la resistencia ofrecida por las naturales pero elásticas limitaciones del material humano por medio del cual funciona" (35). Así, no merece la pena la introducción de máquinas capaces de aumentar el rendimiento de la producción sin un control suficiente sobre la fuerza de trabajo como para asegurar el que las máquinas sean manejadas con un máximo de capacidad. El propio Marx localiza este control casi enteramente en las manos del capataz. "En vez del látigo del capataz de esclavos", escribió, "tenemos el libro de castigos del inspector" (36). Pero las propias máquinas proporcionan también una fuente de control, al reflejar y apoyar la fragmentarización y la organización jerárquica de las tareas productivas que implica la división capitalista del trabajo social.

Este punto ha sido destacado también por J.L. y Barbara Hammond, que escribieron en los primeros años de nuestro siglo sobre los aspectos sociales de la Revolución Industrial. "La nueva industria aumentó el poder hasta un grado notable", escribieron en *The Town Labourer*, "y a la (nueva) oligarquía le pareció la cosa más natural del mundo el que el poder económico se pareciese al político, y que en la fábrica, al igual que en el Estado, todo el poder estuviese concentrado en manos de unos pocos hombres, quienes actuarían y pensarían por los demás" (37). Dicho de otro modo, las relaciones sociales entre los grupos de individuos empleados en la industria se convirtió en el modelo mediante el cual sería puesto en funcionamiento el estado industrial. La disciplina y el control jerárquico constituían los elementos principales de la actitud a tomar. "A todos los males que el trabajador doméstico tenía que sufrir", escribieron los Hammonds, "la Revolución Industrial añadió la disciplina, y la disciplina de un poder impulsado por una competitividad que pareció tan inhumana como las máquinas que tronaron en las fábricas y en las naves" (38). Nuevamente, podemos ver el modo por el cual la tecnología de la producción fabril reflejó las relaciones sociales de la sociedad capitalista, unidas en una ideología común. "La máquina animal –quebradiza en el mejor de los casos, sujeta a mil fuentes de sufrimiento –se encuentra firmemente encadenada a la máquina de hierro, que no conoce el sufrimiento ni la fatiga", escribió James Philip Kay en 1832.

El desarrollo industrial en los Estados Unidos comenzó adaptando un modelo similar al de Inglaterra y de Europa Occidental. La innovación tecnológica y el crecimiento del sistema fabril se enfrentaron en seguida con las tradiciones artesanales existentes, aunque estas últimas, en muchos casos, tenían un arraigo mucho menor que el que poseían en las comunidades europeas. Pero lo que principalmente afectó al trabajador industrial, y contra lo que dirigió sus protestas, fue la revolución social que vino con todos aquellos cambios tecnológicos. Norman Ware escribe: "Aparte de unos cuantos disturbios en Pittsburgh, durante los cuales los tejedores empleados en telares manuales destruyeron algunas de las nuevas máquinas, el trabajador americano no se opuso a la nueva maquinaria. Se opuso al método de su introducción, a sus objetivos explotadores, pues así los concebía, en manos de un grupo que era ajeno al productor" (39). Según Ware, por cada una de las protestas realizadas contra la industria mecanizada, podemos encontrar cien dirigidas contra el nuevo poder de la producción capitalista y contra su disciplina.

Por lo general, la fuerza de los primeros sindicatos estadounidenses fue pequeña, y la relativa ausencia de oposición con respecto a las nuevas tecnologías productivas fue un importante factor que contribuyó a proporcionar a la industria norteamericana una ayuda en su competencia con la europea. El problema principal parece haberse encontrado más en la escasez de capital que en la escasez de trabajo. Los índices de interés más elevados redujeron la cantidad de capital disponible en relación a cada trabajador. Una vez más, la innovación tecnológica fue utilizada como una palanca para ajustar las relaciones entre el trabajo y el capital. De acuerdo con Nathan Rosenberg, "No fueron los altos niveles salariales en cuanto tales, sino más bien las constantes presiones en el mercado de trabajo, las numerosas posibilidades de trabajo en un medio con recursos abundantes, y el elevado grado de movilidad laboral, lo que... proporcionó (a los capitalistas) una fuerte propensión hacia el desarrollo de técnicas que necesitasen menos mano de obra" (40). En general, una función importante de la dirección de la empresa fue la de predecir y reajustar todos aquellos acontecimientos que pudiesen obstruir el continuo flujo de producción. Como el trabajo presentaría probablemente dicho riesgo, entonces se trataba de contrarrestarlo, y en la medida de lo posible, de impedirlo mediante una adecuada innovación tecnológica.

Muchas de las tendencias que hemos señalado, ocurridas durante los primeros períodos de la innovación tecnológica, todavía se encuentran presentes en el proceso actual, incluso a pesar de que se manifiestan de un modo más complejo y sofisticado. El planteamiento general de Taylor en lo que se refiere a la dirección científica de empresas ha sido extendido a casi todas las secciones de la economía como "planificación racional". La importancia de la tecnología en la sociedad moderna, en un grado enormemente creciente, ha conducido a una fusión de la investigación científica, de la aplicación tecnológica de los resultados de tal investigación, de su utilización industrial y de su institucionalización en la categoría de investigación y desarrollo. Una de las consecuencias de todo ello es que el proceso de innovación mismo se ha convertido en algo institucionalizado. La industria ya no puede basarse en inventores aislados que surgen con las ideas adecuadas en el momento preciso. La competencia y la necesidad de una innovación continua han hecho preciso que toda importante compañía industrial ponga en marcha su propio departamento de investigación y desarrollo, y esto puede consumir gran parte del volumen anual de verrtas de la compañía.

La innovación tecnológica sigue siendo utilizada por el capital para mantener y acreditar su dominio sobre la fuerza de trabajo. La utilización de contenedores, por ejemplo, ha sido introducida en los puertos ingleses, en parte, para contrarrestar la militancia cada vez más activa de los estibadores y sus logros en materia salarial, puesto que mediante la utilización de tales instrumentos reducen la necesidad de trabajo humano. Se dice que parte del atractivo de los puentes construidos con vigas ensambladas se encuentra en el hecho de que, como en la construcción de fábricas, la fuerza de trabajo es fragmentada al tener que unir simplemente las partes prefabricadas en el lugar mismo de construcción. Esto reduce enormemente las posibilidades de las acciones de militancia industrial en los lugares de construcción. Según un reciente anuncio publicitario de una empresa especializada en métodos de construcción fabriles, "No tenemos problemas de supervisión desperdigada (sobre la fuerza de trabajo). De este modo, la calidad siempre se encuentra en buen estado".

La amenaza de desempleo tecnológico constituye tambien un medio por el que la dirección de una empresa puede mantener estacionarios los salarios. Una serie de patronos han sido acusados de utilizar la amenaza de sustituir a las trabajadoras especializadas por máquinas automáticas como medio de evitar - legitimando al mismo tiempo esta evitación - el requisito legal según el cual las trabajadoras han de percibir el mismo salario que los trabajadores por la ejecución del mismo trabajo. El autor de un informe de la OCDE menciona que "los procedimientos técnicos... siguen siendo el factor más importante en cuanto a determinar el tipo de estructura y el tipo de relaciones en una empresa, " (41) así como que "el cambio no es un hecho puro. Es la manifestación de unas intenciones, de unas relaciones sociales, de unas necesidades económicas y de unos proyectos políticos" (42). Si parte del proyecto político consiste en mantener un control autoritario y jerárquico sobre la fuerza de trabajo, entonces esto quedará reflejado, como ya hemos visto, en el proceso de innovación, y en la tecnología que emerge de dicho proceso.

Sin embargo, es imposible aislar la innovación tecnológica considerándola como el único factor que hace posible el control social. Igualmente importante es toda la gama de técnicas de dirección de empresas que han sido desarrolladas desde la época de Taylor, asociada cada una de ellas con un determinado planteamiento del proceso productivo. El propio Taylor confesó tener dos objetivos. No solamente deseaba incrementar la producción, sino que tambien quería reducir lo que él consideraba como indisciplina de la fuerza de trabajo. El contenido ideológico de su planteamiento queda revelado por su reconocido objetivo de "hacer innecesarios los sindicatos y las huelgas", confesando al mismo tiempo su creencia de que "una mayor docilidad produce salarios más altos".

La importancia del taylorismo se encuentra precisamente en el modo mediante el cual un planteamiento supuestamente científico es utilizado para legitimar una determinada serie de medidas de dirección de empresa. No es nada sorprendente el hecho de que el taylorismo encontrase una fuerte oposición por parte de los sindicatos norteamericanos a comienzos de este siglo. El movimiento obrero denunció "las prácticas de explotación y de aceleración" que el "culto" de la dirección científica de empresas impulsó, porque "considera al trabajador como un mero instrumento de producción y le reduce al papel de un dispositivo semi-automático con respecto a la máquina o herramienta" (43).

De hecho, investigadores posteriores han demostrado que muchas de las observaciones del propio Taylor son completamente a-científicas. En concreto, el individuo elegido por Taylor para realizar las tareas que él medía con cronómetro para algunas de sus más importantes observaciones personales era conocido por su gran tamaño, su enorme fuerza y su estupidez general, factores que le hicieron particularmente adecuado para el tipo de modelo de trabajo que Taylor trataba de establecer. Partir de las actividades de este individuo para organizar todo un conjunto de mano de obra *sin tener en cuenta su eficacia en cuanto al aumento de la producción,* no puede ser considerado científico en absoluto. La principal función de la "muestra" parece haber sido la de proporcionar a las ideas de Taylor el sello de una sospechosa objetividad.

Una actitud igualmente a-científica ha quedado demostrada mediante un nuevo examen de los estudios que condujeron al surgimiento de las ideas del "enriquecimiento del trabajo". Los más importantes de estos estudios fueron los llamados *Hawthorne Studies*, realizados durante los años 1930. Los investigadores pretendieron demostrar la importancia de tener en cuenta las necesidades psicológicas del trabajador individual a la hora de modelar las tareas productivas. Estos intentos condujeron directamente a un planteamiento general de "relaciones humanas", adoptado ampliamente en la industria a partir de entonces. Sin embargo, ha sido demostrado que los individuos a partir de los cuales fueron realizados tales estudios dieron muestras de unas características determinadas, que invalidaron gran parte de la naturaleza supuestamente científica de la investigación en su conjunto. Concretamente, Alex Carey ha demostrado que en el primero del grupo de cinco estudios, dos de las cinco muchachas seleccionadas inicialmente para la observación fueron despedidas por "enorme subordinación". Fueron sustituidas por otras dos muchachas, una de las cuales se hizo inmediatamente cargo de la disciplina de todo el grupo e impulsó una constante aceleración de la producción. A partir de este dato y de otros similares, Carey sugiere que "las limitaciones de los estudios Hawthorne los hacen claramente incapaces de proporcionar una plataforma seria para realizar ningún tipo de generalizaciones". Tambien sugiere que los resultados, "lejos de apoyar los diversos componentes del 'planteamiento de relaciones humanas ', son sorprendentemente consistentes con un criterio más bien antiguo sobre la naturaleza de los incentivos monetarios, impulsando el liderazgo y la disciplina" (44). Y ¿qué queda de la neutralidad de la ciencia social?

Una importante técnica de la dirección de empresas, reflejada en la tecnología productiva, es la utilización del árbol jerárquico como medio de organizar la producción. Esto supone una forma de organización a través de la cual los grupos a cualquier nivel se encuentran subordinados a un solo individuo que está en el nivel superior. El árbol invertido proporciona el modelo de organización ideal mediante el cual la información puede ascender hasta la dirección de la empresa, y las instrucciones descender hasta la fuerza de trabajo. Al igual que en el ejército, el poder político y la posibilidad de control se encuentran fragmentados en la base y consolidados en la cúspide. El deseo de mantener unas relaciones jerárquicas ha conducido a la adopción de unas técnicas productivas que parecen necesitar a aquéllas. El diseño de las técnicas de producción de líneas de montaje, por ejemplo, coincide con un modo determinado de la división del trabajo. Como ha escrito Gorz, "la regimentación jerárquica... *parece* ser una necesidad que proviene de la tecnología productiva; pero en realidad es creada dentro de la tecnología productiva en la medida en que esta última es a su vez un reflejo de la división social del trabajo" (45). De nuevo, vemos cómo la tecnología refleja y refuerza las relaciones sociales.

Otro medio por el cual la innovación tecnológica es utilizada para manipular la relación entre capital y trabajo se encuentra en las actividades que llevan a los pactos de productividad. Esto se encuentra frecuentemente asociado con la introducción de innovaciones, que son presentadas bajo el aspecto dulzón de unos salarios más elevados para subsanar el posible desempleo creado por la innovación. Los pactos de productividad, según dos sociólogos industriales, Bob Sutcliffe y Andrew Glyn, "suponen un esfuerzo por parte de la dirección de la empresa para restablecer algo del *control perdido* sobre el trabajo o los salarios y, en consecuencia, para fomentar los márgenes de beneficio" (46) (el subrayado es mío). El modo en el cual todo esto se encuentra vinculado con la innovación, y con la posición de los trabajadores implicados, podemos verlo tomando en consideración la importante huelga ocurrida en la Rolls Royce en 1969. La huelga costó al AEUW, uno de los mayores sindicatos implicados en ella, casi un cuarto de millón de libras. Como resultado sobrevino la negociación de un acuerdo de productividad, que pedía "la aceptación de trabajo por turnos a fin de explotar los bienes de equipo altamente capitalizados, la aceptación de las técnicas de organización de trabajo propuestas por la empresa, la división del trabajo en elementos básicos y el establecimiento de límites de tiempo para dichos elementos, siendo comparado este tiempo con las verdaderas realizaciones" (47). La proliferación de bienes de equipo capitalizados ha llevado a la imposición sobre los trabajadores técnicos de los mismos métodos de subordinación y de disciplina que las máquinas ya impusieron sobre aquellos que trabajaban en los talleres.

Cuando hablamos de tecnología moderna, ni qué decir tiene que debemos tener en cuenta algo más que la tecnología de la producción industrial. Tan importante como esta última es la que podría ser llamada tecnología doméstica o de consumo. Esta incluye todas las diversas máquinas y *gadgets,* desde los coches hasta los cepillos de dientes eléctricos, que forman parte de nuestro entorno tecnológico. De la misma manera que la tecnología industrial refleja el modo de producción social de una sociedad, la tecnología de consumo refleja las acciones instrumentales de sus miembros individuales. Sin embargo, en la medida en que la tecnología de consumo es producto de la tecnología industrial, y teniendo en cuenta además que está basada en idénticos conceptos de racionalidad tecnológica - por lo menos en cuanto a sus aspectos puramente *funcionales* - la una puede ser considerada como una extensión de la otra. Marx se dió cuenta pronto de que los modelos de consumo en general no son sino extensiones y reflejos de los modelos de producción. En los *Grundrisse* escribió que "La producción produce consumo; en primer lugar, proporcionando al último sus materiales; en segundo lugar, determinando la manera de consumo; en tercer lugar, creando en los consumidores un deseo en relación con sus productos como objetos de consumo. De este modo, produce el objeto, la manera y el deseo de consumo" (48).

Estos procesos se han convertido cada vez más en algo evidente desde la época de Marx. La industria, una vez que ha provisto las necesidades básicas de la sociedad, ha comenzado a crear nuevas necesidades a fin de hacer constante su expansión. La elevación de los salarios ha supuesto el que los trabajadores puedan comprar estos nuevos productos, consiguiendo una cierta satisfación puesto que parecen alcanzar sus "esperanzas sociales".

Se nos recuerda frecuentemente que vivimos en una sociedad de consumo, en la que los gustos y las aparentes necesidades de la comunidad son manipulados a través de técnicas publicitarias de modo que aseguren la existencia de un mercado que absorba sus productos industriales. De acuerdo con Nathan Rosenberg, incluso en la sociedad decimonónica americana, las innovaciones de consumo fueron ya enormemente estimuladas por "la maleabilidad de los gustos del consumidor... La buena voluntad de la gente para aceptar un producto final homogéneo era indispensable en aquél momento de transición de una tecnología artesanal, con un alto predominio del factor trabajo, a unas máquinas altamente especializadas" (49). Es importante darse cuenta de hasta qué grado esta manipulación se había construido en el interior de los productos mismos. Esto ha sido ingeniosamente resumido en un comentario atribuido a Henry Ford: "Usted puede escoger el color que quiera para su coche, siempre y cuando sea negro". Actualmente pueden existir más colores, pero el principio sigue siendo el mismo: creando unas elecciones *aparentes* en artículos relativamente poco importantes tales como el tejido de los asientos del coche o unos encendedores de cigarrillos opcionales, las elecciones *verdaderas,* tales como el precio, la formalidad en cuanto a la mecánica, o el impacto ecológico, son oscurecidas y regladas a un segundo plano, donde parecen ser relativamente insignificantes.

Otro ejemplo de todo esto nos lo proporciona el desarrollo de la televisión. Mientras que se presenta como algo que conduce a una democratización de la sociedad por medio de una difusión informativa para todos, y que "descubre los secretos de la política", lo que en realidad vemos en la televisión está sujeto a un estricto control centralizado ejercido a través de normas impuestas sobre aquello que es considerado como aceptable para su emisión. Las elecciones importantes - tales como la *manera* en la cual son presentadas las noticias, o los expertos que son invitados a discutir temas importantes - quedan fuera de control del televidente. Lo que nosotros podemos elegir queda limitado al color y al tamaño del televisor, y podremos ver una gama de programas rigurosamente restringida. La cuestión más importante que habría que preguntarse con respecto a la televisión, al igual que con respecto a toda otra innovación tecnológica importante, no es la de cómo podría ser idealmente utilizada, sino la de por qué es utilizada en la manera actual, y cómo esta utilización queda reflejada en el diseño de la tecnología de la comunicación como institución social.

Un ejemplo más de la manipulación que se ejerce sobre la elección del consumidor es el concepto de "caída en desuso incorporada" . Muchos productos están concebidos de modo que cesen de ser útiles después de un cierto período de tiempo con la exclusiva finalidad de estimular la corriente mercantil de artículos de consumo. De este modo, queda asegurado un mercado permanente para los productos de la investigación industrial, que a su vez se encuentra determinada por el ciclo económico de la innovación y de la caída en desuso. Podríamos mencionar otros ejemplos para mostrar cómo la maturaleza misma del producto fomenta la manipulación de la demanda de consumo en interés, tanto político como económico, de una clase social dominante.

La naturaleza política de la tecnología no queda reducida al entorno social del hombre. Tambien el medio ambiente natural ha experimentado el mismo proceso. Ya hemos visto cómo la naturaleza forma parte integrante de la vida de la mayoría de las sociedades tribales, presencia que ha de ser tratada con respeto y, frecuentemente, con miedo. Las tecnologías desarrolladas dentro de ese marco constituyen un reflejo de estas relaciones generales. Durante la Edad Media, el sistema comenzó a descomponerse en dos frentes. Desde un punto de vista práctico, el desarrollo de las técnicas agrícolas permitió al hombre obtener del suelo una productividad mucho mayor, e inevitablemente le convirtió en su explotador. Sin embargo, esto solamente pudo ser justificado una vez que fueron eliminadas las nociones más místicas de la naturaleza. Fue en este momento cuando la Iglesia acudió en socorro de este proceso. La tradición judeo-cristiana había predicado siempre que el hombre era el centro del universo de Dios - tanto literal como metafóricamente - y que las fuerzas de la naturaleza se encontraban ahí para ser utilizadas. La naturaleza siguió siendo personificada bajo la forma de la diosa Madre Naturaleza. La ortodoxia usual en el mundo medieval de Occidente, no obstante, establecía que Dios era lo absoluto, y la Naturelaza su primer ministro y diputado.

La distinción entre Naturaleza y Dios coincidió en muchos aspectos con la separación ideológica o filosófica entre hombre y naturaleza. Raymond Williams ha sugerido que fue esta distinción la que hizo eventualmente posible descubrir los procesos naturales en términos objetivos. El hombre se encontró entonces preparado, no solamente para observar la naturaleza, sino para experimentar con ella de manera científica, y esto suponía la intervención consciente sobre ella a través de medios tecnológicos para llevar a cabo objetivos humanos. "La mejora de la agricultura, y la revolución industrial", dijo en una conferencia en el Institute of Contemporary Arts en 1970, "proceden claramente de este impulso, y muchos de los efectos prácticos dependieron del hecho de ver a la naturaleza de un modo bastante claro, e incluso de un modo bastante frío, como una serie de objetos que podían ser manipulados por el hombre".

Mumford ha expresado esto de una manera ligeramente diferente: "La máquina se presentó como si fuese el nuevo demiurgo que venía a crear un nuevo ciclo y una nueva tierra" (50). Y continúa citando la descripción que hace Agricola de la destrucción del medio ambiente realizada por las técnicas de minería en Italia en una fecha tan temprana como el siglo XVI. Quienes criticaban estas técnicas, de acuerdo con Agricola, argumentaron que "son talados bosques y arboledas, porque existe la necesidad de una cantidad interminable de árboles para los maderos, las máquinas y la fundición de los metales. Y cuando son talados los bosques y arboledas, son exterminadas las bestias y los pájaros, muchos de los cuales proporcionan una placentera y agradable alimentación para los hombres. Además, cuando son lavados los minerales, el agua que ha sido utilizada para ello envenena los arroyos y las corrientes de agua, y entonces o bien mata a los peces, o bien los ahuyenta" (51).

Parece importante indicar, particularmente hoy en día cuando se nos dice que vivimos en el centro de una crisis ecológica de alcance mundial, que el despojo de nuestro medio ambiente es una consecuencia predecible de nuestros modelos normales de desarrollo económico y tecnológico. Como ya hemos mencionado, los factores ambientales se encuentran catalogados dentro de los costos externos de producción, es decir, dentro de aquellos costos que son compartidos por la comunidad en su totalidad, en vez de estar incluidos dentro de los costos internos originados por la empresa productiva que causa la polución. El papel de un director de empresa eficaz es el de minimizar los costos internos del proceso de producción y, en consecuencia, –en los casos en que los costos combinados pueden ser considerados como constantes– el de maximizar los costos externos dentro de estas limitaciones globales.

Galbraith indica que "más allá del terreno de los bienes y servicios, suministrados sin embargo, y de la demanda de los mismos, se encuentra, además, el mundo de la experiencia estética" (52). Las consideraciones ambientales de naturaleza no-económica forman parte de esta categoría, que Galbraith utiliza en un sentido mucho más amplio que el que normalmente tienen las bellas artes. Este autor añade que "los logros estéticos se encuentran fuera del alcance del sistema industrial, y en una medida importante, en conflicto con él. No sería necesario subrayar este conflicto de no ser porque la letanía del sistema industrial niega su existencia" (53).

Por supuesto, la innovación tecnológica, bien mediante un aumento en la eficacia productiva del proceso de extracción, o creando sucedáneos que eliminen la presión existente sobre los recursos naturales escasos, *puede* dar como resultado un neto descenso de la explotación ambiental en casos determinados. De modo similar, las limitaciones legislativas pueden servir para reducir los niveles críticos de daño ambiental. Sin embargo, el punto más importante se encuentra en que todavía se sigue aplicando la ley básica de la economía de mercado capitalista, es decir, la creación de un máximo de plusvalía. El precio de las materias primas necesarias para la producción industrial depende del costo y de la eficacia de la extracción y de los procesos de transporte (incluyendo los costos de mano de obra), de la cantidad que hay que pagar a las autoridades concesionarias centrales, y de las consecuencias *económicas* de una posible escasez. Esto no depende de la cantidad de daño infligido al medio ambiente *per se*, que de este modo puede ser maximizado dentro de los límites técnicos, económicos y legislativos existentes. Incluso la declarada necesidad de preservar los recursos escasos para generaciones venideras constituye la expresión de una necesidad económica, y no ambiental.

En una situación, de la que reconocemos su carácter hipotético, en la cual todos los otros costos se mantienen constantes, la tecnología capitalista moderna pide una explotación máxima de los recursos ambientales disponibles, pues éstos comenzaron siendo una plusvalía en su estado casi puro. Herbert Marcuse llega hasta hacer responsable de todo este proceso al marco de "racionalidad científica" que se encuentra en el núcleo de la tecnología moderna. "La ciencia, en virtud de sus propios métodos y conceptos", escribe, "ha proyectado y promovido un universo en el cual la dominación de la naturaleza ha permanecido vinculada a la dominación del hombre, vínculo que tiende a ser fatal para este universo en su conjunto" (54).

En la sociedad capitalista, el control social directo fue arrebatado a los pretendidos representantes de la comunidad por los primeros capitalistas durante los primeros estadios de la Revolución Industrial. Actualmente, ha sido aparentemente devuelto en algunos países a todo el cuerpo social. En el Reino Unido, por ejemplo, esto ha sido realizado a través de la nacionalización de las industrias clave, de la intervención gubernamental en todos los sectores de la economía y, más directamente, a través de medidas tales como la *Industrial Relations Act* y del control de precios e ingresos. No obstante, estas acciones lo único que hacen es ampliar el análisis mencionado de los procesos e incentivos de la innovación tecnológica del sector privado al público. El Gobierno tiene tantos deseos como la industria de utilizar la innovación tecnológica como un poderoso instrumento político. En una reciente conferencia patrocinada por el *Times Literary Supplement* Lord Zuckerman, que durante muchos años fue el principal consejero científico del Gobierno Británico, indicó claramente la situación. "De acuerdo con el interés nacional", dijo, "la aplicación de los resultados de la investigación científica han de estar necesariamente influidos por consideraciones de tipo político y administrativo" (55). Una de estas consideraciones debe ser la clara necesidad que tienen los principales centros de decisión de controlar las actividades de todos los miembros de la comunidad, justificada en términos de la necesidad de "ley y orden".

La manifestación más directa de la naturaleza política de la innovación tecnológica es, quizá, la tecnología militar. Esta se dirige específicamente a proporcionar un máximo de control sobre las fuerzas políticas oponentes. Podemos encontrar recientes ejemplos de ello en el desarrollo de las armas químicas y electrónicas, y en el rápido índice de innovación tecnológica habido en otros tipos de armas más convencionales, desarrolladas en los Estados Unidos para ser utilizadas en Indochina. Steven Rose, profesor de Biología en la Open University, ha escrito que "estas aplicaciones de la ciencia no son neutrales ni inevitables, ni tampoco accidentales; son el resultado de una serie de preferencias deliberadas y específicas sobre los tipos de armas y sobre el costo-eficacia de su utilización" (56). Si nos damos cuenta de que el término "aplicación de la ciencia" engloba no sólo a las armas militares, sino también a la serie de decisiones que conducen al desarrollo y a la utilización de dichas armas, vemos de nuevo el modo en el cual los valores sociales dominantes llegan a empotrarse en la tecnología que ellos mismos producen. Los argumentos relativos a la tecnología militar pueden ser ampliados al conjunto de la base tecnológica de la sociedad moderna. En el capítulo precedente, vimos cómo la historia convencional de la tecnología se escribe en unos términos que suponen el hecho de que la tecnología se encuentra determinada por la interdependencia funcional del desarrollo económico y tecnológico. Esto parece estar basado en el deseo de aumentar el rendimiento técnico del proceso productivo y, de esta manera, de maximizar la creación de plusvalía. Vemos actualmente que la historia de la tecnología también puede ser interpretada en términos sociales y políticos. A partir de esta perspectiva, podemos ver que la manifestación de las necesidades de una clase social dominante –reflejadas bajo la forma de unas aparentes necesidades económicas– está constituida por la acción de maximizar el control sobre las actividades de la fuerza de trabajo, y de la explotación de los recursos naturales.

Al final de su libro *Technics and Civilisation*, Mumford concluye que "el europeo occidental concibió las máquinas porque quería regularidad, orden, certidumbre, porque deseaba reducir los movimientos de su prójimo, así como el comportamiento del medio ambiente, a una base más definida y calculable" (57). La necesidad objetiva de hacer esto se encontraba contenida en la expresión directa de los intereses económicos y de clase. Desarrollada como un sistema coherente para reunir tanto las necesidades económicas como las políticas de estos intereses, la tecnología incorporó necesariamente dichas necesidades en cuanto institución social. Utilizando una posible metáfora, la tecnología fue la llave que abrió la puerta del "progreso". Una llave significa el reflejo de la forma de la cerradura que ha de abrir; para abrir una puerta diferente es necesaria una llave con una forma diferente. Una tecnología desarrollada principalmente bajo el capitalismo autoritario refleja y al mismo tiempo se convierte en parte de una ideología que permite la explotación del hombre por el hombre, y la destrucción del medio ambiente en "interés" de la sociedad. Un modelo alternativo de desarrollo social parece implicar inevitablemente una tecnología alternativa.

Ahora vemos por qué es necesario ir más allá de las meras razones técnicas para comprender el papel social jugado por la tecnología. Aunque un máximo de productividad requiere un fuerte control centralizado, el capitalismo prefiere llevar a cabo su control de un modo normativo e ideológico, en vez de realizarlo de un modo abiertamente autoritario y coercitivo. En *Eros y Civilización*, Marcuse desarrolló las ideas de Freud sobre los problemas psicológicos del individuo en una sociedad tecnológica. Marcuse distingue un factor al que califica de "excedente represivo", que según dicho autor es una característica de todas las sociedades con un alto componente tecnológico. Marcuse escribe que "La dominación difiere del ejercicio racional de la autoridad. Este último, que se encuentra implícito en toda división social del trabajo, deriva del conocimiento y está confinado a la administración de las funciones y organizaciones necesarias para el adelanto del conjunto. Por el contrario, la dominación es ejercida por un individuo o grupo determinado a fin de mantenerse y reafirmarse a sí mismo en una posición privilegiada" (58).

Marcuse sugiere que el principio de placer definido por Freud fue "destronado" no sólo porque militaba en contra del progreso de la civilización, sino de un modo más importante porque se oponía a la civilización cuyo progreso perpetuaba la dominación y el esfuerzo, el progreso de la sociedad capitalista. La ideología de la industrialización, que implica la neutralidad del desarrollo tecnológico, enmascara la naturaleza de su dominación y consolida los mecanismos de control político.

La tecnología contemporánea ha sido desarrollada en las sociedades industrializadas de un modo que trata de asegurar un control máximo sobre el trabajo, así como una máxima producción de bienes. Por supuesto, cuando el control y la productividad se encuentran en una situación conflictiva, muy a menudo es la productividad la que es sacrificada. Por consiguiente, los modos de producción han sido desarrollados de modo tal que apoyan y legitiman al mismo tiempo las relaciones de producción existentes, y las actividades sociales por medio de las cuales han sido expresadas. Cuando Harold Wilson muestra su solidaridad con el individuo dominado por lo que parecen ser las fuerzas opresivas de la tecnología, de hecho, no está haciendo sino describir la opresión *política* que experimenta el individuo. Wilson está utilizando un disfraz ideológico para pretender que el problema es de naturaleza técnica, y que puede ser solucionado aumentando la eficacia de nuestras instituciones sociales existentes, en este caso, reincorporando al poder al Partido Laborista.

La perspectiva política que hemos indicado en líneas anteriores nos ayuda a comprender los problemas sociales relacionados con la tecnología contemporánea descritos en el capítulo primero. Cada cierto tiempo, el disfraz ideológico se desliza, y las contradicciones que encubre se nos muestran en su verdadera naturaleza. La sociedad puede propasarse en sus intentos de forzar las condiciones del equilibrio ecológico hasta sus límites extremos, produciendo unos daños irreparables a nuestro entorno natural; como frecuentemente ha ocurrido en los países subdesarrollados, la industrialización puede fracasar en su tarea de proporcionar los bienes que ha prometido, y de esta manera, puede incitar a la crítica y al análisis de su "inconveniencia"; los esfuerzos de la dirección de empresas para mitigar la alienación de su fuerza de trabajo pueden ser inadecuados para enmascarar los problemas sociales creados por una situación de trabajo determinada, teniendo como resultado una perturbación psicológica que puede ser medida objetivamente. Estos y otros problemas parecidos, al igual que las grietas realizadas en el muro de una prisión, revelan –si nos encontramos en condiciones de mirar a través de ellas– la naturaleza de las actividades que se realizan detrás de dicha prisión. También nos proporcionan un indicio sobre el alcance de su disfraz ideológico, que presenta los problemas relacionados con la tecnología avanzada como problemas aislados a los que es posible aplicar soluciones técnicas.

¿Cuáles son las alternativas? Puesto que el desarrollo tecnológico es un proceso político y que la tecnología que poseemos actualmente coincide con las relaciones autoritarias y jerárquicas de la sociedad capitalista, ¿es posible concebir una tecnología que esté basada en unas relaciones no-autoritarias y no-jerárquicas? Idealmente, una tecnología tal proporcionaría un marco para la expresión de la iniciativa colectiva y del control comunitario, así como para el desarrollo de todas las capacidades y de la creatividad del individuo. ¿Es posible crear una sociedad en la cual ya no exista la distinción entre valores sociales y tecnológicos, reflejando los primeros los valores del hombre, y los segundos aquéllos de la máquina? Este capítulo ha indicado cómo el cambio tecnológico ha de ser considerado como un proceso político, que refuerza los intereses de una clase social dominante. También implica que el desarrollo de una tecnología no-alienadora y no-explotadora requiere algo más que un mero cambio nominal en la propiedad de las máquinas que poseemos actualmente. Una sociedad alternativa supone una completa remodelación de nuestras actitudes con respecto a la función de la tecnología en la sociedad o, dicho de otro modo, un cambio simultáneo tanto de nuestra conciencia política como de nuestra conciencia tecnológica.

4. TECNOLOGIA UTOPICA: ALGUNOS PRINCIPIOS BASICOS

Nos encontramos ahora en situación de discutir con mayor detalle el concepto de tecnología alternativa. En los dos capítulos precedentes, hemos visto cómo la industrialización ha sido presentada como una necesidad técnica y objetiva para el desarrollo social. Sin embargo, el nacimiento de la industrialización durante la Revolución Industrial puede ser considerado alternativamente como un acontecimiento político, esto es, como la respuesta técnicamente articulada en relación a los elementos determinantes económicos y políticos del capitalismo industrial. Otro tanto puede decirse del desarrollo del sistema fabril, que acompañó a todo este proceso evolutivo. Si consideramos una serie diferente de elementos determinantes –dicho de otro modo, una serie diferente de valores culturales, de relaciones de propiedad, y de prioridades sociales en su más amplio sentido– ¿es posible pensar en una forma alternativa de desarrollo social con respecto a esa otra que ha dado como resultado unos modelos de industrialización centralizados y a gran escala, y que ha aportado un estilo de vida alienado? Los instrumentos y máquinas necesarios para mantener esta alternativa abarcarían necesariamente una serie de valores sociales y culturales muy diferentes a los que actualmente poseemos. Estos instrumentos y máquinas, junto con las técnicas por medio de las cuales son utilizados, forman aquello que por regla general es considerado con el término de tecnología alternativa (1).

Podemos indicar la situación de un modo más explícito. La Revolución Industrial fue, en gran medida, resultado de la reunión en Inglaterra, durante el siglo XVIII, de tres tipos de pericias y técnicas: la pericia capitalista necesaria para crear y explotar unas posibilidades de mercado para los productos de las primeras fábricas, la pericia de organización de empresas necesaria para manejar los aspectos organizativos de las fábricas, y las habilidades técnicas que proporcionaron los medios para aumentar la producción y para mantener la expansión de todo el aparato económico en su conjunto. Estos tres elementos tenían en común una misma base ideológica, aquella que dio expresión social a un concepto de la racionalidad que, por un lado, hacía hincapié en el individualismo y, por otro, en el mantenimiento de unas formas jerárquicas y autoritarias de control social, mostrando al mismo tiempo una actitud dominadora y explotadora con respecto al medio ambiente natural.

Por supuesto, el problema con el que se encontraban aquellos implicados en el desarrollo industrial de aquella época consistía en que cada uno de estos tres tipos de pericias o técnicas tenían que ser desarrollados sobre una base en su mayor parte empírica. La inventiva era algo necesario en todos los terrenos y fue impulsada por el espíritu de investigación "racional" heredado de científicos y filósofos naturales tales como Galileo, Descartes y Francis Bacon. Este proceso, como ya hemos indicado previamente, jugó un papel crucial en la transformación de una sociedad "cerrada", que acentuaba la coherencia de todos los aspectos de la actividad social, en una sociedad aparentemente "abierta" basada en la idea de expansión, y buscando continuamente innovaciones y novedades (2).

Actualmente, nos encontramos en una situación muy diferente de aquella con la que tuvieron que enfrentarse los primeros industriales. El conocimiento del mundo natural proporcionado por la ciencia, y nuestras experiencias históricas de la tecnología, nos han ofrecido la perspectiva de unas posibilidades de desarrollo social que eran inconcebibles dentro de la limitada panorámica de la Inglaterra del siglo XVIII. Concretamente, hemos visto los problemas que resultan de una creencia irracional en los poderes innatos de la industrialización aplicados por un sistema político, ya sea nominalmente socialista, o capitalista. Deberíamos encontrarnos actualmente en situación de ejercer una elección sensible acerca de las técnicas organizativas, empresariales y productivas necesarias para un desarrollo social que sea compatible con nuestras ideas sobre la naturaleza del hombre y su papel en la sociedad. Nuestros conocimientos y experiencias deberían capacitarnos para desplazar la ideología dominante y las prácticas sociales sobre las que aquélla se basa, por otra que permita que la innovación tecnológica responda a necesidades sociales directas, y que mantenga una relación no-alienadora y no-explotadora entre los hombres.

La finalidad de este capítulo y del siguiente es la de describir algunos de los instrumentos, máquinas y técnicas que podríamos escoger al enfrentarnos con las posibilidades que ofrece esta situación. Gran parte de la discusión acerca de la tecnología alternativa tiende a concentrarse sobre aspectos ecológicos. Insistiremos, por ejemplo, en la necesidad de desarrollar tecnologías que hagan un uso mínimo de aquellos recursos no renovables, que no polucionen el medio ambiente o que no supongan un peligro para la salud de la comunidad y, en general, que causen las menores interferencias posibles con relación a los ciclos ecológicos naturales. Una tecnología tal debería basarse en un sentido de la cooperación, y no de la dominación o de la competencia, entre el hombre y la naturaleza. De este modo, las secciones de estos dos capítulos tratan de fuentes alternativas de energía —tales como la energía producida por el viento, la energía solar y la energía hidráulica—, de técnicas alternativas de construcción, de cultivos alimenticios, y de técnicas al servicio de las necesidades generales de la comunidad de un modo compatible con su actitud respecto al medio ambiente natural.

No obstante, son igualmente importantes los modos mediante los cuales una tecnología alternativa pudiera relacionarse con las necesidades no materiales del individuo, y de la sociedad o comunidad a la que pertence. Para evitar los problemas de alienación, por ejemplo, inherentes a la producción social tal como es llevada a cabo en la sociedad capitalista, ya hemos visto que es importante no sólo cambiar la propiedad de las máquinas, sino también aquellos aspectos institucionalizados que expresan las relaciones de producción autoritarias y jerárquicas del capitalismo industrial. Para decirlo de un modo más simple, debemos suprimir aquellas máquinas que parecen tratar a los hombres como meros apéndices suyos, y reemplazarlas por otras máquinas que el individuo pueda manejar de un modo que sea al mismo tiempo socialmente productivo y personalmente realizador.

Por supuesto, gran parte de todo esto son opiniones personales. Distintos tipos de gente se encontrarán más a gusto al trabajar con diferentes máquinas o herramientas. Por consiguiente, es difícil establecer una lista de máquinas que puedan ser consideradas como "no-alienadoras", particularmente en el sentido de que esto implicaría la separación de la máquina de su contexto social. Todo lo más que, en este momento de la exposición, podemos hacer es sugerir algunos principios por medio de los cuales pudieran ser seleccionadas dichas tecnologías. Por ejemplo, puesto que muchos de los problemas relacionados con la industrialización provienen de su naturaleza centralizada, y a gran escala, podría sugerirse que una forma alternativa de producción social debería estar basada en unidades descentralizadas y a pequeña escala, cada una de ellas bajo el control tanto de aquellos relacionados con su proceso de producción, como de aquellos otros que utilizarán los servicios o artículos de consumo producidos por una tal unidad.

Esto nos lleva inmediatamente de nuevo a la dimensión política. No es suficiente decir que la industrialización es una ideología sin tener en cuenta al mismo tiempo la estructura política que se esconde detrás de la ideología. Hemos subrayado que la tecnología de una sociedad abarca la estructura de su actividad productiva y la de sus relaciones sociales de producción. Esto acentúa el hecho de que las causas que se encuentran en la raíz de los problemas relacionados con la industrialización son esencialmente tanto políticos como tecnológicos. Por tanto, una tecnología alternativa sólo puede ser aplicada con éxito a gran escala una vez que haya sido creada una forma alternativa de sociedad. Esta tarea es más bien de tipo político que tecnológico. Las consecuencias provenientes de confundir estos dos aspectos serán destacadas en un capítulo posterior, cuando discutamos el concepto de tecnología intermedia conforme es aplicado a los problemas de las naciones subdesarrolladas.

Desde un punto de vista político, toda discusión acerca de la tecnología alternativa ha de ser necesariamente utópica, en el sentido de la frase de Karl Mannheim según la cual sería "incongruente con el estado de realidad dentro del cual ocurre" (3). Por consiguiente, en este capítulo, los diferentes instrumentos, máquinas y técnicas descritos llevarán la calificación de "tecnología utópica", y aquellos que actualmente se encuentran relacionados con su desarrollo serán considerados como "tecnólogos utópicos". Esto no significa que los instrumentos y máquinas descritos sean impracticables, sino que queremos indicar que su introducción en una escala importante sería virtualmente imposible dentro de la actual estructura de la sociedad. Sin embargo, esto nos obliga a referirnos brevemente al desarrollo histórico del pensamiento utópico, y a su relación con las ideas referentes a la ciencia y a la tecnología.

El término "utopía" fue utilizado por primera vez por Tomás Moro. Este pensador trató de encontrar un modo de evitar la corrupción de la riqueza y del poder que iba pareja a la ascensión de la nueva burguesía a principios del siglo XVI. Así, sugirió que esto podría llevarse a cabo por medio de la creación de una forma de sociedad comunista basada en la igualdad de todos los individuos, derivada en parte de Platón y en parte del cristianismo primitivo. Tanto Moro como, posteriormente, Francis Bacon acentuaron el papel esencial que debería jugar la ciencia en toda sociedad ideal. La imaginaria Casa de Salomón de Bacon, en su propia utopía llamada la Nueva Atlántida, era una especie de laboratorio universal. En otra parte argumenta, refiriéndose al dominio de la tradición faustiana, que al hombre le puede estar vedado cualquier conocimiento, menos el de la ciencia natural.

De entre los socialistas utópicos posteriores, los tres más importantes fueron Saint-Simon, que imaginó una sociedad en la que los científicos, los artistas y los artesanos "dirigirían los trabajos de la nación", Charles Fourier, cuya curiosa mezcla de ideas radicales y reaccionarias proporcionó una implacable crítica de la "miseria moral y material" de los comienzos de la industrialización, pidiendo la abolición de las fábricas y la vuelta a una sociedad semi-rural, y Robert Owen, que trató de poner en funcionamiento su fábrica de New Lanark sobre unas bases socialistas, englobando en su proyecto todos los aspectos de la vida social, tales como los problemas de vivienda y de educación, y que sin embargo fue condenado al ostracismo por la sociedad victoriana tan pronto como se comprendieron todas las implicaciones políticas que resultaban de sus ideas.

Virtualmente, en todas las primitivas utopías –exceptuando posiblemente la de Fourier y posteriormente la de William Morris– la tecnología jugaba un papel relativamente neutral. En lo que más se insistía era en el cambio de modo de vida y de organización social; los problemas tecnológicos implícitos en todo ello no fueron, en su mayoría, resueltos y la elección de técnicas que pudieran alcanzar determinados objetivos se dejó a un lado en cuanto materia técnica. Lo que diferencia a muchos tecnólogos utópicos de los primitivos visionarios es que, habiendo comprendido que la tecnología no es neutral, tratan conscientemente de proyectar el estilo de vida y la tecnología que iría pareja a él, como un todo integrado.

La tecnología utópica continúa basándose en una serie de ideales. Las implicaciones de su introducción presentan un serio reto a la actual organización de la sociedad y a sus tecnologías dominantes. Sin embargo, estos ideales se encuentran al mismo tiempo firmemente apoyados en prácticas tecnológicas que, en muchos casos, han sido desarrolladas ya con pleno éxito, aunque de un modo fragmentario y a pequeña escala.

La insistencia en la viabilidad y en los aspectos materiales del utopismo es otro elemento que distingue a los tecnólogos utópicos de muchos de sus antiguos antecesores, cuyas ideas estuvieron situadas normalmente a un nivel más idealista y casi metafísico. Situándose en contra del idealismo de este modo, las propuestas de los tecnólogos utópicos están íntimamente relacionadas con la idea de una sociedad sin clases, avanzada por Marx y Engels en *El Manifiesto Comunista*, aunque sin el énfasis que estos últimos pusieron en la centralización del control político y en la extensión del sistema fabril de producción. Los tecnólogos utópicos indican la necesidad de una reinterpretación del materialismo histórico que recuse el carácter objetivo de la contradicción entre los modos y las relaciones de producción, señalando que ambos constituyen una unidad política, y que deben ser combatidos conjuntamente.

Los criterios generales de acuerdo con los cuales es proyectada la tecnología utópica son aquellos que tratan de evitar el tipo de problemas que ya hemos discutido en los capítulos precedentes. La tecnología utópica constituye un marco que trata de eliminar la alienación y la explotación del individuo, y la dominación del medio ambiente por las actividades del hombre. La tecnología utópica podría ser caracterizada como una tecnología que hace satisfactorio el trabajo desarrollado dentro de ella, que puede ser controlada tanto por los productores como por la comunidad que utilizará sus productos, que conserva los recursos naturales y que produce ligeros daños en el medio ambiente. También podría ser caracterizada como una "tecnología de bajos beneficios, y poco peligrosa", y aunque el nivel de vida general –medido en términos de cantidades de bienes materiales, etc.– será probablemente mucho menor que el proporcionado por las sociedades industriales contemporáneas, también serán menores los riesgos que la tecnología utópica presenta con respecto a la estructura social y ambiental.

Hablando en términos más precisos, John Todd, del *New Alchemy Institute* de los Estados Unidos, ha seleccionado cinco características de lo que él llama la "biotecnología". Según sugiere, estas características son: que funcione de un modo más efectivo en los niveles más bajos de la sociedad; que la "gente más pobre" pueda utilizarla; que esté basada principalmente en consideraciones de tipo ecológico y social, en vez de basarse sobre principios de rendimiento económico; que permita la posible evolución de pequeñas y descentralizadas comunidades; y que necesite cantidades relativamente pequeñas de recursos (4). De modo similar, Peter Van Dresser, que ha estado desarrollando ideas semejantes en Nuevo México durante unos veinte años aproximadamente, sugiere que la renovación de las comunidades provinciales y rurales más pequeñas debería estar basada en "una utilización y gerencia de los recursos bióticos locales, o de otro tipo, científica, especializada y conservadora, en vez de basarse en la utilización de maquinaria a gran escala e industrias con un consumo intensivo de energía, y densos transportes". (5). Colin Moorcraft, en un número de *Architectural Design* dedicado a las tecnologías alternativas, describe estas mismas ideas generales de un modo ligeramente diferente. "Las finalidades básicas de todos aquellos nuevos sistemas de interacciones hombre-medio ambiente", escribe Moorcraft, "deben ser la restauración y el mantenimiento de la tendencia global del planeta hacia la minimización de la entropía, es decir, que la tierra debe volver a la vida y permanecer sana" (6).

De los intentos para establecer unos criterios con respecto al diseño de una tecnología utópica emergen tres puntos principales. El primero de ellos es la existencia de una cierta falta de precisión. No existen fórmulas prefabricadas de las que podamos disponer para el diseño puramente mecánico de la tecnología utópica. El segundo punto es la medida en la cual los criterios técnicos, sociales, ambientales y políticos se encuentran integrados los unos en los otros. En vez de proponer una esmerada lista de criterios independientes, pensamos que un criterio depende de los otros hasta un punto en que la fragmentación de las funciones carece de sentido.

Finalmente, un tema común es la necesidad de apartarse de un planteamiento principalmente económico en cuanto a la evaluación de la actividad humana y de la utilización de los recursos ambientales. Posiblemente es en este punto donde podremos encontrar el más serio reto con respecto al sistema económico existente y, por consiguiente, las implicaciones políticas más radicales. El capitalismo, como ya demostró Marx, está basado en el concepto de plusvalía, que expresa el valor, tanto de individuos como de bienes materiales, en términos económicos; este es el hecho que distingue, de acuerdo con Marx, al capitalismo de todas las otras formas más primitivas de organización social (y que, por supuesto, conducirá a su eventual destrucción). Cuando *A Blueprint for Survival* indica de un modo ligeramente sorprendido que el "valor económico, tal como es calculado actualmente, no corresponde al valor real, de igual modo que el 'costo económico' ya no corresponde al costo real", sólo está indicando aquello que Marx dijo hace un siglo aproximadamente cuando distinguió entre el valor de uso de una mercancía –que sólo se realiza en su uso o consumo– y su valor de cambio en una economía de mercado. De este modo, el poner en duda la validez de esta distinción significa implícitamente poner en duda la base tanto económica como política del sistema capitalista.

Robin Clarke, del *Biotechnic Research and Development* (BRAD), ha preparado una lista detallada de criterios para lo que él llama "tecnología blanda". Esta lista proporciona una clara indicación, de la que reconocemos su forma algo idealista, del tipo de características que podrían distinguir a la tecnología utópica de la tecnología avanzada que actualmente poseemos (véase página 86). De nuevo, la interdependencia de muchas de estas características la vemos de modo inmediato, como por ejemplo en los conceptos de ser "ecológicamente sólida", "integrada en la naturaleza" y de tener unos "límites técnicos establecidos por la naturaleza". Algunos otros conceptos, aunque deseables, pudieran resultar contradictorios en la práctica, como aquellos que exigen un bajo costo y una baja especialización y que necesitan alguna forma de componenda. Sin embargo, lo que es importante para nuestros objetivos más inmediatos es que estas características indican un planteamiento general. Constituyen un sistema coherente que sólo puede ser interpretado en su totalidad, y que pierde gran parte de su sentido cuando queda reducido a unos componentes fragmentarios.

ALGUNAS CARACTERISTÍCAS UTÓPICAS DE LA TECNOLOGÍA BLANDA
(Robin Clarke)

1	Sociedad de tecnología "dura" ecológicamente defectuosa	Sociedad de tecnología "blanda" ecológicamente sólida
2	amplio consumo energético	reducido consumo energético
3	alto nivel de polución	bajo o nulo nivel de polución
4	utilización no-reversible de materiales y fuentes de energía	uso exclusivo de materiales y fuentes de energía reversibles
5	funcional sólo durante un tiempo limitado	funcional durante todo el tiempo
6	producción masiva	industria artesanal
7	alta especialización	baja especialización
8	núcleos familiares	unidades comunales
9	predominantemente urbana	predominantemente rural
10	alienación de la naturaleza	integración con la naturaleza
11	política decconsenso	política democrática
12	límites técnicos establecidos por la riqueza	límites técnicos establecidos por la naturaleza
13	comercio a escala mundial	cambio local
14	destructora de la cultura local	compatible con la cultura local
15	tecnología propensa al mal uso	controlada contra el mal uso
16	altamente destructora de otras especies	dependiente del bienestar de las otras especies
17	innovación regulada por el beneficio y por la guerra	innovación regulada por la necesidad
18	economía orientada hacia el crecimiento	economía de crecimiento cero
19	predominio del capital	predominio del trabajo
20	alienadora de jóvenes y viejos	integradora de jóvenes y viejos
21	centralizadora	descentralizadora
22	su eficacia general aumenta con el tamaño	su eficacia general aumenta con el tamaño reducido
23	modos de funcionamiento demasiado complicados para su comprensión general	modos de funcionamiento comprensibles para todo el mundo
24	frecuentes y serios accidentes tecnológicos	pocos e insignificantes accidentes tecnológicos
25	soluciones únicas para los problemas técnicos y sociales	soluciones diversas para los problemas técnicos y sociales
26	predominio del monocultivo en agricultura	cultivos agrícolas diversificados
27	elevada valoración de los criterios cuantitativos	elevada valoración de los criterios cualitativos

28	industria especializada en la producción de alimentos	producción de alimentos compartida por todos
29	trabajo emprendido principalmente por dinero	trabajo emprendido principalmente por satisfacción
30	pequeñas unidades completamente dependientes de otras	pequeñas unidades autosuficientes
31	ciencia y tecnología alienadas de la cultura	ciencia y tecnología integradas en la cultura
32	ciencia y tecnología realizadas por élites especializadas	ciencia y tecnología realizadas por todos
33	amplia distinción entre trabajo/ocio	pequeña o inexistente distinción entre trabajo/ocio
34	elevado desempleo	(concepto no válido)
35	objetivos técnicos válidos sólo para una pequeña proporción del globo durante un tiempo limitado	objetivos técnicos válidos "para todos los hombres durante todo el tiempo"

Ciertas tecnologías, tales como simples instrumentos agrícolas o de jardinería, pueden ser incluidos de modo inmediato dentro de la categoría de "deseables". Por el contrario, otros productos de la tecnología avanzada, tales como los aparatos de TV en color y los aviones supersónicos, serían excluidos casi inevitablemente. Otro tanto ocurriría también con una serie de desarrollos técnicos que, aunque proporcionan una solución adecuada para un problema *determinado*, sin embargo se oponen a un número de criterios suficientes como para ser considerados como indeseables. Un ejemplo de estos últimos podrían ser los satélites gigantes, de hasta 5 millas cuadradas, que según sugieren algunos podrían ser colocados en órbita alrededor de la tierra para absorber grandes cantidades de energía solar que serían utilizadas en nuestro planeta (7). Ya es menos fácil clasificar aquellas tecnologías que, aunque necesitan para su producción unas técnicas avanzadas, proporcionan sin embargo toda una serie de funciones útiles. El uso generalizado de plásticos, –ligeros, baratos y duraderos, pero consumidores de recursos y relativamente difíciles de fabricar– constituyen un ejemplo del dilema al que tienen que enfrentarse muchos tecnólogos utópicos. Otros se encuentran divididos frente a la utilización de los elementos de la electrónica avanzada, como por ejemplo los magnetoscopios y los computadores. Nuevamente nos encontramos con que estos instrumentos aumentan enormemente las posibilidades y, según piensan algunos, la viabilidad en su conjunto de la vida comunal, pero, sin embargo, se oponen a una serie de características como, por ejemplo, la facilidad de su mantenimiento, que se encuentran generalmente relacionadas con la tecnología utópica. Estos dilemas indican que existe una dificultad central que afecta a toda la discusión sobre la tecnología utópica que veremos a continuación. Sería erróneo suponer que la tecnología utópica es una categoría perfectamente definida de máquinas e instrumentos. Existen numerosos criterios diferentes acerca de lo que debería, o no, quedar incluido dentro de dicha categoría. Lo que yo pretendo es proporcionar algunos ejemplos de técnicas, máquinas e instrumentos específicos que han sido desarrollados por determinados grupos e individuos, tratando de indicar los *tipos* de planteamientos alternativos en relación con el desarrollo tecnológico implicados en la categoría de "tecnología utópica".

Cuando discutimos acerca de los principios de la tecnología utópica, existen tres grupos de relaciones implicados en ello. Estos son la relación de la tecnología con el individuo, su relación con la comunidad y su relación con el medio ambiente. Desde el punto de vista del individuo, la tecnología utópica proporcionaría idealmente los medios por los cuales éste podría realizarse y experimentar de modo completo todas sus posiblilidades humanas. La tecnología sería no-alienadora, en el sentido de que permanecería directamente bajo el control del individuo, y le uniría, en vez de separarlo, a los otros miembros de la comunidad, y a su entorno natural. Murray Bookchin ha escrito en su ensayo *Towards a Liberatory Technology* que "el trabajo no es un mero desgaste de energía; es también el trabajo personalizado de un hombre cuyas actividades están sensiblemente dirigidas hacia la preparación de su producto, hacia su modelación, y finalmente hacia su decoración para un uso humano... el instrumento amplifica la capacidad del artesano como ser *humano*" (80). Las tecnologías utópicas deberían tratar de reflejar esto, subrayando la íntima relación que existe entre el individuo, los instrumentos con los que trabaja, y el objeto que produce. Incluso en el caso de que la actividad productiva fuese llevada a cabo en grupos, habría que subrayar la necesidad de diseñar instrumentos y máquinas que reflejasen las necesidades y potencialidades del individuo, planteamiento que está estrechamente relacionado con el de las técnicas artesanales tradicionales. Estas tecnologías utópicas deberían tratar de asegurar el hecho de que la máquina siguiese siendo un apéndice del hombre, y no precisamente lo contrario.

El sistema de valores comunitarios incluidos en la tecnología utópica engloba normalmente algún tipo de expresión acerca de la necesidad de mantener la libertad del individuo frente a la explotación y control por parte de otros. Al mismo tiempo, esto destaca la importancia de las comunidades que, estando unidas por sus ideales y su experiencia colectiva, pueden proveer a los deseos y necesidades de todos sus miembros. Las implicaciones que afectan a la tecnología consisten en que ésta debería ser accesible a un control ejercido por la comunidad, y no debería proporcionar ningún medio por el que pudiera existir la explotación o dominación de sus miembros. Por ejemplo, esto podría significar el poner el acento en unidades productivas a nivel de taller, es decir, unidades productivas a pequeña escala que no contasen con más de una docena de individuos aproximadamente, en vez de esas otras enormes fábricas que emplean a muchos miles de individuos, que son las que constituyen nuestro actual paisaje industrial. Los sociólogos industriales han descubierto que muchos de los problemas de alienación realizados con el sistema de trabajo de producción en cadena pueden ser mitigados mediante la división de la fuerza de trabajo en pequeños grupos, proporcionando a cada grupo la responsabilidad de la construcción de todos los aspectos de un artículo de consumo determinado, como por ejemplo un coche o un aparato de televisión, refiriéndose frecuentemente a esta idea con la denominación de "enriquecimiento del trabajo" (9). La tecnología utópica también debería recalcar la relación mutua entre todos los aspectos de la vida social. De acuerdo con un grupo de arquitectos ingleses que han proyectado unos planos para una comunidad que integre todos los diversos aspectos de la actividad social, "los medios más eficaces y menos alienados de producir aquello que necesita la comunidad se encuentran dentro de la comunidad misma". Añaden que "el trabajo debería convertirse en parte de una cultura viva por medio de su propia organización, y recalcar que el trabajo no puede ser escindido de las otras actividades individuales y comunitarias, sino que debe estar integrado dentro de ellas".

Por supuesto, no sería ni posible ni deseable proveer a todas las necesidades de la comunidad sobre una base de talleres locales. También habría que considerar la necesidad de que ciertos productos fuesen producidos a partir de un núcleo central. Se ha sugerido, por ejemplo, que la producción social debería estar organizada a tres niveles: a partir de talleres vecinales, en los cuales el trabajo artesanal podría ser desarrollado de nuevo a diversos niveles tecnológicos; a partir de pequeñas fábricas con diversidad de objetivos capaces de crear toda una serie de productos diferentes con unos instrumentos flexibles; y a partir de fábricas de tamaño medio ampliamente automatizadas que estuviesen a un nivel regional, produciendo tanto bienes acabados y materiales estereotipados como elementos para fábricas y talleres comunales (10). Algunos partidarios de la tecnología utópica podrían no estar de acuerdo acerca del tema de si la automatización es una característica deseable. Sin embargo, todos parecen estar de acuerdo sobre la necesidad de que exista un alto grado de control sobre todos los aspectos de la producción ejercido tanto por la comunidad como por los trabajadores que intervienen en aquélla. "Lo que es necesario", escribe Paul Goodman en su libro *Communitas*, "es la organización de la democracia económica sobre la base de las unidades productivas, donde cada unidad, contando con sus propios expertos y con su capacidad para la negociación de aquello que puede ofrecer, coopera con el resto de la sociedad" (11). Goodman sugiere, al igual que el grupo de arquitectos que citamos anteriormente, que en general debería existir una relación más estrecha entre los entornos "personales"

Es difícil establecer de un modo más específico la exacta naturaleza del tipo de máquinas e instrumentos que podrían ser desarrollados sobre unas líneas como las ya mencionadas. Esto se debe en gran parte a la conexión de tales cuestiones con las *relaciones* que existen entre dichas máquinas en lo que se refiere al modo en el que son utilizadas, más bien que en lo referente a la propia naturaleza de dichas máquinas. En un amplio sentido, las máquinas deberían tratar de "re-humanizar" el contenido del trabajo. Esto podría suponer una vuelta al planteamiento artesanal mediante el cual el trabajo se convirtiese una vez más en algo orientado hacia la tarea en sí, más bien que orientado exclusivamente hacia el salario. Esto también supondría la reintegración de las tareas productivas que evitaría la alienación implícita en algunos de los ejemplos más extremos de la división y de la fragmentación del trabajo. La reducción de la escala y de la complejidad de la planta industrial ayudaría además a mitigar la alienación de aquellos que se sienten actualmente separados del control sobre procesos a gran escala en los que ellos parecen realizar hoy en día un papel relativamente insignificante. De modo similar, el control sobre el diseño y los procedimientos de innovación por parte de los trabajadores implicados en ello, podría contribuir al desarrollo de unos procesos no alienadores. Sin embargo, el concepto global de autogestión supone que, aparte de indicar unos principios generales, no deberíamos tratar de determinar con mayor detalle el tipo de tecnología productiva que debería ser adoptado en cada momento determinado. Este tipo de decisiones deben ser tomadas esencialmente por los trabajadores y por la comunidad relacionada con ellas (12).

No obstante, es posible decir algo más concreto acerca de la tercera relación de las que hablábamos antes, esto es, de la relación entre la tecnología y el medio ambiente. En este caso, poseemos una serie de hechos - tales como los niveles potenciales de utilización de recursos y de interferencias ecológicas - sobre los que trabajar. También poseemos una cierta cantidad de conocimientos acerca del funcionamiento del medio ambiente, representados en la disciplina de la ecología. Partiendo de esta situación, no es demasiado difícil establecer un marco de tecnologías que, teóricamente, deberían minimizar los daños producidos en el medio ambiente y que nos ayudarían a utilizar los recursos de que disponemos de un modo que fuese, social y ecológicamente, el más deseable posible.

Los ecólogos dividen a los ecosistemas en dos componentes funcionales. La parte autotrópica recoge la energía solar y produce alimentos a partir de simples substancias orgánicas, mientras que la parte heterotrópica obtiene su energía a partir de los alimentos que son producidos, descomponiendo de nuevo los materiales complejos en compuestos orgánicos. Toda la cadena biológica de vida de la que formamos parte depende de la fijación y transferencia de la energía recibida del sol, y del continuo reciclaje y re-utilización de la energía y materiales a través del ecosistema. La biosfera, como ha sido llamada, es una compleja red de procesos, dentro de la cual cada uno de ellos depende de los demás hasta el punto de que forma un conjunto orgánico. En unos términos menos técnicos, el profesor Barry Commoner ha formulado lo que él considera que son las cuatro leyes básicas de la ecología: a) todo está conectado con todo lo demás; b) todo ha de ir a alguna parte; c) la naturaleza conoce mejor las cosas (esto es, las interferencias con los sistemas ecológicos pueden equivaler al hecho de introducir un lapicero a intervalos irregulares en la parte trasera de un reloj); y d) no existen alimentos gratuitos (13).

¿Qué relación tienen las actividades del hombre con respecto a los procesos ecológicos naturales? Se ha indicado que es posible construir complejos modelos "termodinámicos" por medio de los cuales las tendencias naturales del ecosistema hacia el aumento de la entropía (es decir, aquellas que le empujan hacia estados de un desorden incluso mayor) son contrarrestadas a través de unos procesos de evolución y de selección natural. Estos son fomentados por las actividades del hombre industrial que impone una forma de orden tecnológico sobre los acontecimientos ambientales, conduciendo esperanzadoramente a un estado de equilibrio. Sin embargo, estos modelos tienden a estar basados en la fe y en prejuicios ideológicos en la misma medida en que se fundan sobre sólidos argumentos científicos. Por el momento, todo lo que necesitamos decir es que las leyes ecológicas de Commoner son abiertamente ignoradas, cuando no activamente quebrantadas, por las sociedades industrialmente avanzadas, y frecuentemente con consecuencias dramáticas. De este modo es razonable pensar que si las actividades del hombre estuviesen proyectadas de manera que reconociesen la validez y la importancia de estas leyes, las posibilidades de crear unos daños ambientales extensos e irreversibles quedarían enormemente reducidas, e incluso, quizá, hasta eliminadas.

ENERGÍA

Comencemos hablando de la energía. Esta se encuentra en el núcleo central de todos los sistemas ecológicos y tecnológicos. Casi toda la energía que utilizamos en la tierra proviene del sol. Puesto que la temperatura de la tierra permanece relativamente estable (dejando a un lado las variaciones que ocurren durante largos períodos de tiempo), es posible decir que la cantidad de calor que recibimos del sol bajo la forma de radiación en cualquier momento - aproximadamente unos 1.5×10^{15} Kilowatios/hora, o unas 35.000 veces el consumo de energía total de toda actividad humana - debe ser aproximadamente la misma que la que vuelve al espacio a través de la radiación.

La energía del sol es absorbida por la tierra de tres modos diferentes. El primero de estos consiste en la absorción de energía por la atmósfera y por aquellas partes de la tierra que están cubiertas de agua. Esta es la energía que se encuentra detrás de los movimientos del aire y del agua. Por ejemplo, esto hace que el agua se evapore hacia la atmósfera y caiga de nuevo sobre la tierra en forma de lluvia, yendo subsiguientemente de la tierra hacia el mar. También proporciona la energía de las olas de las corrientes oceánicas (aunque no la de las mareas, que obtienen la mayor parte de su energía de los movimientos de la luna).

Una gran cantidad de la energía solar es absorbida directamente por las plantas y los animales que constituyen la biosfera. Las plantas absorben esta energía por medio del proceso de fotosíntesis, utilizándola para convertir elementos químicos inorgánicos tomados del suelo y del aire en materia vegetal. Esto proporciona los alimentos tanto para los animales terrestres como para los marítimos, constituyendo una parte del ciclo de vida general que hemos descrito brevemente en las líneas precedentes. Finalmente, existen grandes cantidades de energía contenida en la propia tierra y en su corteza, conocida como litosfera. Una gran parte de este último tipo de energía fue creada cuando la tierra se desprendió de la superficie del sol hace muchos millones de años, y actualmente existe en forma de energía termal, química y nuclear. Pero la energía también se encuentra almacenada en forma de combustibles fósiles tales como el carbón y el petróleo, que provienen de la descomposición de materiales orgánicos. La energía que se encuentra en la litosfera no es renovable, pues representa la energía que, o bien formaba parte de la tierra en sus orígenes, o - como los combustibles fósiles - se ha formado durante largos períodos de tiempo. En ninguno de los dos casos existe modo alguno de reponer dicha energía, en un corto período de tiempo, por medio de la intervención del hombre.

Es de este tercer depósito de energía, y particularmente de los combustibles fósiles, de donde procede la mayor parte de la energía consumida por la sociedad industrial. Sus formas principales están constituidas por el carbón, el gas y el petróleo. En su conjunto, estas tres fuentes energéticas suponen alrededor de un 95 % del total de energía consumida por la economía norteamericana en 1971, utilizando aproximadamente un 2% de energía nuclear y un 3 % de energía hidráulica. Globalmente, se ha estimado que un 37 % del consumo mundial de energía proviene del carbón, un 30 % del petróleo y un 14 % del gas natural. Sin embargo, y cada vez somos más conscientes de ello, existen unos límites tanto con respecto a la cantidad de cada uno de estos recursos, y con respecto a la medida en la cual podemos confiar en ellos en un futuro, dado que el consumo mundial de energía se duplica en la actualidad cada diez años aproximadamente.

La producción de calor a partir de los combustibles fósiles plantea asimismo importantes problemas acerca de la disposición del calor de desecho. De acuerdo con un ingeniero industrial, "una moderna sociedad industrial puede ser considerada como una compleja máquina para la degradación de energía de alta calidad en calor de desecho al tiempo que extrae la energía necesaria para crear un enorme catálogo de bienes y servicios" (14). Por razones termodinámicas, el despilfarro de calor es el resultado inevitable de la obtención de energía a partir de los combustibles fósiles. Esto puede suponer importantes problemas ecológicos. Algunos de ellos, como el de la disposición del agua calentada de las centrales eléctricas, pueden ser problemas relativamente localizados. No obstante, el calor de desecho procedente de todas las actividades consumidoras de energía del hombre es considerado actualmente como algo que produce considerables efectos sobre el tiempo y sobre el clima global en general (15).

El planteamiento de la tecnología utópica con respecto a la producción de energía se basa en la premisa de que deberíamos utilizar los combustibles no renovables tan poco como nos sea posible. Por consiguiente, es necesaria la utilización de unas fuentes energéticas alternativas. Normalmente, éstas suponen la utilización directa de la energía solar, su utilización indirecta a través del viento o de la energía hidráulica, o la utilización de recursos renovables tales como la madera y el gas metano. Otra alternativa es la utilización de la energía "geotérmica", esto es, el calor del interior de la tierra, que se encuentra a nuestro alcance en los alrededores de las fuentes termales y de los géisers, pero que tiende a tener una importancia relativamente localizada o a necesitar una transmisión de gran potencia cuando se trata de largas distancias. La eficacia de la conversión de energía a partir de tales fuentes es relativamente más baja que aquella realizada a partir de los combustibles fósiles normales y, particularmente, que aquella proveniente de la energía nuclear. Pero no obstante, se piensa que éste es el precio que ha de ser pagado por el hecho de desarrollar una tecnología y un estilo de vida que trate de adaptarse a unas consideraciones de tipo ecológico. Una ventaja adicional de los esquemas energéticos que utilizan la energía del viento o la solar recogida en la superficie de la tierra consiste en que, a diferencia de la utilización de los combustibles fósiles, dichos esquemas no añaden ningún tipo de carga calorífera a la biosfera terrestre, puesto que no existe ningún calor de desecho implicado en los procesos primarios de conversión de energía.

ENERGÍA SOLAR

Para aquellos países en los que existe un alto nivel de radiación solar, la conversión directa de la energía solar parece ser la alternativa más importante, a largo plazo, con respecto a la utilización de combustibles fósiles o nucleares. Durante los últimos años ha crecido rápidamente el interés en todo aquello que se refiere a la utilización de la energía solar, tanto a pequeña como a gran escala. Aunque esto interesa principalmente a aquellos que viven en climas tropicales, existe sin embargo toda una serie de modos por los que la energía del sol puede ser utilizada productivamente en algunos países que se encuentran dentro de una latitud de 60°, es decir, aproximadamente al nivel de las islas Shetland. Se ha estimado, por ejemplo, que grandes zonas de los Estados Unidos podrían cubrir gran parte de sus necesidades energéticas a partir del sol. "Si pudiese ser utilizado sólo un pequeño porcentaje de la zona terrestre de los Estados Unidos para absorber la radiación solar de modo eficaz (a un grado de eficacia un poco superior, digamos, al 10 por 100), podríamos cubrir la mayor parte de nuestras necesidades energéticas en el año 2.000", ha indicado el ingeniero estadounidense Chauncey Starr (16).

Un estudio realizado por el Departamento de Ingeniería Mecánica de la Universidad de Maryland sugiere que la mayor parte de la energía solar estadounidense ya se encuentra en condiciones de competitividad con respecto a las otras formas de energía para el calentamiento espacial y de agua durante gran parte del año. Un informe elaborado por un experto en paneles de la *US National Science Foundation* y de la NASA recomendó la realización de un programa de investigación a lo largo de diez años de tres billones y medio de dólares. Este programa podría investigar las diversas utilizaciones posibles de la energía solar, y la *National Science Foundation* ya ha manifestado su acuerdo en invertir cinco millones de dólares en 1973 para realizar investigaciones en este terreno. En países tales como las Islas Británicas, que poseen menores cantidades anuales de lüz solar, los usos potenciales de energía solar son comparativamente menores, pero aún con todo se encuentran lejos de ser insignificantes.

La energía solar puede ser utilizada de dos modos. Puede ser convertida directamente en calor para proporcionar calefacción a una casa, siendo esto como la extensión del principio en el que se basan los invernaderos. O bien la energía puede ser utilizada alternativamente y de modo indirecto para proporcionar una fuente de energía eléctrica. Esto puede hacerse o bien utilizando células solares, semejantes a aquellas que son ampliamente usadas para impulsar los satélites, o bien por medio de la producción de temperaturas extremadamente elevadas concentrando grandes cantidades de luz solar sobre un único sitio, y utilizando entones este calor para impulsar un generador.

El modo más simple para absorber la energía solar consiste en dejar que la radiación caiga sobre una superficie negra. Según sea la naturaleza de la superficie, esta absorberá casi toda la energía de las radiaciones que caen sobre ella y las convertirá en calor. Sin embargo, tan pronto como la temperatura de la superficie negra alcanza un nivel superior al del entorno que la rodea, la superficie misma comienza a perder calor a través de la radiación. Existen tres modos principales para evitar dicha pérdida. El primero de ellos consiste en remover el calor de la superficie tan pronto como sea posible. Esto se hace normalmente haciendo pasar aire o agua por encima de la superficie para recoger el calor y transferirlo hacia donde vaya a ser utilizado o almacenado. El segundo consiste en aislar la superficie de algún modo a fin de evitar que el calor escape. Un modo típico de realizar tal aislamiento es el de colocar una lámina de vidrio un poco por encima de la superficie negra, dejando que la radiación del sol pase a través suyo en una dirección, pero evitando que el calor salga de nuevo hacia el exterior (éste es el principio por el que funcionan los invernaderos). Finalmente, la pérdida de calor puede ser reducida al concentrar los rayos del sol sobre una pequeña superficie absorbente. El calor sale de nuevo al exterior de la superficie de algún modo, pero se puede lograr una mayor eficacia mediante este proceso puesto que funciona a temperaturas más elevadas que los otros dos métodos.

Las dos primeras de estas técnicas han sido ampliamente utilizadas en la realización de diseños para simples calentadores de agua. El ejemplo más sencillo de todos es quizá el colector de lámina plana. Este consiste típicamente en una lámina plana de vidrio con una superficie negra de absorción de calor colocada unas pocas pulgadas por detrás de ella, e inclinada de manera que se encuentre frente al sol. La exposición máxima se obtiene a partir de una inclinación de 10° a 15° más con respecto a la latitud en la que se está utilizando el calentador. En un sistema cerrado, de sifón, el agua fría entra por la parte inferior del hueco existente entre la lámina de vidrio y la superficie negra, sube conforme se va calentando, y finalmente es vaciada por la parte de arriba, trasladándola a un depósito. También existe un modo alternativo de funcionamiento, que consiste en dejar que caiga sobre la lámina por su propio peso, y entonces es extraída por la parte de debajo. Entonces, o bien es trasegada al depósito, o vuelve nuevamente a la superficie de la lámina para un mayor calentamiento. Un colector de lámina plana, construido por los estudiantes de la *Thames Polytechnic,* de Londres, J.C. McVeigh y Graham Caine, demostró ser capaz de elevar la temperatura del agua de un depósito durante una tarde soleada de enero a casi 20° C mientras que el agua de un depósito cercano que no había sido calentado permaneció a 8° C. Durante el mes de abril se registraron en el tanque temperaturas tan elevadas como la de 60°. Sin embargo, estos calentadores, como todas las formas de energía solar, dependen enormemente de unas condiciones atmosféricas determinadas. Los dos constructores han admitido abiertamente que los elevados costos que supone la producción de importantes cantidades de energía a partir de los colectores de lámina plana en un clima como el británico, afecta de modo importante a su viabilidad.

Un campo más prometedor en lo que se refiere a la utilización directa de energía solar es el de su capacidad para caldear las casas. En este caso, es necesario solucionar tres problemas básicos. El primero consiste en la absorción de la energía solar. Esto se lleva normalmente a cabo por medio de la utilización de grandes superficies de absorción semejantes, en cuanto a su diseño, a los colectores de lámina plana descritos anteriormente. El segundo problema importante es el de su almacenaje; a menos de que se utilice alguna otra forma auxiliar de calefacción, normalmente es necesario cuidar de almacenar la energía solar para poder disponer de calor, bien para utilizarlo durante la noche, bien para consumirlo aquellos días en los que no luce el sol. Finalmente, existe el problema de cómo distribuir el calor a través de la casa. En este punto el método utilizado más comúnmente es el de la circulación de aire caliente a través de canales construidos bajo el suelo.

Uno de los intentos más tempranos para aprovechar el calor de la luz solar fue la Dover House, diseñada por Maria Telkes y Eleanor Raymond y construida en 1949. En este edificio, la energía proveniente del sol es absorbida por una amplia zona de láminas de metal ennegrecidas, cubiertas por unas dobles láminas de cristal. El calor es conducido por el aire que circula por detrás de las láminas metálicas. Luego es almacenado químicamente en grandes depósitos que contienen sal de Glauber (sulfato de sodio decahidratado) y un volumen determinado de este material puede contener ocho veces y media más calor que el agua, si se mantiene su temperatura entre 25º y 37º C. La casa es caldeada por el aire caliente que es conducido desde los depósitos de almacenamiento por medio de un ventilador eléctrico. Las ideas de la Dra. Telkes se encuentran actualmente en proceso de comercialización, y se ha indicado que pueden ser aplicables a las casas de las dos terceras partes de todas aquellas personas que viven en los Estados Unidos.

Una variante del mismo principio es el famoso tejado solar construido por Harry E. Thomason en su casa de Washington D.C. en 1959. Thomason cubrió un tejado normal con una capa aislante, después con unas láminas ennegrecidas de aluminio ondulado, y finalmente con 840 pies cuadrados de cristal. El calor es llevado desde el tejado mediante agua que se desliza por los canalones del aluminio y es recogida en la parte inferior de la casa. Aquí, el calor es trasladado a grandes recipientes que contienen 50 toneladas de pequeñas rocas. Se utilizan también ventiladores para hacer circular el aire caliente a través de la casa. Harry Thomason indica haber conseguido de un 60 a un 90 por 100 del calor necesario para calentar su casa en invierno a partir de la energía solar. El sol también le proporcionaba toda su agua caliente, así como la refrigeración de la casa en verano.

Un diseño similar para la construcción de un tejado solar ha sido producido por miembros del Departamento de Arquitectura de la Universidad de Cambridge. En noviembre de 1973, el grupo que construyó este diseño recibió una beca de 25.000 libras del *Science Research Council*, y 6.000 libras más del Departamento del Medio Ambiente, para erigir una casa experimental cerca de Cambridge a fin de investigar las posibilidades de una calefacción solar. Los miembros del grupo indicaron que sería posible calentar un total de 10.000 galones a una temperatura media de cincuenta grados centígrados.

Aunque los tejados solares de la Dover House y de la Washington House eran relativamente caros –los materiales para su construcción costaron unas 850 libras en el momento de su realización– las ideas generales contenidas en los métodos de recoger, almacenar y distribuir calor pueden ser adaptadas de diversos modos más simples. Por ejemplo, el arquitecto francés Jacques Michel ha elaborado un ingenioso diseño. Este consistió en una pared de hormigón en uno de los lados de una casa, con una amplia lámina de vidrio doble delante de aquella, con unas hendeduras en la parte superior e inferior de la pared contigua a la casa. Durante el día, el aire llena el hueco que existe entre la pared y el vidrio pasando a través de las hendeduras inferiores, asciende conforme va siendo calentado por el sol, y entra en la casa a través de la hendeduras superiores. Durante la noche, la superficie interna de la pared irradia dentro de la habitación el calor que ha sido almace nada durante el día por su exposición al sol. Otra idea, que fue sugerida por Steve Baer en los Estados Unidos, es la de erigir una pila de bidones ennegrecidos llenos de agua en la pared de una casa que se encuentre frente al sol. Durante el día se abren unas amplias contraventanas de bisagra para exponer los bidones al sol, y se cierran por la noche y cuando el cielo está nublado para evitar que se pierda el calor por radiación.

Han sido propuestos varios métodos mediante los cuales la energía del sol puede ser centrada a fin de producir elevadas temperaturas en un solo lugar. La idea general es semejante al modo mediante el cual puede utilizarse una lupa para quemar un agujero en un trozo de papel. En Massachusetts, por ejemplo, se han llevado a cabo experimentos con un horno solar, en el que una extensa serie de espejos enfocados hacia el sol pueden ser manejados de este modo para producir unas temperaturas de cinco mil grados centígrados, suficientes como para fundir una barra de acero. De igual modo, un horno solar, construido en Mont Louis, en Francia, ha sido utilizado para producir una fuente de energía de setenta y cinco kilovatios. Sin embargo, la tecnología necesaria para mantener en tales instrumentos todos los espejos alineados conforme se mueve el sol a través del cielo es considerable. Una técnica ligeramente más simple, desarrollada en la Universidad de Arizona, utiliza unas lentes de Fresnel para enfocar la luz solar sobre un tubo de acero inoxidable o de cerámica vidriada. El nitrógeno es elevado a través del tubo para transferir el calor a una unidad central de almacenamiento.

Se ha desarrollado, principalmente para ser utilizado en los países tropicales, un sencillo instrumento de cocina que utiliza un amplio espejo parabólico para enfocar los rayos del sol sobre la base de una olla de cocinar. Estos instrumentos se han utilizado también, y con éxito, en zonas soleadas tales como el sur de Francia y la costa oeste de los Estados Unidos. No obstante, es poco probable que este método pueda conseguir temperaturas suficientemente altas como para cocinar en un clima templado como el de Gran Bretaña. Probablemente, otro tanto podemos decir acerca de las pequeñas turbinas de vapor que han sido diseñadas para utilizar el calor de los colectores solares para generar electricidad.

Estas son algunas de las técnicas más sencillas que han sido desarrolladas como modos posibles de utilización de la energía solar. Otra de las sugerencias que se han realizado consiste en la producción de calor por medio de una bomba de calor —una especie de refrigerador al revés— utilizando la diferencia de temperatura existente entre el agua de la superficie de los océanos y el agua de las grandes profundidades, donde es mucho más fría. También se han lanzado varias sugerencias sobre la utilización de células químicas para transformar la radiación del sol en energía eléctrica. Una idea original consiste en hacer uso del hecho de que la clorofila transmite electrones a ciertos semiconductores cuando está expuesta a la luz del sol; se ha estimado que con sólo un rendimiento de un diez por ciento, las células solares de la clorofila basadas en esta propiedad podrían producir un kilovatio de energía por cada diez metros cuadrados de superficie, con un costo de solamente unos cuantos peniques por centímetro cuadrado.

Se han elaborado ya con cierto detalle algunos proyectos para aprovechar a gran escala la energía solar. Dos científicos de la Universidad de California, Aden B. Meinel y Marjorie P. Meinel, utilizando el sistema de las lentes de Fresnel que mencionamos anteriormente, han calculado que una central de energía solar de 1.000 megavatios, ocupando una zona desértica de unas diez millas cuadradas, podría ser construida por unos mil millones de dólares aproximadamente, que supone unas cuatro veces el costo de una planta de energía nuclear que produzca la misma cantidad de energía. Más ambicioso aún es un esquema elaborado por Peter E. Glaser de la Arthur D. Little, Inc., a fin de colocar un panel de células solares de una extensión de cinco millas por cinco millas en una órbita de 22.300 millas por encima del ecuador. La energía podría ser convertida en radiación de microondas y enviada a la tierra. Por el costo de unos 500 dólares por kilovatio, aproximadamente el doble del costo de una planta de energía nuclear, se ha calculado que dicho satélite podría proporcionar toda la energía que necesita Nueva York.

En la actualidad, los principales obstáculos que se oponen al desarrollo de la energía solar no son tanto tecnológicos como económicos. La energía solar requiere unas elevadas inversiones iniciales de capital, aunque los costos corrientes sean relativamente bajos. Además, los proyectos como el de los satélites solares suponen la utilización de unos bienes de equipo sofisticados, y a una escala relativamente grande, que aunque respetan los criterios ambientales, quedarían casi con certeza excluidos de la categoría de la tecnología utópica a causa de otros aspectos. Sin embargo, siempre es posible buscar unas maneras alternativas de utilizar tales ideas adaptándolas a un empleo a pequeña escala.

ENERGIA EOLICA

Una segunda fuente potencial de energía es el viento. Alrededor de una cuarta parte de la energía solar que alcanza la tierra es convertida en viento, que ha sido utilizado para el funcionamiento de máquinas durante muchos miles de años. Los molinos de viento de eje vertical fueron utilizados en Persia muchos años antes del nacimiento de Cristo. El inventor griego Hero de Alejandría diseñó un órgano cuyos fuelles eran accionados por un pequeño molino de viento, y al parecer los chinos han estado empleando el viento para mover sus ruedas de plegarias a partir del siglo cuarto o quinto. El molino de viento jugó un papel central en el desarollo de la agricultura europea durante la Edad Media, particularmente en países tales como Holanda, cuya baja topografía les impidió emplear la energía hidráulica. Sabemos que había unos 10.000 molinos de viento funcionando en Inglaterra a principios del siglo IX, aunque en la actualidad no funcionen sino unos cuantos.

La energía procedente del viento proporciona una abundante fuente de energía mecánica con unas interferencias ambientales mínimas. Un inconveniente importante lo constituye el hecho de que la velocidad y la dirección del viento están sujetas a unas rápidas fluctuaciones, a diferencia de la energía hidráulica o solar, cuyas fluctuaciones se suceden durante períodos de tiempo relativamente largos. Asímismo, el viento puede cesar a veces completamente. No obstante, la energía del viento sigue siendo una de las más importantes fuentes energéticas de la tecnología utópica, y cada vez se le está concediendo una atención mayor al campo del diseño de molinos de viento.

Existen dos modos mediante los cuales es posible aprovechar la energía del viento. El primero de ellos consiste en la utilización directa de su energía mecánica. Este es el principio a partir del cual se han estado utilizando los molinos de viento durante miles de años para moler trigo, así como para otros tipos de aplicaciones, como para mover tornos, sierras y otros instrumentos de taller, utilizándose también para elevar el agua empleada en las irrigaciones. Los molinos de viento pueden emplearse también para accionar bombas calentadoras, que extraen calor aprovechable de, por ejemplo, una corriente de agua. En general, la utilización del viento supone normalmente un molino de viento conectado a una dinamo y un equipo adicional de almacenamiento de energía llevando incorporados unos mecanismos de engranaje y algún tipo de control de energía, debiendo seleccionarse cada uno de estos mecanismos cuidadosamente, a fin de obtener un máximo de eficacia.

Los molinos de viento pueden ser divididos, en un amplio sentido, en dos categorías. En primer lugar, existen aquellos en los cuales el eje rotor se encuentra colocado horizontalmente, de la misma manera que las hélices se encuentran en un aeroplano, y aquellos otros, en segundo lugar, cuyo eje es vertical, al modo del eje de un helicóptero. El modelo de eje horizontal más conocido es el de los molinos de viento de aspa que fueron muy utilizados en todo el campo europeo, llegando frecuentemente a alcanzar una altura de cien pies. Aunque su volumen de producción de energía es relativamente alto, en ocasiones de 10 a 15 CV, estos molinos de viento son difíciles de manejar y mantener, y actualmente son apenas algo más que meras reliquias del pasado. No obstante, la firma danesa Lykegaard comercializa todavía una versión del molino de viento de aspa. Este produce hasta 30 KW de energía y tiene un promedio de vida de unos veinte años aproximadamente, aunque su precio de unas 2.500 libras lo coloca cerca del extremo límite de la categoría de tecnología utópica.

El tipo de molino de viento que se emplea más normalmente en las faenas agrícolas es el pequeño molino de viento de múltiples palas. Aunque éste no produce un alto volumen de energía, tiene la ventaja de que puede funcionar con vientos que no sobrepasen unas pocas millas por hora. Estos molinos de viento son ampliamente utilizados en el campo australiano para, por ejemplo, elevar el agua que necesitan aquellos rebaños que no están al cuidado de ningún pastor.

Una eficaz producción de cantidades de energía provechosas requiere un molino de viento de alta velocidad a fin de minimizar la cantidad de energía que se pierde a través del engranaje. Para conseguir este objetivo se utilizan normalmente unos molinos de viento "aerodinámicos" que sólo tienen tres o cuatro palas especialmente modeladas. Se ha calculado que un molino de viento de alta velocidad y con un diámetro de 18 pies, levantado en una zona cuya velocidad de viento media sea de 12 millas por hora –como en la mayor parte de las regiones costeras de las Islas Británicas– podría proporcionar más del 80 por 100 del consumo de energía medio de las amas de casa en lo que se refiere al alumbrado doméstico. Un típico molino de viento de alta velocidad y de cuatro palas, comercializado en el Reino Unido, necesita una velocidad de viento de 16 millas por hora para conseguir un pleno rendimiento, consiguiendo un volúmen de producción de 2.000 W a 110V.

Un importante problema que existe con muchos molinos de viento de alta velocidad es que es necesario mantener un control sobre la velocidad de rotación. Algunos lo logran por medio de un efecto de flexión que reduce la parte de pala que se expone frente al viento conforme aumenta la velocidad de rotación. Otros molinos de viento han sido diseñados con unos frenos de fricción o centrífugamente impulsados y además pueden poseer un mecanismo de seguridad por el cual el molino de viento queda fuera del viento si la velocidad del mismo se hace demasiado intensa. Sin tales mecanismos de control, muchos de los molinos de viento con diseño aerodinámico tendrían un final intempestivo y espectacular.

El rotor Savonius, desarrollado entre 1925 y 1928 por el ingeniero finlandés S.J. Savonius, es quizá el más conocido y más ampliamente utilizado de los molinos de viento de eje vertical. Se trata esencialmente de un cilindro hueco que ha sido cortado por la mitad en una dirección paralela a su eje. Entonces, las dos mitades son desplazadas hacia los lados como un radio y medio, casi suficiente, aunque no bastante, para formar una sección transversal en forma de S, rotando alrededor de un eje vertical emplazado en el centro de ella. El descenso de la presión sobre el lado opuesto a la dirección del viento –conocido como el efecto Magnus– hace que el rotor Savonius gire a la misma velocidad que un rotor normal con una zona expuesta al viento cuatro veces mayor. La sencillez del rotor Savonius le convierte en uno de los tipos más baratos de molino de viento. Por ejemplo, la *Brace Experimental Station* de Barbados ha diseñado un rotor semejante utilizando dos bidones de petróleo de 45 galones, divididos ambos en dos mitades. Se ha estimado que el costo total de los materiales necesarios para su construcción supera en poco las veinte libras. Un informe proveniente de la mencionada estación indica que el rotor Savonius es particularmente idóneo para la irrigación en los países subdesarrollados debido a su relativa sencillez, señalando que el rotor, el mecanismo de transmisión y la bomba pueden ser perfectamente ensamblados de modo casero, utilizando solamente unas cuantas herramientas y un aparato de soldar. El informe señala también que el rotor podrá funcionar con éxito en aquellas zonas cuya velocidad de viento se encuentre entre los niveles de ocho y doce millas por hora.

Otras personas han sugerido la utilización del rotor Savonius para impulsar pequeñas embarcaciones.

Una de las principales dificultades que existen para el aprovechamiento de la energía del viento es el problema de su almacenaje. El viento es la más variable de entre todas las fuentes de energía naturales, y para garantizar una producción de energía relativamente constante es necesario emplear algún tipo de almacenamiento de energía. Una idea que es utilizada normalmente es la que consiste en colocar juntas una serie de seis o doce baterías de voltaje para coche. Aunque actualmente esto significa una forma de almacenamiento de energía relativamente cara, esta técnica podría beneficiarse de avances tecnológicos como el que suponen los materiales de almacenamiento de energía de alta capacidad desarrollados recientemente en Holanda. Estos materiales están compuestos de mezclas de fluoruros basados en materiales comunes tales como el litio, el sodio y el magnesio. Parece ser que poseen unas treinta veces la capacidad energética de una bateria normal por ácido.

Una idea ligeramente más sofisticada es la que consiste en utilizar el volúmen variable de producción de energía de un generador de viento para descomponer el agua electrolíticamente y reducirla a sus componentes químicos de oxígeno e hidrógeno. Estos son almacenados bajo presión y por separado, y son combinados de nuevo en una célula combustible para proporcionar un volumen constante de electricidad. Algunos científicos que están realizando trabajos de investigación en el Instituto de Tecnología de Cranfield ya están elaborando proyectos para la construcción de un automóvil impulsado por hidrógeno. Otra idea es la de utilizar el hidrógeno para accionar un motor con turbina a gas, como ocurre actualmente con los cohetes, que luego podría transformarse en un generador de tipo convencional. Summers comenta que "Una central de energía con turbina de gas, utilizando hidrógeno como lo hacen los cohetes, a partir de la energía desarrollada por el viento, sería lo suficientemente original como para contentar el gusto más exótico" (17). Incluso se ha sugerido la posibilidad de que el hidrógeno licuefactado, preparado en las ilas Aleutianas, donde los vientos son muy fuertes, a partir de la energía proveniente del viento, pudiera ser transportado por medio de cisternas a la costa californiana, constituyendo de este modo una forma económica de energía.

Se han propuesto muchas otras ideas para la utilización de la energía proveniente del viento. Para mencionar sólo un ejemplo, dos científicos canadienses han desarrollado un molino de viento de eje vertical y de alta velocidad, que ha sido descrito como parecido a "un aro de barril ampliado y sujeto por los lados a una pequeña torre de radio". El rotor está compuesto de dos palas de seis pulgadas, torcidas en un diámetro de quince pies, y se ha indicado que puede producir diecisiete kilowatios-hora de energía diarios con unos vientos medios de unas 16 millas por hora, al costo de un par de céntimos por kilowatio-hora.

ENERGIA HIDRAULICA

Una tercera fuente de energía, que puede ser explotada con unas mínimas interferencias ambientales, es el agua. La energía hidráulica puede ser obtenida directamente a partir de corrientes o de ríos de rápido caudal. Alternativamente, allí donde el caudal es relativamente lento, es posible aumentar su velocidad construyendo un dique o presa, o estrechando artificialmente la anchura del canal por el que discurre el agua. Al igual que ocurre con la utilización del viento, las técnicas de aprovechamiento de la energía del agua han existido desde hace muchos miles de años, habiendo conocido y documentado los griegos sus principios básicos.

El agua tiene con respecto al viento la ventaja de que su caudal es mucho más regular y predecible. En gran parte, fue esto lo que la convirtió en la principal fuente de energía que fue utilizada para usos industriales, particularmente durante la Edad Media. La energía hidráulica tiene el inconveniente de que, a menos de que se posean los medios necesarios para transmitir su energía a largas distancias, su utilización queda restringida a los sitios que están cercanos a ríos y corrientes de agua, careciendo de la flexibilidad geográfica que posee la energía proveniente del viento. Además, es obvio que no puede ser utilizada cuando la temperatura desciende por debajo del punto de congelación.

Al igual que ocurre con el viento, la energía hidráulica puede ser utilizada directa o indirectamente. Normalmente, su utilización directa se realiza por medio de una rueda hidráulica, que fue la fuente de energía hidráulica más importante hasta mediados del siglo pasado, siendo sustituida por la hidroturbina. Existen tres tipos de rueda: en primer lugar, tenemos la rueda en la que el agua pasa a través de ella por la parte superior por un estrecho canal conocido con el nombre de caz; en segundo lugar se encuentra la rueda en la que el agua pasa a través de su parte inferior; y, por último, existe la rueda en la que el agua pasa a través de una altura media, siendo este último tipo el más usual en la Inglaterra septentrional a principios del siglo XIX, consistiendo su funcionamiento en que el agua entra en ella aproximadamente al nivel del eje de la rueda, descendiendo después verticalmente y saliendo por la parte inferior de la rueda. Las ruedas hidráulicas pueden tener una gran capacidad energética. Ya a principios del siglo II D.C. existió un vasto complejo en Arles, Francia, que comprendía dieciséis ruedas y que, según se dice, era capaz de moler treinta toneladas de harina diarias. No obstante, la relativamente lenta velocidad de la mayor parte de las ruedas y el complicado engranaje que es necesario a menudo, suponen ciertos obstáculos para su utilización como fuente de energía viable.

La utilización de turbinas constituye un modo alternativo de aprovechamiento de la energía hidráulica. A diferencia de la noria, que gira principalmente a causa del peso del agua, la turbina es un instrumento diseñado con unas palas especiales que llevan a efecto el mayor cambio posible en la dirección del movimiento del agua. La turbina saca su energía del impulso del agua contra las palas y de la reacción que se consigue –de acuerdo con las leyes del movimiento de Newton– de su cambio de dirección. La elevada velocidad de rotación que obtiene la hidroturbina hace de ella un instrumento sumamente adecuado para la generación de electricidad, y la hidroelectricidad es ampliamente utilizada en muchos países. Los esquemas hidroeléctricos de gran amplitud causan a menudo extensos daños ambientales, particularmente cuando suponen la creación de grandes lagos artificiales necesarios para proporcionar un volumen de agua suficiente. Sin embargo, las turbinas de agua a pequeña escala pueden ser instaladas junto a un río con un mínimo de interferencia con respecto a su caudal global. La empresa James Leffel and Co., de Springfield, Ohio, por ejemplo, ha estado produciendo estas turbinas generadoras de energía a pequeña escala desde hace más de cien años. Una de las ventajas que poseen las hidroturbinas con respecto a las norias consiste en que su energía eléctrica puede ser transmitida de un modo relativamente fácil hacia cualquier lugar donde sea necesaria (aunque, evidentemente, esto supone un nivel mayor de la tecnología necesaria para ello).

En las zonas costeras, existe la posibilidad de utilizar el agua para producir energía mediante el aprovechamiento de la fuerza de las mareas. Cuando la marea sube se deja que el agua penetre en una represa, y cuando baja pasa a través de una noria o de una turbina. Los molinos de marea han sido desarrollados por separado tanto en Europa como en los Estados Unidos. Durante el siglo XVIII, por ejemplo, existía en Virginia un molino de marea que utilizaba las mareas del East River para moler harina. Durante los años de 1930 se propuso la utilización de las mareas en la Bahía de Fundy, entre el Maine y Canadá, que según se dijo proporcionaría unos trescientos megawatios de energía. El gobierno francés ha construido recientemente una central de energía aprovechando las mareas en el estuario del río Rance, cuyo promedio de mareas es de veintisiete pies, produciendo un volumen de doscientos cuarenta megawatios.

También es posible utilizar la subida y bajada de las olas como fuente de energía. Ya se ha construido un motor impulsado por olas, al que se ha llamado

Caballito de Mar, capaz de impulsar un generador de automóviles de doce voltios. Se ha descubierto que un simple par de émbolos, funcionando con olas de ocho pies de altura, puede proporcionar unos setecientos watios de energía aprovechable. Aplicando el mismo principio en una escala mucho mayor, se ha sugerido que podría ser factible construir en el mar una estación generadora de energía de cien émbolos que produciría tres mil setecientos kilowatios (18).

GAS METANO

Otra fuente de energía ecológicamente sólida que, a diferencia del viento o del agua, se ha utilizado poco en el pasado, es el gas metano. Este se produce por la descomposición de desechos orgánicos tales como el estiércol de las granjas, las basuras domésticas o los excrementos humanos. El método empleado para la obtención del gas es básicamente una ampliación de la técnica utilizada para la digestión de lodos en los depósitos municipales, depuradores de aguas residuales. El material de desecho es colocado normalmente en un depósito herméticamente cerrado y aislado del oxígeno atmosférico, siendo después calentado poco a poco. Una semana después aproximadamente, comienza a emitir el metano, que es recogido en algún tipo de recipiente para su almacenaje. El gas puede ser utilizado como combustible para cocinar, para el alumbrado, para la calefacción y refrigeración, e incluso para impulsar pequeños motores. Se ha calculado que cada libra de material de desecho tratada produciría entre uno y cuatro pies cúbicos de gas, proporcionando alrededor de medio kilowatio-hora de energía. Se han elaborado varios diseños para insertar depósitos productores de metano en sistemas domésticos de depuración de aguas residuales, como parte de un proceso general de reciclaje de desechos. El director de una estación depuradora de aguas residuales en Cheshire ya emplea, para la calefacción central de su casa, el gas metano residual que normalmente sería quemado en la chimenea de la estación. Un granjero de Devon, Harold Bate, incluso ha puesto a la venta un pequeño convertidor que hace que un automóvil normal puede funcionar a base de una mezcla de petróleo y metano. El metano es almacenado en un cilindro en el interior del portaequipajes del automóvil y tiene como consecuencia una gran reducción de los niveles de polución, aunque asimismo supone una ligera reducción de la potencia del automóvil. La mayor parte de los generadores de gas metano tienen un volumen de producción de energía relativamente bajo, aunque un grupo de investigadores científicos están elaborando actualmente en Escocia un proyecto que, al parecer, podría producir eventualmente unas trescientas mil unidades térmicas diarias a partir de los desechos de cien cerdos (19).

Estas cuatro fuentes de energía –la energía solar, la energía procedente del viento, la energía hidráulica y el gas metano— junto con la utilización de animales y de la fuerza de trabajo del hombre, proporcionaría, según se sugiere, la energía básica para la tecnología utópica. La cantidad total de energía procedente de estas fuentes sería probablemente mucho menor que la que actualmente consumen las sociedades industriales avanzadas. Pero la cantidad de energía que necesitan las tecnologías utópicas es con toda probabilidad también mucho menor. Dicho con otras palabras, en vez de buscar unos medios alternativos para producir la misma cantidad de energía que utilizamos actualmente o que necesitaremos en un futuro, posiblemente es más apropiado desarrollar unas tecnologías cuyas necesidades energéticas sean compatibles con la cantidad de la que podríamos disponer a partir de estas fuentes alternativas.

Utilizadas de modo conjunto, las fuentes que hemos mencionado anteriormente podrían probablemente cubrir todas las necesidades energéticas de pequeñas comunidades. Además de proporcionar una base sólida para armonizar las actividades tecnológicas del hombre con las necesidades ambientales, también podría devolver un ritmo más natural a dichas actividades. Como ha escrito Murray Bookchin, "el volver a relacionar el sol, el viento, la tierra, todo lo viviente, con la tecnología, con los medios para la supervivencia humana, sería una renovación revolucionaria de los lazos existentes entre el hombre y la naturaleza" (20).

5. TECNOLOGIA UTOPICA: PRODUCCION DE BIENES Y ORGANIZACION SOCIAL

ALIMENTOS

La producción de alimentos es uno de los factores más importantes que afectan al equilibrio ecológico. Una de las más importantes consecuencias de la Revolución Industrial, con el rápido crecimiento de las poblaciones urbanas, ha consistido en el desarrollo que ha aportado de técnicas intensivas de producción de alimentos. Estas han hecho que en muchos países la agricultura haya pasado de ser un modo de vida para convertirse en una industria basada en la tecnología. La agricultura moderna se caracteriza por el empleo masivo de fertilizantes artificiales a fin de aumentar el crecimiento de las cosechas, por la creciente utilización de granjas mecanizadas para la crianza de animales en condiciones totalmente artificiales; por la dependencia de cultivos únicos --llamados monocultivos– que producen un rendimiento económico mayor que el que podía ser conseguido con los modelos tradicionales de diversidad de cultivos, pero que frecuentemente conducen a un desequilibrio en componentes importantes del ciclo ecológico; y por la mecanización general de todos los aspectos de la agricultura, aumentando aún más la distancia que separa al hombre de la naturaleza.

Los tecnólogos utópicos tratan de contrarrestar estas tendencias. Están interesados en desarrollar una agricultura que cubra de modo adecuado las necesidades de la comunidad, pero que al mismo tiempo haga posible que el hombre y el medio ambiente natural coexistan armónicamente, y no en oposición. Por ejemplo, se hace hincapié en la necesidad de volver a los sistemas de labranza orgánica, en los que los excrementos de los animales y otros desechos orgánicos son utilizados para abonar la tierra, logrando de este modo un mínimo despilfarro de elementos nutritivos aprovechables y evitando la utilización de fertilizantes químicos artificiales. También están siendo activamente investigados modos por medio de los cuales se pueda organizar una diversidad de cultivos que cuadre con los ciclos ecológicos naturales. Asímismo, existen varias técnicas de labranza que no necesitan el empleo de unos sofisticados bienes de equipo, y que sin embargo dan a la agricultura una sólida y eficaz base técnica. Finalmente, la tecnología utópica subraya enérgicamente las grandes posibilidades que ofrecen los huertos como agricultura a pequeña escala. Las huertas y parcelas son consideradas todavía como las formas agrícolas que producen un mayor rendimiento por acre. Esto se debe en gran medida a la rotación de cultivos y a la presencia personal, a diferencia del monocultivo y de la mecanización practicados por la agricultura convencional. El planteamiento utópico global con respecto a la agricultura fue certeramente resumido por el socialista utópico francés del siglo XVIII Charles Fourier. "Es imposible organizar una asociación constante y bien equilibrada", escribe, "sin incluir la labranza del campo, o al menos de los huertos y jardines, el cuidado de los rebaños, de los corrales de gallinas, y el aprovechamiento de una gran variedad de especies, tanto animales como vegetales" (1). Murray Bookchin sugiere que "la agricultura se convertirá en una parte viva de la sociedad humana, en una fuente de agradable actividad física y, en virtud de sus exigencias ecológicas, en un reto intelectual, científico y artístico" (2).

Los tecnólogos utópicos tienen mucho que aprender de las técnicas tradicionales de labranza. Poco a poco, está siendo reconocido el valor de los conocimientos y técnicas desarrollados durante miles de años, y que sólo se han perdido durante el siglo pasado. Al mismo tiempo, se están llevando a cabo investigaciones acerca de los modos mediante los cuales los conocimientos científicos y técnicos actuales podrían ser empleados para intensificar la productividad agrícola de una manera ecológicamente sólida. Un típico ejemplo de esto es un sistema para integrar la crianza de peces y el cultivo de vegetales, sistema diseñado para una pequeña comunidad cooperativa de las Montañas Rocosas de Nuevo Méjico por el *New Alchemy Institute* en los Estados Unidos. Este sistema consiste en utilizar dos estanques, excavados el uno junto al otro. Uno de los estanques es calentado por medio de la energía solar, y es llenado con *Tilapia,* sabroso pescado que se alimenta de fotoplancton, que crece en el estanque. El estanque también ha sido proyectado para contener ástacos y bagres, con patos en la superficie y mejillones en el lecho del estanque. Los mejillones proporcionan considerables cantidades de alimentos y también filtran el agua del estanque, constituyendo sus productos de desecho un imporante fertilizante. De este modo se planifica un sistema de rotación por medio del cual el segundo estanque es utilizado en años alternos para el cultivo intensivo de vegetales, y las funciones de los dos estanques se intercambian anualmente.

El *New Alchemy Institute* ha estudiado también métodos para la crianza de peces en lugares techados, utilizando estanques cubiertos por cúpulas de plástico. Cada una de estas cúpulas tiene una doble capa para aumentar el aislamiento, poseyendo asimismo un sistema de válvulas para poder controlar su temperatura. También en este caso es utilizado el pez *Tilapia* y se han llevado a cabo una serie de experimentos acerca de diferentes tipos de alimentación. La fuente alimenticia más provechosa para los peces resultaron ser de nuevo las algas plactónicas producidas en el estanque, pero también mostraron una gran simpatía hacia las zanahorias que crecían en la superficie y hacia las semillas de soja del lecho del estanque. Estas últimas son utilizadas normalmente para alimentar a los peces criados en Oriente, y contienen unos niveles proteínicos extremadamente altos. Proyectos semejantes para la crianza de bagres han sido elaborados, entre otra gente, por el artista americano Newton Harrison. En una exposición realizada en la *Hayward Gallery* de Londres durante el otoño de 1971, se mostraron, como un "sistema de soporte vital", seis depósitos, algunos de los cuales incluían también ástacos y camarones. La exposición en su conjunto incluía también la celebración de una comida en la que los peces fueron fritos y servidos al público. Newton Harrison causó una enorme consternación en la prensa británica cuando reveló que los peces debían ser electrocutados en una caja especialmente diseñada, a pesar de que afirmó que éste era el modo más humano de matarlos.

Las plantas también pueden ser cultivadas bajo techado. Una de las técnicas para ello es conocida con el nombre de hidropónica, y consiste en que las plantas no son cultivadas sobre tierra, sino en agua a la cual se han añadido cantidades adecuadas de elementos fertilizantes. Esta técnica tiene la ventaja de que las raíces de las plantas, al estar inmersas en líquido, están siempre en contacto con una considerable cantidad de elementos fertilizantes. Los fertilizantes necesitados para la mayor parte de las plantas comprenden unas cantidades equilibradas de nitrógeno, potasio, fósforo, calcio, magnesio y sulfuro. Todos estos elementos se encuentran normalmente en el suelo, pero pueden ser utilizados hidropónicamente en forma de sales solubles tales como el fosfato de potasio y el nitrato de calcio. También son necesarias cantidades mucho más pequeñas de elementos tales como el hierro, el manganeso, el boro, el zinc y el cobre.

El principal inconveniente del cultivo de plantas según este sistema de elementos solubles es la dificultad que existe en cuanto a asegurar un adecuado suministro de oxígeno para las raíces, y también en cuanto a mantener las plantas en una posición erguida. Una solución es la de mantener erguidas las plantas sobre algún tipo de aglomerado como la arena, a la que se añaden los elementos fertilizantes solubles. Con la utilización de las técnicas hidropónicas es posible producir elevados volúmenes de producción de plantas de un modo relativamente fácil en ciudades o en zonas donde el suelo sea pobre. En concreto, estas técnicas podrían tener muchas aplicaciones en países subdesarrollados que carecen de un suelo fértil. Sin embargo, es necesario tener un gran cuidado en mantener un correcto equilibrio entre los fertilizantes químicos. Se puede argumentar que la artificialidad de las técnicas hidropónicas hace que éstas puedan quedar sometidas a unas críticas semejantes a las dirigidas contra los métodos mecanizados de crianza de animales, y algunos han indicado que los alimentos producidos por medio de ellas son considerablemente menos sanos que los producidos de modo natural.

La utilización de fertilizantes constituye el modo tradicional de aumentar la producción agrícola. Una valiosa forma de fertilizante puede ser producida a partir de los depósito depuradores de aguas residuales y de otros desechos orgánicos, procesados a fin de extraer de ellos un abono compuesto para la agricultura. Ya hemos descrito un método por el cual es posible extraer gas metano de tales desperdicios. Una parte importante de este proceso se encuentra en que el humus que queda después de haber extraído el metano puede ser secado y utilizado como un potente fertilizante, considerándose que es por lo menos cuatro veces más rico en nitrógeno y en fósforo que la mayoría de los fertilizantes artificiales. Un proyectista sueco ha construido un abonador conocido con el nombre de Clivus que consume tanto aguas residuales como basuras domésticas, y produce un rico y seco abono que puede ser esparcido directamente sobre la tierra. Según parece, este abonador no solamente es más barato que la mayor parte de las instalaciones de depósitos sépticos, sino que también reduce la cantidad media de agua necesaria en una casa en 20 galones por día.

Un modo más directo de utilizar las aguas residuales para usos agrícolas ha sido el desarrollado por un equipo interdisciplinario de la *Pennsylvania State University* en los Estados Unidos. Este implica la extracción de los elementos sólidos suspendidos en las aguas residuales, y la descomposición de los componentes que quedan después de su disolución. Tras esto, las aguas residuales que quedan son esparcidas por zonas agrícolas y forestales. Los elementos fertilizantes del agua son absorbidos por las plantas, mientras que el agua va siendo purificada conforme se filtra a través del suelo, y puede ser recuperada a través de los pozos en condiciones de potabilidad. Los experimentos llevados a cabo por este grupo de investigadores han revelado que las cosechas de trigo y de avena pueden ser incrementadas entre un 50 y un 100 por 100 al rociarlas con dos pulgadas de aguas residuales de desecho cada semana.

Se han propuesto muchas otras ideas para la utilización de modos alternativos en la producción de alimentos. Una de ellas consiste en el concepto de "agricultura tridimensional", en la que una serie de plantas que crecen a diferentes niveles por encima y por debajo del suelo es utilizada para intensificar la producción de una determinada zona de terreno. Muchas sociedades tribales, por ejemplo, cultivan una compleja selección de plantas escogidas de este modo. Utilizando este sistema, se pueden cultivar raíces profundas, raíces poco profundas, plantas que crecen al nivel del suelo, plantas de tallo bajo y plantas de tallo alto, las unas casi encima de las otras. Los sistemas practicados por las sociedades tribales han sido normalmente desarrollados durante muchos siglos, y de ellos resulta el mantenimiento tanto de la fertilidad del terreno como de la variedad genética de las plantas, todo ello con una cantidad mínima de trabajo.

Una segunda idea consiste en la utilización de las semillas de soja como fuente proteínica. La raíz de soja utiliza muy poco terreno y sólo cuesta una mínima parte del precio que tiene esta misma proteína cuando es conseguida a través de productos animales. De igual modo, puesto que obtiene su nitrógeno de las bacterias que fijan el nitrógeno en los nódulos de sus raíces, no necesita la utilización de fertilizantes artificiales. La raíz de soja se cultiva normalmente en los trópicos, pero también se puede cultivar con éxito en los climas templados. Otras ideas propuestas para la utilización de unos métodos alternativos de producción alimenticia indican la posibilidad de extraer proteínas de las hojas verdes, y de sintetizarlas artificialmente para la obtención de petróleo bruto, aunque esto último requiere al parecer una serie de técnicas relativamente sofisticadas, por lo que quedaría al margen de la categoría de tecnología utópica.

COBIJO

Existe toda una serie de alternativas con respecto a las formas convencionales de construcción. En este terreno, las principales consideraciones consisten en evitar, en la medida de lo posible, la utilización de recursos escasos o no-renovables, y en construir de modo que no sea necesario el empleo de unas técnicas de ingeniería sofisticadas. También sería ventajoso construir con materiales de los que se pudiese disponer localmente. La mayor parte de éstos son materiales de construcción tradicionales, como la madera y la piedra. También se puede utilizar la tierra como material de construcción, especialmente si es firmemente apisonada o "estabilizada" mediante la adición de un poco de cemento.

En los países tropicales se utilizan ampliamente el barro y la vegetación, aunque probablemente éstos no serán adecuados materiales de construcción en países de clima más frío y húmedo, a menos de que sean sometidos a un tratamiento adicional. En un libro fascinante titulado *Architecture without Architects*, de Bernard Rudofsky, podemos ver casas hechas de cañas de bambú y de paja, utilizando también cañas y esteras. Dicho libro nos proporciona toda una serie de ejemplos de arquitectura "vernácula" procedente de todas las partes del mundo, desde las casas excavadas en rocas porosas en China, hasta la utilización de gigantescos árboles ahuecados, del tipo de los baobab, que miden hasta 30 pies de diámetro, en Africa.

Los tecnólogos utópicos no consideran que exista la necesidad de continuar apegados a los modelos convencionales de construcción. Es posible extraer del pasado numerosos modelos alternativos para la construcción de viviendas. Muchos de ellos suponen una diferente forma de organización social, al margen de la basada sobre el núcleo familiar; una típica posibilidad idónea para las pequeñas comunidades y para el empleo de un fondo monetario común pudiera encontrarse en la adaptación de las amplias casas utilizadas en Nueva Guinea.

La utilización de cúpulas geodésicas ha sido una idea que se ha ido convirtiendo en algo cada vez más popular durante los últimos años. Estas cúpulas son construcciones que dependen de unas fuerzas cuidadosamente calculadas que soportan las nervaturas, y que fueron sugeridas por primera vez por el arquitecto Buckminster Fuller. Pueden construirse a partir de una amplia gama de materiales, y tienen la ventaja de que son relativamente ligeras, baratas y fáciles de erigir, proporcionando también un extenso volumen de espacio englobado. No obstante, muchas de las cúpulas que se utilizan actualmente han sido construidas con plásticos y con otros materiales que requieren un tratamiento industrial. Esto puede producir reacciones parecidas a las manifestadas por un veterano constructor de cúpulas, Lloyd Kahn, que finalmente concluyó "No quiero vivir bajo algo cuyas moléculas han sido reorganizadas", antes de abandonar todo esto para centrar activamente su interés en la construcción de viejos graneros americanos y de puentes cubiertos. Kahn sugiere actualmente que tanto los plásticos como los computadores es algo cuyas posibles aplicaciones a la construcción han sido enormemente exageradas, y se encuentra activamente dedicado a recopilar información sobre las técnicas tradicionales de construcción. "Publicaremos lo que podamos", escribe, "no a causa de la nostalgia sino porque muchos de los modos de construcción de hace cien años son más razonables *precisamente ahora*" (3).

En general, parece posible describir toda una serie de principios básicos relativos a lo que pudiera ser llamada arquitectura utópica. El primero de ellos es el de construir con aquellos materiales locales cuyo empleo produzca la mínima cantidad posible de daño ecológico. En segundo lugar, es necesario que seamos conscientes de la satisfacción que podemos conseguir construyendo personalmente con nuestras manos; "el milagro que supone un ladrillo", escribe un arquitecto, Malcolm Wells, "se perderá definitivamente para aquel hombre que nunca puso ninguno. Construya con sus manos tanto como pueda, nunca lo lamentará" (4). Un tercer principio consiste en la conciencia del tiempo que ocupa construir una vivienda que no sea solamente duradera y económica, sino también estéticamente agradable. Wells sugiere que las construcciones permanentes, en mucha mayor medida que las temporales, proporcionan a la naturaleza el "tiempo de remediar las heridas de la construcción", aunque se pueden conseguir ciertas ventajas de aquellas construcciones que pueden ser desmanteladas manualmente, y de modo sencillo, y transportadas a un nuevo emplazamiento, técnica que es muy utilizada en países como Guinea, Kenia y Vietnam. Finalmente, la arquitectura utópica trata de construir de modo sencillo y natural, utilizando tan pocos materiales como sea posible, pero sin escatimar esfuerzos en lo que respecta a detalles relativamente importantes tales como la impermeabilización y el aislamiento.

La necesidad de proyectar sistemas globales en los que las diversas técnicas para la producción, tanto de energía como de alimentos, puedan ser integradas es tan importante como lo son las técnicas específicas de construcción. Aunque probablemente sería innecesario diseñar sistemas que fuesen totalmente autosuficientes, en el sentido de que no fuesen necesarias inversiones de recursos desde el exterior, el propósito general es el de minimizar esta inversión y equilibrarla con una producción equivalente. La dependencia de servicios centralizados tales como la producción de energía a gran escala deberá ser evitada hasta donde sea posible. Quizá la palabra final en cuanto a sistemas de soporte de vida virtualmente autosuficientes la tienen aquellos producidos por los ingenieros y científicos espaciales para hacer posible que los astronautas permanezcan aislados con respecto a todo tipo de recursos exteriores durante largos períodos de tiempo. Algunas de las ideas que han alcanzado pudieran posiblemente ser adaptadas a fin de cubrir las necesidades de la tecnología utópica. Sin embargo, el elevado nivel tecnológico implicado en todo ello, junto con el hecho de que pocos de sus elementos son autorregeneradores, significa que estos sistemas totales no podrían ser probablemente candidatos a su inclusión en la categoría de tecnología utópica.

La primera necesidad de los sistemas autónomos es la de un suministro de energía integrado. Aunque, como ya hemos dicho, podemos disponer de una serie de fuentes energéticas que no son ecológicamente dañinas, como, por ejemplo, la energía solar, la energía proveniente del viento, la energía hidráulica y el gas metano, es poco probable que cualquiera de éstas pueda ser capaz de proporcionar por su propia cuenta la energía suficiente como para cubrir todas las necesidades de un grupo o comunidad. Las dos primeras de estas fuentes, en concreto el sol y el viento, dependen intensamente de unas determinadas condiciones atmosféricas, y aunque existen diversas técnicas para almacenar su energía, éstas tienden a ser ineficaces, malgastando grandes cantidades de energía durante los procesos de conversión que es necesario llevar a cabo. Cada una de las fuentes energéticas ya mencionadas resultan en cada caso adecuadas para un determinado tipo de uso energético. Así, y de modo general, la energía solar se utiliza para calentar tanto el aire como agua, el gas metano se emplea para la cocina y para la iluminación y la energía proveniente del viento se utiliza para la generación de electricidad, realizando a veces la misma función la energía hidráulica en aquellos lugares donde existe un río o una corriente de agua de rápido caudal.

La Sección de Investigaciones Técnicas del Departamento de Arquitectura de la Universidad de Cambridge ha diseñado un tipo de unidad autónoma de suministros. Los principales elementos de ella son la energía solar, la energía proveniente del viento y el agua de lluvia. El sistema en su conjunto se compone de cinco subsistemas. Estos están dedicados a la distribución de luz y calor, a la circulación de aire incluyendo tanto la disponibilidad de energía de viento como las exigencias de aire puro de individuos y plantas, a la circulación de agua, a la producción y consumo de alimentos, y al tratamiento de los desperdicios. Estos últimos proporcionan fertilizantes y son además una fuente de gas metano. Aquellos implicados en el proyecto piensan considerar las diversas posibilidades del reciclaje del calor, de los desperdicios y del agua, y en aquellas circunstancias en las que la polución atmosférica sea extremadamente fuerte, incluso proyectan el reciclaje del CO_2 y del oxígeno. El sistema global ha sido diseñado para una casa situada en una pequeña propiedad de un acre. Utilizando las técnicas adecuadas, se ha calculado que podrían ser producidas como unas tres cuartas partes del consumo alimenticio de una familia media en base a los medios proporcionados por dicha propiedad (5).

Tres estudiantes post-graduados de dicha Sección han diseñado un típico ciclo para la utilización del agua. En este sistema, el agua de lluvia es recogida en un depósito principal de almacenamiento, y luego se deja que caiga poco a poco en un colector solar que recoge el calor sobre la marcha. El calor es conducido a un precalentador de agua doméstico, en el que se calienta un suministro de agua diario de 240 litros a una temperatura de 45° C. La temperatura del agua es elevada por medio de un pequeño calentador eléctrico para lavar los platos y el agua caliente jabonosa de desecho es utilizada para calentar un digestor de metano. Cuando se enfría, el agua jabonosa se traslada a otro depósito de almacenaje. Aquí, el agua es purificada y el jabón se elimina en forma de ácidos grasos, que son añadidos al digestor. El agua entra finalmente de nuevo en el sistema a través de un filtro de arena, que la limpia lo suficientemente como para que pueda ser utilizada como agua para beber y para preparar las comidas. Este grupo ha recibido actualmente apoyos financieros del *Science Research Council* y del Departamento del Medio Ambiente para construir una casa experimental cerca de Cambridge según mencionamos anteriormente (véase página 97).

Se han elaborado otros varios diseños para sistemas de vida integrada. Algunos de ellos son considerablemente más sofisticados que el proyecto de Cambridge, como el desarrollado por la *Grumman Corporation* en los Estados Unidos, que utiliza muchas de las piezas del equipo diseñado originalmente para naves espaciales. Dichos diseños reúnen generalmente las ventajas de compacidad y rendimiento, aunque consumen cantidades relativamente altas de energía. Un importante componente del sistema Grumman es un "biorreactor" para el tratamiento secundario de las aguas residuales. Se compone esencialmente de un conjunto de pequeñas tuberías en forma de V inmersas en el depósito de aguas residuales, lo que hace que haya una gran zona de la superficie en la que las aguas residuales pueden descomponerse a causa de las bacterias. El proceso de descomposición es estimulado por el oxígeno que se difunde a través de las paredes de las tuberías. Otro elemento importante es una unidad de evaporación de aire, que también fue desarrollada originalmente para misiones espaciales prolongadas y que actúa tanto como sistema de aire acondicionado como transmisor de calor, utilizando la evaporación a modo de almacenaje de calor, y la condensación para distribuirlo nuevamente.

Otros han escogido un método mucho más sencillo. Tal es el caso de un equipo de Londres, llamado *Street Farmer*, que ha construido un "eco-pabellón" al borde de un campo de deportes de un colegio. El pabellón está hecho de madera y plástico, mide veintisiete pies por cuarenta, y su costo en materiales es de alrededor de 650 libras. Una vez más, el sol es utilizado como la principal fuente de energía para producir calor, mientras que los desechos orgánicos pasan a un digestor de tres depósitos. Esto proporciona gas metano para cocinar así como fertilizantes líquidos y sólidos. El fertilizante pasa a una parte del pabellón destinada a invernadero, donde las verduras, la fruta y las flores crecen hidropónicamente. El eco-pabellón posee también un pequeño vivero, cuya agua potable se obtiene del agua de lluvia que, a través de la arena, se filtra dentro de un gran depósito de almacenaje. Finalmente se ha pensado instalar un generador de viento y un sistema de almacenamiento de energía, de manera que el eco-pabellón esté capacitado para suministrarse toda la energía que le sea necesaria –en el momento actual, aún necesita calefacción eléctrica suplementaria. El equipo *Street Farmer* está poniendo un gran celo en acentuar la importancia de las implicaciones políticas que su trabajo conlleva. Su "tecnología de la gente" consiste en "unificar todo lo que es el hombre con su vida, incluyendo el trabajo no-alienado, y la cooperación comunitaria" (6). Este equipo ya ha planeado también la forma de poder aplicar sus ideas de autoservicio a una casa con terraza tradicional, intentando con ello demostrar el hecho de que la tecnología utópica puede ser tanto urbana como rural.

Los ejemplos dados anteriormente muestran algunos de los métodos que podrían aplicarse al problema de abastecer a una casa, con el mayor grado de independencia, a partir de unos servicios centralizados. Cada uno de estos ejemplos es, hoy por hoy, puramente experimental. Su importancia radica tanto en el método general que indican –sobre todo en lo que respecta al consumo mínimo de energía, derivada, siempre que ello sea posible, de recursos locales o renovables, y en el máximo reciclaje de materiales provechosos– como en las técnicas específicas empleadas en cada diseño en particular. De nuevo, el nivel de tecnología deseable, tanto si es directamente necesario como si lo impone el uso de ciertos materiales, queda sujeto a discusión. Por ejemplo, algunos recomendarían la utilización de poliestireno expandido o de vitrofid a modo de aislamiento, los cuales son bastante eficaces, pero requieren unas técnicas de producción bastante sofisticadas; otros sólo estarían dispuestos a utilizar materiales naturales, alegando que también se puede conseguir un buen aislamiento con aglomerado, esteras vegetales prensadas, crin animal u otros materiales renovables.

Utilizando los principios arriba mencionados para el diseño de viviendas y para que éstas estén dotadas de todos los servicios necesarios, resulta bastante factible contemplar el desarrollo de una arquitectura utópica que podría evitar muchos de los problemas inherentes a la vida de las sociedades industrialmente avanzadas. El construir basándonos en el principio relativamente sencillo de hágaselo-usted-mismo impediría –material y espiritualmente– levantar esas monstruosidades de hormigón inanimado y de cristal que, cada vez más, pueblan el corazón de nuestras principales ciudades, y la miseria de los barrios bajos urbanos o rurales, superpoblados, desprovistos de los servicios adecuados, y aislados de los vivificantes procesos del medio ambiente natural. No obstante, el distribuir la población entre la ciudad y el campo, si se quiere asegurar un medio de vida adecuado y agradable para todos, es obvio que requeriría un estudio detallado teniendo en cuenta, sobre todo, la presión del aumento de población y la demanda de alimentos que la acompaña.

TRANSPORTE

Volvamos ahora a los modos alternativos de proporcionar servicios comunales. Uno de los aspectos más importantes es el transporte. Una idea de la importancia que esto tiene nos la da el hecho de que, en 1970, casi el treinta por ciento de la energía total consumida en los Estados Unidos se empleó en transportes, en comparación con el cuarenta y cuatro por ciento utilizado para fines industriales, y el veintiseis por ciento que se dedicó a fines inmobiliarios y comerciales. Por supuesto, la necesidad de energía depende del tipo de transporte. Las estadísticas dadas por el

Oak Ridge National Laboratory indican que, por cada viaje de un pasajero, una moto requiere el gasto de 200 *British Thermal Units* (BTUs) por pasajero y por milla, caminar requiere 300 BTUs, los autobuses utilizan hasta 1.200 BTUs por cada pasajero, los coches particulares 4.500 BTUs, y los aviones 9.700 BTUs.

El motor de gasolina es uno de los principales causantes de la polución atmosférica y de la destrucción en general del medio ambiente en las sociedades industrializadas. Podría intentarse seriamente el que se volviesen a poner en activo muchos de los medios de transporte que han sido arrinconados por culpa del motor de gasolina. Dos de las sugerencias más inmediatas son la utilización de animales —por ejemplo, caballos, e incluso posiblemente perros— que tirasen de carros y carruajes, y la bicicleta corriente. Ya ha habido varios grupos de gente que, a modo de protesta, han organizado grandes "bicicletadas" en el centro de ciudades importantes —incluyendo Londres, París, Roma y Nueva York— para boicotear la posición monopolista que ahora disfrutan los motoristas. La venta de bicicletas en algunas zonas del mundo industrializado, sobre todo en los Estados Unidos, donde ya habían desaparecido prácticamente, se dice que está aumentando rápidamente. Así como el coche es casi siempre ruidoso, polucionante, ocupa mucho espacio y es caro, la bicicleta tiene las ventajas de ser silenciosa, limpia, de ahorrar espacio y de ser económica. Vietnam del Norte nos proporciona un buen ejemplo de cómo la bicicleta es utilizada como un eficaz medio de transporte. El que los militares del Vietnam utilizasen bicicletas, que tienen una flexibilidad de maniobra mucho mayor, se consideró cómo uno de los factores que más contribuyó a la disminución de la efectividad de los bombardeos masivos de los Estados Unidos.

Dos medios de transporte tradicionales, que ofrecen diversas ventajas frente a los sistemas que les han sustituido históricamente, son el dirigible y la utilización de canales interiores. La gran ventaja del dirigible radica en que, una vez que ha conseguido elevarse, necesita muy poca cantidad de energía para mantenerse en movimiento, teniendo en cuenta que puede transportar cargas extraordinariamente pesadas. Hace unos cuarenta años, un miembro de las Fuerzas Aéreas Italianas, Umberto Nobile, publicó el diseño de un dirigible, movido por hombres, conocido con el nombre de Ciclo-nave, en el que la fuerza motriz era producida por varias hélices que se movían por medio de un mecanismo de pedal. Nobile calculó que un equipo de seis hombres pedaleando podía alcanzar una velocidad de más de ocho metros por segundo. En 1924 construyó una ciclonave con un volumen de 1.000 metros cúbicos, pero ha escrito recientemente que "si sólo tuviésemos dos hombres-motor, podríamos reducir el volumen a sólo 500 metros cúbicos, permitiendo una velocidad de alrededor de siete metros por segundo. Se puede hacer un dirigible todavía más pequeño", añade, "manejado por una sola persona que, al tiempo que pedalearía, tendría que accionar el manillar de los controles de dirección" (7).

Una idea quizá un poco menos fantástica es la de abrir los diversos sistemas de canalización que cubrieron varias zonas de Inglaterra en los siglos dieciocho y diecinueve, y que ahora han caído tan en desuso. Con las grandes congestiones que se producen en las carreteras, los canales ofrecen una gran cantidad de ventajas para el transporte de mercancías. Las barcazas normales pueden transportar el equivalente de lo que pueden transportar veinte camiones, y los canales y los ríos son igualmente apropiados para el transporte a más pequeña escala. Se ha estimado que, haciendo un uso apropiado de nuestro existente sistema de canales, se podría retirar un total anual de por lo menos diez millones de toneladas de mercancía de las carreteras británicas.

Se han propuesto varias ideas para adaptar fuentes de energía alternativas y no polucionantes a los medios de transporte existentes. Ya se ha mencionado la posibilidad de utilizar gas metano o hidrógeno almacenado en cilindros para proporcionar energía a los coches y a otros motores movidos por gasolina. Otra idea que se está considerando seriamente es la de desarrollar los coches de vapor. Los coches de vapor estuvieron muy de moda en Inglaterra a comienzos del siglo diecinueve, pero quedaron arrinconados tan pronto como tuvieron que empezar a competir con otros medios de transporte. En 1906, un coche de carreras de vapor fabricado en América ganó cinco récords mundiales de velocidad, alcanzando una velocidad máxima de 127 mph. Once años más tarde, se recibieron pedidos por valor de 27 millones de dólares referentes a un coche de vapor expuesto en la Feria del Automóvil de Nueva York, pero éste no pudo completarse porque los materiales con que debía realizarse fueron expropiados por exigencias de la guerra. Un punto importante acerca del motor de vapor, que obtiene su energía de la expansión y de la condensación del vapor, es que se trata de un motor de combustión externa, que funciona con presiones de aire normales. Al no haber explosión, el nivel de polucionantes segregados queda cortado de raíz. Se ha afirmado, además, que el motor de vapor tiene un consumo de combustible un veinte por ciento menor que el motor de combustión interna. Durante una serie de audiciones mantenidas ante un comité del Senado de los Estados Unidos en 1968, se llegó claramente a estar a favor del desarrollo del coche de vapor, pero los principales fabricantes de automóviles se negaron a tomar en cuenta tal proposición. Se dijo que la *British Leyland* había estado trabajado sobre un *Mini* movido por energía de vapor, pero más tarde se anunció que no había posibilidad de producirlo en un próximo futuro (8). Según palabras de un autor, Andrew Jamison, "el vapor no ha sido nunca una fuente de energía inferior; parece haber sido aquejado de una maldición histórica –falta de dinero en el momento adecuado, accidentes monstruosos en momentos críticos, falta de producción masiva– amén de una competitividad agresiva por parte de los fabricantes de automóviles que nuncan han cesado de proclamar que el coche (de gasolina) es el único que se puede tener" (9).

Otra idea alternativa para acabar con la polución es el motor *Stirling.* Se trata de un tipo de motor de calor en el que el combustible se quema continuamente a la presión y temperatura óptimas, cuyo resultado es la mínima cantidad de desperdicio. El calor que suelta es transmitido a un gas encerrado que se utiliza para suministrar energía a uno o más pistones. Los Laboratorios Philips de los Países Bajos llevan estudiando estos motores desde hace veinticinco años. Se ha demostrado que los últimos modelos tienen un rendimiento de transformación de energía del treinta y cinco por ciento, en comparación con un veinticinco por ciento que es lo que tienen los motores de coches convencionales, y que tienen unos niveles de polución considerablemente más bajos. La necesidad de quemar carburante podría eliminarse completamente utilizando pequeños grupos de almacenamiento de calor a altas temperaturas, y Philips ha anunciado recientemente el desarrollo de materiales especiales que son capaces de conseguirlo. No obstante, el principal inconveniente del motor *Stirling* es que su diseño es relativamente complejo, y es también bastante más pesado que los motores convencionales que producen la misma cantidad de energía.

En un sentido más convencional, se ha sugerido otras posibles soluciones tecnológicas a los problemas del transporte urbano. Dichas soluciones van desde taxis suspendidos de vías colgantes y controlados por computador, hasta proponer una flota de pequeños coches de propiedad comunal que, según ha sugerido un ingeniero holandés, podría estar disponible para viajar entre puntos preseleccionados de recogida en el centro de las ciudades. Ambas soluciones podrían ayudar a mitigar algunos de los problemas más inmediatos creados por la congestión de las carreteras. Sin embargo, una vez más podría ocurrir que la complejidad tecnológica excluyese tales ideas de la categoría de tecnología utópica,tal y como se definió en el capítulo precedente.

MEDICINA

Otro servicio comunitario en el que muy bien podrían desarrollarse y aplicarse las técnicas alternativas es todo el campo de la medicina. Aqui, los principales principios mantenidos por los tecnólogos utópicos están basados en la necesidad de relacionar la salud del individuo con las condiciones de su medio ambiente social y natural. Sobre todo, abogan por una vuelta, siempre que ello sea posible, a una forma de medicina más simple y natural que la que normalmente se practica en las sociedades de avanzada industrialización. Señalan, por ejemplo, que hay una gran cantidad de remedios herbarios y de técnicas terapéuticas desarrolladas por sociedades tradicionales que parecen tener propiedades médicas bastante eficaces, y que pueden evitar la fuerte dependencia de drogas sintéticas que caracteriza a la mayor parte de la medicina moderna, pero que han sido ignoradas por la comunidad médica (si bien ya hay muchas drogas y brebajes herbarios utilizados por la medicina "subcientífica" que han sido empleados de forma directa o sintetizada por la medicina occidental).

Los tecnólogos utópicos no están a favor de tirar por la ventana todos los descubrimientos hechos por la ciencia médica durante los últimos dos mil quinientos años. Hay realmente muy pocos que deseen suprimir el uso de antibióticos o de penicilina, y se necesitaría una cierta cantidad de tecnología razonablemente compleja para la fabricación de cada uno de estos productos. Sin embargo, la naturaleza "científica" de la medicina moderna parece haber excluido ciertas prácticas concretas, y es precisamente este equilibrio el que el tecnólogo utópico trata de restablecer.

Un ejemplo de la forma "científica" de abordar el problema es el hecho de que, muy frecuentemente, los factores ambientales son excluidos tanto del diagnóstico como del tratamiento de la enfermedad, en favor de un modelo "mecánico" de medicina clínica que trata al paciente como si fuese una caja negra aislada. John Powles, cuando hablaba en una conferencia sobre tecnología alternativa que tuvo lugar en Londres en febrero de 1972, indicó que los epidemiólogos, "trabajando de la forma en que lo hacen, bajo el ojo condescendiente de eminentes clínicos", muy pocas veces pueden hacer algo más que aplicar técnicas estadísticas a problemas clínicos. "Generalmente no tratan al medio ambiente industrial en sí mismo como problemática y se contentan con elucidar la distribución de varios factores de riesgo dentro de las sociedades industriales", manifestó. "No ha surgido la oportunidad para una perspectiva ecológica". (10)

Podemos subrayar un cierto número de principios generales para el desarrollo de una medicina utópica. En primer lugar, se orientaría hacia la práctica de la medicina preventiva y la salud pública, actuando principalmente a nivel de la comunidad. Tendría en cuenta los posibles efectos perniciosos de los elementos del medio ambiente tanto social como natural, e incluiría el poner énfasis en los esquemas de ayuda mutua comunitaria para mejorar los suministros de agua, por ejemplo, o para proporcionar un alcantarillado mejor. Adoptaría una forma comprensiva de apreciar tanto las técnicas terapéuticas tradicionales como los recursos locales, y tratará de asegurar, siempre que ello sea posible, que la medicación eficaz sea barata, sencilla, practicable y apropiada más bien a nivel de médico o especialista que utilizando un hospital.

La medicina utópica acabaría con las actitudes jerárquicas que favorecen la preferencia hacia el "experto" médico, aunque respetando, siempre que sea necesario, sus técnicas de especialista. Este sistema se vería ayudado por la formación de colaboradores auxiliares que prestarían cuidados médicos elementales; en Vietnam del Norte, por ejemplo, ayudantes sanitarios relativamente no cualificados han sido capacitados para llevar a cabo una sencilla operación de ojos que parece ser que ha salvado la vista de decenas de millares de personas que nunca hubiesen tenido la oportunidad de visitar un hospital. Y, finalmente, una medicina utópica debería hacer un gran hincapié en la importancia de la instrucción sanitaria a todos los niveles de educación, tanto oficial como extraoficial. Tales principios reconocerían la importancia de los últimos descubrimientos y técnicas de la ciencia médica, al tiempo que, no obstante, permitirían a toda la comunidad participar en el mantenimiento de la salud de sus miembros. No fragmentarían el problema de la enfermedad del resto del medio ambiente social, dejando su responsabilidad en manos de instituciones sociales específicas, sino que tomarían una responsabilidad comunitaria para tratar y respetar a todos los individuos, abordando los aspectos físicos, psicológicos y sociales del binomio salud-enfermedad de una manera integrada. (11)

PLANIFICACION SOCIAL

Finalmente, podemos especular con las formas en que todas las tecnologías mencionadas en este capítulo y en el precedente podrían ser integradas en un sistema social global. El tipo de sociedad generalmente previsto por los tecnólogos utópicos es un tipo de sociedad muy descentralizada, compuesta primordialmente de comunidades pequeñas, relativamente autónomas y auto-suficientes. Dichas comunidades se basarían en sistemas no alienados de producción social, y cada una de ellas disfrutaría de un alto grado de independencia, tanto económica como política, a partir de un cuerpo central que tomaría las decisiones. Cada comunidad se haría responsable, hasta donde le fuera posible, de producir sus propios alimentos y energía. Robin Clarke, por ejemplo, ha imaginado el siguiente escenario:

> Un campo dotado de molinos de viento ycasas solares, sembrado de parcelas de tierra cultivadas intensivamente pero de manera orgánica; sistemas de producción de alimentos que dependan de la integración de muchas especies dife-

rentes, con peces, animales y plantas que jueguen papeles de dependencia mutua; con zonas salvajes totalmente disponibles...; un estilo de vida para hombres y mujeres que comportaría un duro trabajo físico, pero no de largas jornadas, ni repetitivo y aburrido;...un sistema político tan descentralizado y pequeño que los individuos - todos los individuos - tendrían algo más interesante que hacer que interpretar un papel protocolario cada cinco años (12).

Se ha llevado a cabo una serie de intentos para determinar el tipo de tecnología que sería necesario para permitir que existiese un tal modelo de descentralización social. Los problemas básicos son los de la comunicación y coordinación entre cada grupo de la comunidad. Muchos escritores han sugerido que las posibilidades del computador podrían ser muy útiles en este caso. Una sugerencia bastante frecuente es la de que los sofisticados medios de manejar la información del computador podrían hacer posible la creación estable, pero al mismo tiempo bastante compleja, de las distintas formas de sociedad. Se concedería -teóricamente- un alto grado de autonomía a cada parte componente al tiempo que el computador aseguraría que la coordinación se llevase a nivel nacional. Murray Bookchin ha sugerido que la tecnología cibernética nos permitirá "trasladar el centro del poder económico de escala nacional a escala local, y de los medios burocráticos centralizados a asambleas populares de tipo local", añadiendo también que "la fase anárquica con la que han comenzado todas las grandes revoluciones del pasado podría preservarse de forma permanente por la tecnología avanzada de nuestro tiempo" (13). De igual modo, Paul Smoker, del *Peace and Conflict Research Programme* de la Universidad de Lancaster, ha presentado proyectos para un sistema cibernético de control global. Esto sería un reto para los modelos existentes de control jerárquico, al tender hacia "el control parcial del sistema por medio de la producción de una variedad conjuntada en el sistema de control" (14), es decir, una compleja red de emisoras por medio de la cual cada uno puede - de nuevo teóricamente - opinar acerca de las actividades de cualquiera de los otros.

Estas y otras ideas similares parten, generalmente, de un nivel abstracto y muy idealizado. No sólo requerirían sofisticadas redes de computadores, sino también la dudosa confección de modelos matemáticos para que reflejasen la forma en que actuaría la sociedad. A un nivel más concreto, otro tipo de ideas para modelos descentralizados de organización social ha partido de definiciones localizadas de la naturaleza de las comunidades pequeñas, y se trabaja a partir de ellas. Este método acentúa la necesidad de adoptar procedimientos para que las actividades comunitarias puedan ser discutidas y, si ello fuera necesario, coordinadas a nivel regional, y para que las actividades regionales con efectos extrarregionales puedan ser discutidas a un nivel super-regional o global.

Los autores de *A Blueprint for Survival*, por ejemplo, sugieren que la sociedad debería estar organizada en base a "vecindarios de 500, representados en comunidades de 5.000, en regiones de 500.000, representadas nacionalmente, que, a diferencia de hoy en día, estarían globalmente representadas" (15). Esto es, en realidad, una expresión cuasi-científica de la idea tradicional anarco-sindicalista de que la sociedad debería estar formada por comunidades de relativa autonomía pero de mutua interacción, en la que la coordinación se lleva a cabo desde arriba, pero el control se mantiene desde abajo. Tales formas de organización social fueron ampliamente apoyadas por el anarquista ruso Pedro Kropotkin, y estas formas establecieron las bases de las colectividades anarquistas radicadas en España durante la Guerra Civil que, en sus momentos de mayor esplendor, abarcaron las actividades de casi medio millón de personas (16).

Una interesante adaptación de estas ideas ha sido presentada por un grupo de arquitectos británicos como parte de su proyecto para un complejo de viviendas comunitarias en Santiago. Apoyándose en la idea de que el control de casi todas las actividades comunitarias puede ser descentralizado, incluso dentro de un medio ambiente urbano, indican que las actividades de servicios podrían organizarse a tres niveles: a nivel de auto-suficiencia, donde las fronteras serían los límites de la propia comunidad, y las actividades de trabajo, educación, vivienda y auto-organización se integrarían las unas en las otras; a nivel de vecindario intercomunitario, en que se organizarían asambleas generales e intercambio de bienes; e interacción estatal, que abarcaría la seguridad social, entidades de ahorro, sindicatos y otras actividades para coordinar la economía nacional. "Nuestra principal preocupación", escribe el grupo, "es eliminar todos los elementos del centro urbano característico de una sociedad capitalista alienada y alienadora en que los individuos interfieren con sus semejantes de forma incompleta, incoherente e inhumana" (17). Sugieren que el trabajo no debería disociarse de todas las demás actividades individuales y comunitarias, sino que, como ya hemos discutido en el capítulo precedente, debería estar integrado en ellas. Lo cual implicaría que el taller "no está separado, ni física ni socialmente, de los espacios habitables públicos o privados, sino que constituye la antesala entre ellos".

En términos un poco más generales, Peter van Dresser, un ingeniero americano que lleva muchos años investigando modos de vida alternativos al margen de los complejos urbano-industriales, ha confeccionado unos planes detallados para desarrollar una zona de las Montañas Rocosas de Nuevo Méjico. Estos se llevarían a cabo de manera muy descentralizada, adaptando los modelos tradicionales de organización social. "La matriz física de las aldeas y de los pueblos", escribe, "que está estrechamente asociada con las tierras de labranza de regadío, encarna ya los principios esenciales de la ordenación del espacio, del uso de la tierra y de la logística fundamental". Sugiere también que las técnicas de comunicación y de educación deberían desarrollarse de forma que permitiesen la dispersión orgánica de la población hacia la tierra disponible, manteniendo siempre "un grado de competencia científica e intelectual que contrarrestase de forma eficaz los peligros del localismo de vía estrecha y las tendencias hacia el aislamiento" (18).

Por supuesto, todos estos sueños utópicos plantean una gran cantidad de interrogantes. Uno de los problemas principales es el del intercambio económico. Teniendo en cuenta, como ya hemos indicado anteriormente, que sería ilusión proponer que cualquier comunidad fuese completamente auto-suficiente, se haría necesaria alguna forma de intercambio. Un extremo sería el apoyarse por completo en un sistema de trueque - por ejemplo, verduras a cambio de materiales de construcción - tal y como ocurre de vez en cuando en mercados de muchas zonas rurales. El otro extremo consistiría en guardar el sistema monetario existente y desarrollar una escala según la cual el valor monetario de todos los bienes y servicios sería tasado por igual.

Una de las proposiciones más ingeniosas, que podría incluirse entre las dos anteriormente mencionadas, es el proyecto propuesto originalmente por Robert Owen de utilizar "vales equivalentes a trabajo". Se trataba de unos vales que podían recuperarse en cualquier momento a cambio de un cierto número de horas de trabajo. Un discípulo de Owen, Josiah Warren, llegó incluso a montar un almacén en Cincinnatti, Ohio, en el que el precio de los artículos se ponía basándose en este principio. El beneficio obtenido por el dueño de la tienda radicaba en la cantidad de trabajo que podía llevar a cabo, comparado en términos de tiempo con el trabajo llevado a cabo por el cliente con el que estaba comerciando. Warren añade que iba "en interés del comprador no malgastar el tiempo del dueño de la tienda en regatear precios o cualquier otra cosa". Tras un escepticismo inicial por parte de los clientes, la tienda, conocida por el nombre de Almacén de Tiempo, funcionó con éxito alrededor de dos años y, durante este tiempo, según Warren, la ausencia de dinero en las transacciones hizo que "no se ejerciese ningún poder organizado o artificial de ningún tipo *sobre el individuo*" (19).

La importancia de ejemplos como éste radica, desde nuestro punto de vista, no sólo en el carácter preciso de las alternativas para los sistemas y técnicas que ellos proponen, sino también en el hecho de que hacen que sea posible pensar en términos de alternativas creadoras y nos sacan de la idea de que un sistema monetario universal es la única forma viable de intercambio económico. Por ejemplo, no hay razón para pensar que no fuese posible inventar un sistema que combinase el trueque, los sistemas monetarios y los vales de trabajo del tipo de los sugeridos por Owen. Podría ser factible, por ejemplo, utilizar el primero y el último de ellos a un nivel comunitario y de vecindario, y el sistema monetario *standard* a un nivel nacional, con algunos medios para establecer tipos de conversión entre ambos. Esto ya se ha hecho en muchas sociedades primitivas en las que puede darse simultáneamente una gran cantidad de diversos sistemas económicos. También es interesante apuntar que el trueque se ha convertido ya en un negocio de muchos millones de libras en los Estados Unidos, por medio de la creación de compañías de trueque. Dichas compañías comercian, por ejemplo, en bienes raíces y en publicidad, y parece que han sido las que mayor impacto han producido desde la tarjeta de crédito.

Se puede especular también con la naturaleza del conocimiento científico que se necesita para desarrollar tecnologías utópicas. Teniendo en cuenta que las prácticas de la ciencia y la tecnología contemporáneas están muy vinculadas actualmente, resulta difícil abordar un cambio en una que no implique un cambio similar en la otra. Se han hecho varias sugerencias para ver cómo resultaría una forma alternativa de ciencia. Muchos estarían de acuerdo en que se parecería más a la "ciencia de lo concreto" descrita por Lévi-Strauss y que estaría más directamente integrada con las necesidades sociales que a la ciencia tal altamente abstracta que tenemos hoy en día. Robin Clarke apunta la necesidad de fusionar tres tipos de conocimiento que en la actualidad se tratan por separado: el conocimiento científico tal y como se le reconoce convencionalmente, conocimiento del arte del tipo del que adviene del contacto íntimo con una operación o una actividad práctica y el folklore que, en contraste con el conocimiento del arte, generalmente se formula explícitamente, pero teniendo una validez científica desconocida. Jerome Ravetz desarrolla en su libro *Scientific Knowledge and its Social Problems* el concepto de "ciencia crítica", una idea que reconoce haberla tomado de Barry Commoner. Esta incluiría los proyectos de investigación que abarcasen "el descubrimiento, el análisis y la crítica de los diferentes tipos de perjuicios infligidos al hombre y a la naturaleza por la tecnología desenfrenada, seguidos de su desenmascaramiento público y de campañas en favor de su abolición. La ciencia crítica sería inicialmente aplicable a los problemas existentes en la sociedad. Pero llega incluso a sugerir que "los problemas, los métodos y lo que es objeto de investigación por parte de una ciencia crítica madura y coherente... pueden (ayudar a) proporcionar fundamentos prácticos para una nueva concepción de la humanidad en sus relaciones consigo misma y con el resto de la naturaleza" (21).

Los conceptos de formas alternativas de ciencia siguen siendo forzosamente imprecisos y están muy frecuentemente relacionados tanto con la definición epistemológica como con la realidad social –punto que será discutido con más detalle en el último capítulo. Sin embargo, una vez que se está de acuerdo en que la finalidad de la investigación estriba primordialmente en proporcionar conocimientos y técnicas socialmente útiles, más bien que en proporcionar conocimientos por su mero interés, entonces las necesidades de investigación de cualquier comunidad de tecnología utópica son relativamente fáciles de definir.

Hay tres aspectos principales en los que la investigación parece ser importante. El primero es la investigación histórica en el campo de las tecnologías tradicionales empleadas por las sociedades primitivas. Muchas de ellas han sido descartadas en provecho del "progreso", pero originalmente fueron desarrolladas dentro del marco general de la compatibilidad ecológica y de la producción artesanal a pequeña escala tan buscada actualmente por los tecnólogos utópicos. Incluyen la utilización de las técnicas tradicionales de tejeduría, para la confección de prendas de vestir y de tejidos, a partir de materiales naturales, así como otras actividades artísticas tales como la alfarería, la carpintería, la cestería y la construcción de casas.

Un segundo aspecto importante de la investigación radica en la forma en que las posibilidades tecnológicas existentes podrían ser aplicadas de un modo alternativo, ecológicamente sano y socialmente deseable. Por ejemplo, el conocimiento de los ciclos biológicos y ecológicos fundamentales puede ser de una ayuda considerable a la hora de plantear las técnicas de agricultura intensiva que no destruyan la productividad del medio ambiente natural. La imprenta rudimentaria y las técnicas de multicopista pueden ser importantes también para facilitar medios de comunicación social.

En tercer lugar, quedan muchos aspectos en los que la tecnología aplicable necesita ser desarrollada todavía. Ya hemos mencionado, por ejemplo, la necesidad de que existan formas de almacenaje de energía sencillas y eficaces, apropiadas para ser utilizadas con fuentes primarias de producción de energía, tales como molinos de viento o colectores solares. Otros aspectos de la investigación incluyen la posible producción de medicamentos importantes sin necesidad de emplear complejos equipos tecnológicos, el cultivo genético de las cosechas apropiado para pequeña escala, la producción diversificada de alimentos y los aspectos no desarrollados de la tecnología más idónea para el transporte y la construcción

Comprendiendo la importancia que tiene combinar la teoría con la práctica, se han creado ya muchos centros que se ocupan de investigar diversos aspectos de la tecnología utópica. El equipo quizá más avanzado del Reino Unido es el *Biotechnic Research and Development* (BRAD). Se trata de un equipo compuesto por ex-científicos y no científicos que se han comprado una finca de cincuenta acres en la frontera entre Inglaterra y Gales, y la están utilizando para llevar a cabo una serie de experimentos en el campo concreto de la tecnología "suave". Los primeros experimentos se refieren a los alimentos y a la producción de energía, y los quince miembros, o cosa así, que componen el BRAD planean ser lo más auto-suficientes posible en un futuro próximo. Otra rama del equipo se ocupa de llevar a cabo experimentos similares en una granja de Normandía.

Hay un creciente número de pequeños equipos y de particulares que investigan varios aspectos de la tecnología utópica. Un equipo de "tecnólogos radicales" de Sheffield está tratando de encontrar la forma en que podría desarrollarse y utilizarse la tecnología alternativa dentro de un medio ambiente urbano existente. El equipo *Street Farmer* de Londres, cuya eco-casa ya ha sido mencionada anteriormente, está buscando el tipo de tecnología que podría ser apropiada para la producción urbana de alimentos, así como la descentralización general del control político. Un equipo de ex-estudiantes de arquitectura ha estado estudiando la forma en que un pequeño pueblo situado al oeste de Inglaterra podría estimular tanto su economía como su existencia social en general por medio de la realización de ideas basadas en las técnicas de producción agrícola e industrial auto-suficientes. Y en Cornwall, un equipo conocido como *Low Impact Technology, Ltd.*, algunos de cuyos miembros estuvieron relacionados con la publicación de *A Blueprint for Survival*, persiguen que tanto la información como los instrumentos necesarios estén a disposición de aquellos que desean tecnologías ambientalmente aceptables sobre unas bases perfectamente comerciales.

En los Estados Unidos, el *New Alchemy Institute* fue fundado en 1969 por un grupo de ex-científicos. El Instituto intenta llevar a cabo investigaciones en el campo de la agricultura, de la hidro-cultura, de la producción de energía y de otras posibilidades "que permitan el hombre satisfacer sus necesidades sin destruir los recursos que se las pueden solucionar". Ya ha establecido centros en Cabo Cod en la Costa Este, en Santa Bárbara en la Costa Oeste y en Costa Rica en América Central. En el sur de Francia, una pequeña organización radicada en Ardèche desarrolla cursos de tres meses sobre tecnología intermedia y utópica, ambas destinadas a estudiantes de países subdesarrollados y a miembros de comunas francesas.

Además, numerosos experimentos de vida comunal, principalmente en los Estados Unidos, pero también en otras partes del mundo, han generado un conjunto de experiencias y de conocimientos sacados de los problemas técnicos a los que han tenido que enfrentarse. Revistas del tipo de *Mother Earth News, Undercurrents* y en especial *Alternative Sources of Energy* proporcionan un punto focal para la experimentación y la información compartidas. *Unicorn Books* de Brighton y

Seattle han publicado tres libros sobre *Vivienda, Alimentos* y *Accesibilidad al Utillaje,* que son una mina de información para el tecnólogo utópico.

Estos capítulos han proporcionado una idea general de los tipos de tecnología que podrían desarrollarse para evitar los problemas relacionados con la tecnología contemporánea de la que hemos hablado anteriormente. Todo ha quedado forzosamente un poco inconexo, tanto porque los aspectos prácticos de muchas de las ideas propuestas aún están por desarrollar, como porque provienen de muchos particulares y equipos, y como cada uno de ellos suele tener su propia visión del mundo, no hay ninguna garantía de compatibilidad mutua. De todos modos, la importancia de tales ideas, como se acentuó anteriormente, no radica tanto en las soluciones concretas que proponen para un problema en particular, como en el modo de abordar la cuestión que presentan. Este modo de enfocar el asunto indica de qué forma se podría proyectar una tecnología que mantenga un estilo de vida aceptable y satisfactorio, basado en criterios muy distintos de aquellos aceptados habitualmente por los planificadores y los ingenieros contemporáneos.

Por supuesto, como ocurre con cualquier conjunto de ideas utópicas, la tecnología utópica puede ser discutida desde muchos puntos. Las cuestiones críticas más extensamente manifestadas se refieren a si sería o no posible adoptar en un amplio sentido tales ideas, teniendo en cuenta las cifras actuales de la población mundial y la demanda de recursos que ésta parece plantear. Tal crítica da por sentado que es necesaria una tecnología de reciclaje muy enérgica para mantener una economía mundial estable y está a favor de una mayor intensificación del capital y de la centralización de la tecnología industrial. Otros ponen en duda la idea de descentralizar los modelos de organización social, tanto en el terreno económico como en el político. Estos sostienen que las economías de escala realizadas por medio de la producción en masa, así como la naturaleza de la sociedad humana, necesitan diversos grados de control centralizado para casi todos los aspectos de la actividad social. Un crítico ha sostenido incluso que para cambiar hacia una condición de estabilidad se requeriría "más intervención y dirección por parte de un poder político central, no menos. Una vez que se hubiese establecido una eco-utopía", indica, "existiría, como en todas las sociedades ideales, un lugar represivo y autoritario donde no se permitiría la menor desviación" (22).

Tales críticas son generalmente el reflejo de una interpretación ideológica de la aparente inevitabilidad de los modelos de industrialización tal y como se han desarrollado bajo el capitalismo industrial. Pero contienen una cierta cantidad de razón. Todavía no es más que un artículo de fe, por ejemplo, creer en la viabilidad de un estilo de vida basado en la aplicación de los conceptos utópicos antes mencionados para los países que ya están industrializados, aunque países como China, Cuba y Vietnam del Norte nos muestran el ejemplo de lo que puede hacerse partiendo de una situación relativamente subdesarrollada. Igualmente, hubo muchas sociedades descentralizadas del pasado que fueron organizadas apoyándose en bases altamente autoritarias. *A Blueprint for Survival* suscita un temor justificado hacia una situación de represión similar cuando sostiene que "la legislación y las actuaciones de las fuerzas del orden y de los tribunales serán necesarias" para reforzar el control que cualquier tipo de sociedad estará obligada a ejercer como necesidad técnica evidente en su trayectoria hacia una estabilidad económica y social. Finalmente, siempre es posible señalar el enorme abismo que existe entre los aspectos tecnológicos de una comuna experimental y los problemas diarios de muchos miembros de la comunidad para quienes las posibilidades inmediatas de un estilo de vida alternativo son prácticamente nulas, enredados como están estos individuos en las instituciones y estructuras sociales existentes.

Estos puntos dejan bien claro que no podemos hablar acerca de cambios tecnológicos deseables a menos que estemos preparados para discutir salidas afines de cambio político y social al mismo tiempo. Como se ha subrayado repetidamente, los problemas relacionados con la tecnología contemporánea tienen tanto de políticos como de tecnológicos. Resulta tan improbable que tales problemas se resuelvan finalmente en las colinas del país de Gales como que se resuelvan en los laboratorios de investigación de las principales compañías industriales, si bien el primero de estos casos podría ayudarnos a vislumbrar el camino hacia las soluciones que tan a menudo quedan oscurecidas, y a veces eliminadas, por el último.

Aún así, nada de todo esto invalida el lado práctico de la experimentación utópica. La conciencia de que existen alternativas es, en sí misma, a menudo suficiente para provocar una crítica acerca de la situación existente, sobre todo cuando los atractivos de dichas alternativas pueden ser demostrados abiertamente. La experimentación utópica no es, en ningún modo, inútil, siempre y cuando subrayemos la importancia de colocar cualquier tipo de experimentación semejante en una perspectiva social y política de conjunto. Es quizá Theodore Roszak quien mejor capta el espíritu de la tecnología utópica en su libro *Where the Wasteland Ends* cuando escribe: "Puedo dar cuarenta razones de por qué ninguno de sus proyectos puede tener éxito, y cuarenta matices distintos de cinismo irónico con que expresar mis bien fundadas dudas. Pero también sé que es mucho más bello, desde el punto de vista humano, arriesgarse al fracaso en busca de los manantiales ocultos que resignarse a la ausencia de futuro de la tierra baldía. Pero los manantiales aún están por descubrir" (23).

6. TECNOLOGIA INTERMEDIA Y TERCER MUNDO

Hasta aquí, nos hemos concentrado en la situación de la tecnología en las sociedades de avanzada industrialización. Ahora volvemos a los problemas del subdesarrollo en los países del Tercer Mundo y a la relación que tienen estos problemas con la tecnología. Sobre todo, hablaremos en este capítulo acerca del concepto de tecnología intermedia. Este es el nombre que se le ha dado a un conjunto de tecnologías situadas a medio camino entre las tecnologías de capital intensivo, generalmente exportadas hacia los países subdesarrollados por las naciones industrializadas, y las tecnologías indígenas que ya poseen los países subdesarrollados. Los sistemas políticos que apoyan una industrialización rápida, según las pautas occidentales, se están encontrando con un creciente número de problemas. Estos problemas han hecho que muchos de aquellos relacionados con el desarrollo hayan tenido que defender la necesidad de introducir tecnologías intermedias como marco alternativo para el desarrollo industrial, particularmente en los sectores tradicionales de la economía de un país subdesarrollado.

Una polémica sobre tecnología intermedia reúne muchos de los problemas principales tratados hasta aquí en este libro. Relaciona también la naturaleza, en cierto modo abstracta, de algunos de estos temas con los problemas muy concretamente sociales, políticos y económicos del subdesarrollo. La principal finalidad de este capítulo, sin embargo, no es tanto proponer un juego de pautas posibles a seguir por la política industrial en los países subdesarrollados, como proporcionar un marco de trabajo que, esperémoslo, nos ayude a relacionar las ideas de los capítulos precedentes con nuestra propia situación e implicará, indirectamente, una crítica de la naturaleza de las políticas de ayuda a los países subdesarrollados. Pero el tema completo de la ayuda tecnológica es muy vasto; todo lo que uno aspira a hacer aquí es esbozar algunas líneas generales del tema e indicar la dirección en que se puede tratar de resolver los problemas planteados.

Hay tres puntos en los que la discusión acerca de la tecnología intermedia se relaciona con lo que ya hemos discutido. El primero consiste en que implica directamente el tener en cuenta tanto el papel material como el ideológico que juega la tecnología en el desarrollo industrial. Es precisamente en los países subdesarrollados donde se han notado los efectos más perniciosos de la *ideología* de la industrialización, como un extraño conjunto de ideas, generalmente inapropiadas por completo, para el actual conjunto de condiciones económicas y sociales. En segundo lugar, existen fuertes paralelismos entre la tecnología intermedia y la tecnología utópica. Las características comunes a las dos incluyen la compatibilidad ambiental, la utilización, siempre que sea posible, de los recursos locales y el énfasis puesto más bien sobre aquellas técnicas basadas principalmente en el trabajo que sobre las basadas principalmente en la capitalización económica. Una diferencia importante entre ambas, sin embargo, es que la tecnología intermedia suele ser vista por los que la apoyan como una solución parcial al desarrollo industrial, sirviendo de complemento a los modelos existentes de industrialización a gran escala; por otro lado, la tecnología utópica, si bien puede tener componentes tanto urbanos como rurales, trata de ser considerada como una solución total y homogénea para el desarrollo social, basada en una estructura social y económica radicalmente nueva.

Finalmente, discutir acerca de la tecnología intermedia proporciona solidez a nuestra crítica política e ideológica general sobre la tecnología. Estudiando la relación que existe entre el concepto de tecnología intermedia, hablando en términos abstractos, con respecto a su práctica social, comprendemos la imposibilidad de conseguir unos fines sociales sólo a través de medios tecnológicos. Si no comprendemos hasta qué punto la tecnología mantiene y refuerza la estructura social de la que forma parte, las ideas radicales contenidas en los conceptos de la tecnología, tanto utópica como intermedia, están condenadas a ser ahogadas por los mismos intereses políticos y económicos que ya han llevado por mal camino a muchos países subdesarrollados con el señuelo de una rápida industrialización.

He aquí un punto en concreto que se refiere al tema de la elección social. En el pasado, las naciones industrializadas fueron capaces de apoyarse predominantemente en una capacidad indígena, tanto científica como tecnológica, para producir una corriente continua de innovación tecnológica. Los países subdesarrollados, sin embargo, han tenido que depender primordialmente del cambio y de la adaptación de las tecnologías existentes provenientes de los países industrializados, contribuyendo sólo con una pequeña dosis de investigación y desarrollo por su parte. Así que, teniendo en cuenta que en los capítulos anteriores nos pareció necesario estudiar aquellos factores sociales e ideológicos que conducen a la *innovación* tecnológica en circunstancias especiales, cuando se trata de llegar a un acuerdo en lo que respecta a los países subdesarrollados debemos aplicar el mismo tipo de análisis al problema de la *elección* tecnológica entre unas cuantas alternativas existentes. Son, por tanto, los intereses de clase de aquellos que hacen esta elección, y el conjunto de valores sociales, económicos e ideológicos por los que está hecha, los que nos interesan como elementos determinantes de la tecnología adoptada en una situación determinada. Estos son problemas políticos, que nos recuerdan una vez más la dimensión política del cambio tecnológico.

La forma tradicional de acercarse al desarrollo ha sido acentuar la necesidad, en lo que respecta a los países subdesarrollados, de imitar el proceso de industrialización de la misma forma que tuvo lugar originalmente en muchos países occidentales pero, a ser posible, en una escala de tiempo muy reducida (1). Rusia y Japón constituyen los mejores ejemplos de cómo se puede llevar a cabo con éxito la industrialización rápida. Las políticas de desarrollo están enfocadas en esta dirección, equiparando el concepto de industrialización al de desarrollo y modernización. En particular, se concede mucha importancia a lo necesarias que son las fuertes inversiones de capital en los principales sectores industriales, así como a la necesidad de escapar a una dependencia económica basada en la exportación de materias primas –tales como té, azúcar y minerales– por medio del desarrollo del capital propio de un país subdesarrollado y de las industrias de bienes de consumo.

Si bien este modelo de desarrollo industrial ya ha proporcionado una gran cantidad de beneficios a los países subdesarrollados –refiriéndose quizá los más importantes a la salud y a la educación–, también ha supuesto ciertos problemas. La maquinaria altamente capitalizada, por ejemplo, reemplaza a menudo a técnicas tradicionales basadas predominantemente en el trabajo, con toda la infraestructura docente que frecuentemente las rodea. También ha fracasado en lo que respecta a crear los puestos de trabajo que se necesitan para ir al ritmo del rápido crecimiento de la fuerza de trabajo, en gran parte debido al fuerte descenso de la mortalidad infantil. La falta de empleo en las zonas urbanas de muchos países subdesarrollados es, actualmente, el principal problema social y político.

La introducción de técnicas industriales avanzadas puede crear también una fuerte disminución en las reservas extranjeras. Estas son necesarias para pagar los intereses del capital prestado, para licencias y patentes, y muy a menudo incluso para materias primas tales como los plásticos que se necesitan en el proceso de producción. Además, los problemas de medio ambiente en amplia escala han sido muy a menudo el resultado de introducir tecnologías y técnicas de ingeniería occidentales en los países subdesarrollados, sin preocuparse gran cosa por las condiciones ambientales existentes.

Pero, quizá, de lo que más se puede acusar a las políticas dedicadas a una rápida industrialización es de que han fracasado a la hora de resolver, y en muchos casos lo único que han conseguido ha sido exacerbar, los problemas sociales de pobreza, desnutrición y bajos niveles de vida en general que indirectamente trataban de resolver. Las descripciones de los horrores soportados por la clase obrera inglesa durante la Revolución Industrial tienen una misteriosa relación con la situación actual de los necesitados y culturalmente desorientados habitantes de las principales ciudades de los lugares subdesarrollados de la tierra. El hecho de que los ingleses se las hayan arreglado para sobrevivir a esta situación y de que ahora disfruten de un nivel de vida relativamente alto es más bien un reflejo del poder económico y político del Imperio Británico durante los siglos XVIII y XIX que la garantía del éxito inevitable de la industrialización. Tal momento fue muy distinto de la situación de explotación, tanto política como económica, experimentada por los países subdesarrollados en la actualidad.

La tecnología intermedia ha sido concebida como un intento de evitar algunos de los problemas relacionados con la rápida industrialización descrita más arriba. Está dirigida, sobre todo, a las necesidades sociales del ochenta y cinco por ciento de la población de los países más subdesarrollados que todavía componen el sector tradicional y no industrializado de la economía del país. En particular, trata de resolver los problemas, tanto de desempleo como de escasez de capital, por medio de la utilización de técnicas de producción basadas predominantemente en el trabajo, generalmente desarrolladas a partir de la tecnología indígena existente. Si proporcionar un puesto de trabajo tradicional cuesta el equivalente a 2 libras, y 2.000 libras proporcionar un puesto de trabajo en la industria avanzada, entonces se dice que la tecnología intermedia trata de proporcionar un puesto de trabajo por unas 200 libras.

La teoría de la tecnología intermedia es muy atractiva. Los problemas empiezan a surgir cuando se trata de llevar a la práctica dicha teoría. En general, la tecnología intermedia es poco más que una sofisticada extensión de la ideología de la industrialización de la que ya hemos hablado. Atribuye la misma neutralidad a la tecnología en el proceso de desarrollo y sigue manteniendo que la innovación tecnológica es determinada según unas condiciones sociales y económicas objetivamente valoradas. La tecnología intermedia es representada como la nueva constante tecnológica; no se pretende que las antiguas políticas hayan estado equivocadas, sino que los economistas no han sido lo suficientemente sofisticados en su evaluación de las necesidades tecnológicas, omitiendo tener en cuenta una amplia gama de factores sociales, culturales y económicos. El modo tradicional de enfocar la cuestión ha sido descrito por un economista, dedicado al desarrollo, de la siguiente manera: "la esencia del moderno desarrollo económico radica en la adopción del sistema industrial –término que denota la amplia aplicación de la ciencia empírica a los problemas de la producción económica" (2). La tecnología intermedia se ha convertido en poco más que una prolongación de este concepto, pero utiliza modos más sofisticados de aplicar los métodos supuestamente científicos a la valoración de las necesidades tecnológicas.

Un aspecto importante de la tecnología intermedia es que todavía tiene sus raíces en la racionalidad tecnológica occidental. También se apoya de forma importante en el desarrollo de las técnicas afines de dirección y administración –de lo cual da fe, por ejemplo, la proposición de la tecnología intermedia, descrita más abajo, para construir en Nigeria. Y volvemos a encontrarnos con que las técnicas de dirección, administración y producción comparten la ideología capitalista del marco social en el que se desarrollaron. Así es que, a pesar de sus muchas implicaciones radicales, podemos ver cómo toda tecnología intermedia se convierte muy fácilmente en poco más que una fórmula para el capitalismo a pequeña escala, con todas las desigualdades y la injusta distribución de las recompensas sociales que esto conlleva inevitablemente. Este es el sistema perfecto para que crezca, en los países subdesarrollados, una élite burocrática de orientación occidental, muchos de cuyos miembros se convierten rápidamente en sus más fervientes partidarios. Además, las políticas de desarrollo que acentúan la necesidad de emplear una tecnología intermedia están muy a menudo legitimadas por las actividades de las agencias de desarrollo internacionales, cuya ideología se basa en ideas occidentales de racionalidad tecnológica y en la aparente neutralidad del desarrollo tecnológico.

El nombre de "tecnología intermedia" fue inventado por el economista E.F. Schumacher, a mediados de la década de los 60. De acuerdo con Schumacher, lo primero que la tecnología intermedia habría de tener en cuenta debería ser "maximizar las oportunidades de trabajo para los parados y para aquellos que tienen un empleo inadecuado para sus aptitudes", en vez de maximizar el rendimiento por hombre, que es lo que, según él, está destinada a hacer la tecnología avanzada convencional. Schumacher basó su idea original no sólo en las necesidades materiales, sino también en las necesidades espirituales del individuo. "Para un hombre pobre", escribe, "la oportunidad de trabajar es la mayor de todas sus necesidades, e incluso el tener un trabajo mal remunerado y relativamente improductivo siempre es mejor que la ociosidad" (3).

La tecnología intermedia, basada en las ideas dadas por Schumacher, trata de proporcionar puestos de trabajo en el sector tradicional de la economía de un país subdesarrollado si se cumple con cuatro criterios básicos. En primer lugar, los puestos de trabajo debieran crearse en zonas en las que la gente vive actualmente, en vez de concentrarlos principalmente en las regiones metropolitanas del país. En segundo lugar, debieran ser lo suficientemente baratos como para que se creasen en gran cantidad sin que sean necesarias grandes cantidades de inversión de capital o de importaciones. Las técnicas de producción que lleva consigo, así como los métodos de organización relacionados con ella, deben ser relativamente sencillas, que sólo requieran un moderado grado de habilidad para obtener un funcionamiento satisfactorio. Y, finalmente, la producción debería basarse principalmente en materiales locales y ser destinada a uso local. Según Schumacher, las tecnologías intermedias planteadas de acuerdo con estos criterios lograrían elevar simultáneamente tanto el nivel de empleo como el nivel de productividad, en vez de producirse lo uno a expensas de lo otro.

La tecnología intermedia forma un subgrupo de la categoría general de tecnología "apropiada", en el sentido de que lo que se pretende es que sea seleccionada específicamente para satisfacer los requisitos sociales y económicos del sector no modernizado de la economía de un país en vías de desarrollo. Ya podemos apreciar una semejanza con respecto al proceso de seleccionar y desarrollar los componentes de una tecnología utópica tal y como fue descrito en los capítulos precedentes. Según A. Latham Koenig, del *Intermediate Technology Development Group* de Londres, "mientras que la manera convencional de enfocar la cuestión de la industrialización considera a la tecnología como un factor *dado* en el desarrollo, como si se tratase de una fuerza inalterable a la que todos los demás factores deben adaptarse, la nueva forma de enfocar el asunto empieza por considerar a la tecnología como una importante *variable* que puede y debería adaptarse a fin de trabajar en armonía con el medio ambiente económico, social y cultural de los países en vías de desarrollo" (4). De este modo, lo fundamental del proceso de desarrollo no parece encontrarse ya en la consecución de unas demandas económicas abstractas, sino en la obtención de las necesidades directas de la comunidad, y es precisamente éste el cambio que los tecnólogos utópicos recomiendan para aquellos que viven actualmente en los países industrializados.

Dentro del marco general expuesto por Schumacher, y expresado más tarde en las actividades de grupos tales como el *Intermediate Technology Development Group* y el *Volunteers in Technical Assistance* (VITA) de Nueva York, existen tres fuentes principales de tecnología intermedia. La primera es el desarrollo de la producción tradicional indígena y de las técnicas de servicios. La productividad aumenta por medio de la aplicación del conocimiento científico y tecnológico, muy a menudo procedente de otra parte, pero manteniendo la continuidad de las condiciones socio-culturales reinantes. La segunda fuente, al otro extremo del espectro, es la adaptación de las tecnologías actualmente vigentes en las naciones de avanzada industrialización, pero de una forma que reduce considerablemente la escala de actividad implicada. Esto también haría que la tecnología fuese aplicable en una proporción distinta de capital/trabajo, así como en la utilización de materiales locales y otros recursos. A veces se incluyen en esta categoría tecnologías que han sido desarrolladas, y que posteriormente han crecido demasiado, por los países avanzados durante el curso de la industrialización, pero que actualmente pueden considerarse apropiadas a las condiciones socio-económicas reinantes en los países en vías de desarrollo. Finalmente, hay zonas en las que es imposible hacer prosperar las técnicas tradicionales, del mismo modo que resulta imposible adaptar técnicas avanzadas. En estos casos, es generalmente necesario investigar y desarrollar técnicas totalmente nuevas que satisfagan los requisitos básicos de la tecnología intermedia.

Quizá la mejor manera de mostrar lo que la tecnología intermedia puede ser en la práctica es describir algunas de las actividades del *Intermediate Technology Development Group.* Este grupo fue fundado en 1965, debido sobre todo a la iniciativa del Dr. Schumacher, y ahora cuenta con una plantilla fija de unas veinte personas en sus oficinas centrales de Londres. Hay unos cuantos miembros del grupo que se ocupan de proyectos tanto en Gran Bretaña como en varios países del Tercer Mundo. El ITDG cuenta con tres líneas principales de actividad. Se ocupa de la recopilación y catalogación sistemática de técnicas eficaces, basadas predominantemente en el trabajo, apropiadas para aplicarlas a pequeña escala. En segundo lugar, se encarga de publicar el concepto general y la forma de enfocar el tema de la tecnología intermedia por medio de libros, artículos y conferencias, e intenta conseguir la ayuda política tanto de los gobiernos como de las organizaciones internacionales. Finalmente, el ITDG consigue que se preste ayuda a proyectos específicos en países en vías de desarrollo "lo que demuestra que la gente pobre de comunidades pobres saben ayudarse a sí mismos si se les proporciona tecnología y otro tipo de ayuda apropiada a sus condiciones reales" (5).

El ITDG ha concentrado sus principales actividades en los campos de la agricultura, la construcción, las cooperativas, la alimentación, la salud, la industria, la energía y el agua, así como en áreas afines tales como la educación, la formación profesional y el asesoramiento en general. Cada área técnica está cubierta por una serie de expertos que incluye ingenieros, científicos, arquitectos, tecnólogos y representantes de la industria. En este sentido, el ITDG ha sido capaz de movilizar los conocimientos de cerca de cien expertos cualificados, así como de muchas empresas industriales y asociaciones dedicadas a la investigación.

La plantilla agrícola, por poner un ejemplo, se ha ocupado de muchos proyectos destinados a aumentar la producción agrícola a base de proporcionar una mecanización selectiva. El tipo de equipo que se ha elegido para la fabricación y puesta a prueba local incluye una sembradora de maíz de una sola hilera, tirada por bueyes, con un dispositivo de tolva para fertilizar, y un equipo para separar la vaina de los cacahuetes de los tallos. También se ha desarrollado otro equipo que comprende maquinaria para clasificar y quitar la cáscara a los cacahuetes, así como útiles de costo reducido para trabajar la herrería. En colaboración con el *National College of Agricultural Engineering* de Silsoe, se ha fabricado y puesto a prueba en Botswana una semilladora mecánica –cuyo diseño ha sido readaptado para amplificar sus piezas y hacer de este modo posible su fabricación local. Asimismo, se ha inventado una máquina agavilladora metálica manual para múltiples usos. La base de Silsoe está financiada conjuntamente por el *Schell Grants Committee* y la *Christian Aid*, ya que se trata de un proyecto que se lleva actualmente de forma conjunta en Nigeria.

Las principales actividades del equipo dedicado a los problemas de la construcción del ITDG han estado muy relacionadas con un proyecto de tres años que comenzó en 1969 bajo el nombre del *Building for Development* y que fue financiado con una subvención de la *Overseas Development Association.* El proyecto tenía como objetivo identificar las necesidades de los contratistas del ramo de la construcción registrados por el gobierno en los Estados del Norte de Nigeria, y efectuar una serie de convenciones docentes referentes a las técnicas elementales de dirección. Dichas convenciones incluyeron, según el ITDG, "un análisis adecuado tanto de la forma en que el propio proyecto entiende las necesidades de los constructores y las técnicas de construcción adecuadas, como de la facilidad e interés por aprender de los contructores" (6). Las convenciones demostraron que "lo que más necesitaban era recibir consejo sobre métodos de dirección y temas comerciales", lo cual llevó a crear una serie de equipos docentes que se ocupasen de lo que se pensó que eran técnicas importantes en cuanto a dirección y organización, y del desarrollo de programas de formación profesional en general dirigidos a los constructores africanos.

La *Industrial Liaison Unit* del ITDG ha preparado una serie de "perfiles industriales" en colaboración con universidades, escuelas técnicas, organismos de investigación industrial y empresas privadas, suministrando detalles sobre una serie de tecnologías a diversos niveles de costo y sofisticación. El perfil industrial en lo que respecta a la metalurgia, por ejemplo, incluye la descripción de formas sencillas de fundición cuyos crisoles funcionan a base de carbón vegetal, que sólo precisan energía manual y muy poca inversión de capital. El proyecto más ambicioso, quizá, de la *Industrial Liaison Unit* ha sido el diseño completo, el desarrollo y la comercialización de una máquina a pequeña escala destinada a convertir los desperdicios de papel en envases para huevos. Esta máquina puede fabricar 1.000 envases diarios, con un costo de 8.500 libras; las máquinas estándar comercialmente disponibles para la producción de envases para huevos confeccionan 40.000 envases diarios y cuestan, por lo menos, 100.000 libras. El equipo dedicado a los problemas energéticos ha confeccionado una lista detallada de las fuentes existentes de bajo rendimiento energético y del tipo de aplicaciones para las que son apropiadas. El equipo dedicado a los problemas relacionados con el agua ha confeccionado, asimismo, una bibliografía sobre tecnologías hidráulicas de bajo costo. También ha realizado proyectos en Swaziland y en Jamaica, refiriéndose este último a un proyecto de dos años de duración para el perfeccionamiento en el suministro de agua en las zonas de piedra caliza de la meseta.

El concepto de tecnología intermedia ya está adquiriendo una gran aceptación entre los economistas que se dedican al desarrollo, y sobre todo entre algunas organizaciones intergubernamentales a nivel internacional. Del mismo modo, el *World Plan of Action for the Application of Science and Technology to Development*, publicado por las Naciones Unidas en 1971, indica que "los países en vías de desarrollo, que cuentan con amplias reservas de trabajo no cualificado y que necesitan encontrar la forma de utilizar de mejor manera sus materias primas, requieren tecnologías que sustituyan al trabajo, y a productos locales, por capital y por comercio exterior", y llega incluso a recalcar lo necesario que es "averiguar el tipo de tecnologías alternativas fácilmente adaptables a las condiciones locales". De forma semejante, el Consejo de Europa aprobó, a comienzos de 1971, la petición de crear un centro internacional de información sobre tecnología intermedia. Las finalidades de este centro consistirían en establecer un servicio de preguntas y respuestas sobre tecnologías intermedias, para intentar encontrar los medios de estimular una demanda activa de información y para obtener de los organismos competentes las soluciones que se consideran más apropiadas para los problemas que pudieran presentarse a este respecto.

Los dirigentes de varios países subdesarrollados ya se han mostrado interesados por varias ideas concernientes al tema de la tecnología intermedia. En la India, por ejemplo, se ha creado una Célula de Tecnología Apropiada dentro del Ministerio de Desarrollo Industrial, que está estudiando la posibilidad de aplicar tecnologías alternativas en campos tales como la talabartería, la alfarería, la preparación de alimentos y el equipo agrícola. La Primer Ministro de la India, Sra. Indira Ghandi, ha dicho que "para la mayoría de la gente, el progreso se ha convertido en sinónimo de imitación de los modelos occidentales, pero siempre que hemos intentado copiar de los modelos de la sociedad industrial y que hemos sido insensibles a nuestras propias circunstancias, los resultados no han sido nada afortunados. Ya ha llegado el momento de que pensemos hondamente acerca del tipo de progreso que queremos".

Incluso Robert Macnamara, Presidente del Banco Mundial, ha admitido que el descuido relativo sufrido por las áreas rurales en los modos tradicionales de enfocar el desarrollo ha traído consigo serias consecuencias. "Ninguno de los que estamos en el Banco o en la comunidad de desarrollo en general puede pretender", dijo, "que somos expertos a la hora de decidir cuáles son las instituciones que pueden ayudar de forma más eficaz a los pequeños granjeros, o que sabemos lo suficiente acerca de cómo emplear métodos de construcción basados predominantemente en el trabajo, o cuál es la mejor forma de desarrollar programas de trabajos rurales a gran escala. Todo ello necesita, evidentemente, mucho más estudio y experimentación" (8).

De este modo, da la sensación de que la tecnología intermedia se está convirtiendo rápidamente en parte de la sabiduría convencional de la planificación del desarrollo. La tecnología intermedia ha sido interpretada como si fuese una estrategia considerablemente distinta, e incluso una adaptación menor de la transferencia tradicional de técnicas avanzadas, predominantemente basadas en el capital, a los países subdesarrollados, transferencia que ha constituido el sello de todos los programas de ayuda tradicionales. Conforme los efectos de la industrialización se filtraban hacia los otros sectores de la economía, dichos programas suponían que tales inversiones serían suficientes para promover tanto el crecimiento económico, como el desarrollo social en general. Por otro lado, la tecnología intermedia intenta enfocar directamente los problemas existentes en el sector tradicional de la economía, sugiriendo que éstos deberían convertirse en objetivos complementarios para la industrialización y el desarrollo, aunque a mucho menor escala que en el sector moderno. El Dr. Schumacher, por ejemplo, apoya sus argumentos indicando que "si el sector moderno no se convierte en el objetivo de especiales esfuerzos para su desarrollo, continuará desintegrándose... se puede ayudar a los pobres a que se ayuden a sí mismos, pero siempre y cuando se ponga a su disposición una tecnología que reconozca las fronteras y las limitaciones económicas de la pobreza, esto es, una tecnología intermedia" (9).

No obstante, la cuestión más importante que tenemos que plantearnos consiste en si, dado el conjunto de condiciones socioeconómicas que podemos considerar que caracterizan la condición de subdesarrollo - en particular los problemas de desempleo masivo, de probreza y desnutrición masivos, y la enorme desigualdad en la distribución de la riqueza - la tecnología intermedia ataja las *causas* de esta situación, o bien simplemente especula con las *consecuencias* de causas mucho más profundas y que apenas han sido abordadas. En otras palabras, la presencia existente de una tecnología y de una asistencia tecnológica inadecuadas en los países en vías de desarrollo ¿es una causa directa de su estado de subdesarrollo o se trata simplemente de una consecuencia del mismo? Ambas cosas tienen mucho que ver con la interpretación del proceso de desarrollo tal y como lo da a entender el planteamiento de la tecnología intermedia y, sobre todo, del papel que juega la tecnología en este proceso.

El análisis general utilizado por la mayoría de los que apoyan la tecnología intermedia parece dar a entender que, en el pasado, no hemos sido lo suficiente sofisticados a la hora de seleccionar la tecnología verdaderamente adecuada a las condiciones económico-sociales dominantes. Muchos países en vías de desarrollo han reaccionado vivamente en contra de la sugerencia de que hagan lo que ven como si se tratase simplemente de una tecnología de "segunda clase". Estos países tienden a considerar los efectos laterales de una rápida industrialización como si fuesen problemas meramente técnicos al alcance de soluciones tecnológicas. Dentro de este marco de trabajo, la tecnología intermedia se vende como si se tratase de la nueva organización tecnológica, como un conjunto de técnicas y procedimientos sofisticados que se ofrecen como la solución a los problemas sociales. Con esto no queremos decir que aquellos que están relacionados con la ejecución de la tecnología intermedía ignoren la necesidad de que se produzcan cambios en la organización social para que la dicha tecnología pueda actuar de forma eficaz. Aún así, se produce a menudo una inferencia de determinismo tecnológico, a través de la cual los cambios se producirán de modo casi automático una vez que hayan sido introducidas las nuevas técnicas de producción relacionadas con la tecnología intermedia.

Este análisis corresponde a la forma general de enfocar el desarrollo social, que supone una interdependencia funcional entre los procesos de desarrollo tecnológico y desarrollo económico. En otras palabras, se afirma que el desarrollo social es el resultado de desarrollar una tecnología considerada como adecuada para un conjunto específico de condiciones socio-económicas. La tecnología es considerada como un elemento neutral en este proceso, al margen de cualquier tipo de consideración, ya sea social o política.

Esta interpretación conduce a dos aparentes implicaciones: que la ciencia y la tecnología avanzadas pueden ser *directamente* acusadas de crear muchos de los problemas asociados con la rápida industrialización de los países en vías de desarrollo y que, al mismo tiempo, sólo una pequeña modificación de la tecnología sería suficiente para resolver o evitar estos problemas. Según el Profesor Hans Singer, por ejemplo, director del *Institute for Development Studies* de la Universidad de Sussex, "la ciencia y la tecnología modernas parecen ser, quizá, el principal culpable - o, al menos, el principal sospechoso - de la notoria diferencia existente entre unas tasas satisfactorias de crecimiento, en cuanto a la producción global se refiere, y una interrupción del progreso en términos de bienestar individual o de otras dimensiones del desarrollo" (10). De igual modo, el economista argentino Dr. Raúl Prebisch, director general del Instituto Latinoamericano de Planificación Económica y Social echa mucha de la culpa del estado de subdesarrollo en que se encuentran los países del Tercer Mundo a la ciencia y a la tecnología avanzadas de los países ricos. En una conferencia del UNCTAD, celebrada en Santiago de Chile en abril de 1972, preguntó: "Si los países subdesarrollados han sido incapaces de mantener el ritmo de las principales corrientes del comercio mundial, ¿no es a la tecnología a quien tenemos que culpar?... ¿Puede acaso decirse que el más alto nivel de capitalización, especialmente en lo que respecta a la industria, no es un producto de la tecnología?" (11). Quizá la postura de que el desarrollo consiste simplemente en una adecuada tecnología y en unas adecuadas actitudes tecnológicas ha sido llevada a su extremo lógico en un artículo, publicado en el *New Scientist,* titulado "¿Tecnólogos para gobernar el Tercer Mundo?" El autor de este artículo indicaba que el peso del desarrollo y de la seguridad mundial en general "recaerá, cada vez con mayor intensidad, sobre aquellos ciudadanos de los países en vías de desarrollo que tengan una formación tecnológica... no sólo deben aumentar (en número), sino que los nuevos tecnólogos deben, asimismo, ocupar una posición de liderazgo político" (12).

El apoyar un punto de vista del desarrollo puramente tecnológico implica que todo el proceso es independiente de las cuestiones de poder y de control políticos tanto a escala nacional como internacional. Este punto de vista mantiene la aparente neutralidad ideológica de disciplinas tales como la ciencia del desarrollo, la economía del desarrollo y la sociología del desarrollo; en una conferencia celebrada en 1969 en los Estados Unidos se llegó incluso a proponer que se crease la profesión de "tecnólogo del desarrollo". En todo caso, se piensa que las consideraciones políticas más bien impiden el proceso de desarrollo que lo favorecen. En su lugar, parece que es posible y deseable una evaluación objetiva y científica de las necesidades y estrategias que parezcan más adecuadas para hacer frente a estas necesidades.

Esta forma de enfocar el asunto se ajusta perfectamente al creciente interés por la evaluación tecnológica, que intenta utilizar un sistema de indicadores sociales que proponen una valoración "objetiva" de las condiciones socio-económicas dominantes y, en particular, del efecto que sobre estas condiciones puede tener una innovación tecnológica en concreto. Por ejemplo, la *US Agency for International Development* de Washington D.C. ha realizado una gran cantidad de trabajos acerca de las posibles aplicaciones de la evaluación tecnológica a los problemas de los países en vías de desarrollo. Según el director de la Agencia "resulta tentador decir simplemente que las elecciones tecnológicas deberían hacerse en base a "análisis de sistemas", lo cual se está convirtiendo actualmente en la palabra de moda de los círculos dedicados al desarrollo. Sin duda alguna, lo que constituye precisamente un análisis de sistemas dentro de una situación específica es fijar las alternativas y establecer los criterios de selección entre ellas dentro de un marco de trabajo cuyo objetivo sea el desarrollo nacional" (13).

Las peligrosas implicaciones de este modo global de enfocar las cosas y la forma en que las técnicas de planificación social son invariablemente corrompidas por consideraciones ideológicas y políticas - en el sentido en que ya hemos demostrado que son ciertas en cuanto a la innovación de las técnicas de producción - han sido ampliamente discutidas. Hamza Alavi, por ejemplo, escribe que "todos los esfuerzos están dirigidos a influir sobre la burocracia (de los países subdesarrollados) en apoyo de políticas que están a favor de los intereses metropolitanos. Esto es expresado ideológicamente bajo el nombre de "técnicas de planificación" y es presentado como una ciencia objetiva del desarrollo económico. El burócrata educado a la manera occidental es considerado como el portador de la tecnología y la racionalidad occidentales, y su papel es contrastado con el de los políticos "demagógicos" de vía estrecha" (14).

Por poner un ejemplo, que demuestra hasta qué extremos estas técnicas pueden estar presionadas lógicamente, nos referiremos a un artículo titulado "Economic Worth of Preventing Death at Different Ages in Developing Countries", escrito por dos miembros del *US Cosmos Club,* Dr. Stephen Enke y Mr. Richard A. Brown. Los autores comentan la importancia que tiene racionar los escasos recursos médicos en los países subdesarrollados. Indican que toda persona viva tiene un determinado valor capitalizado para la economía, basado en lo que se espera que aporte al producto nacional como productor o sustraiga de él como consumidor. ¿Por qué habrían de dedicarse recursos financieros públicos a impedir la mortalidad infantil", preguntan, "cuando el valor económico de estos niños marginales es negativo? La economía saldría beneficiada sin ellos. El peso de la prueba recae, con seguridad, sobre aquellos que recomiendan que se repartan los recursos sanitarios entre los adultos que producen y los niños que consumen" (15). Cuando vemos que este tipo de argumento "científico" se utiliza para justificar el aumento de las campañas en favor del control de natalidad, es cuando empezamos a darnos cuenta de la naturaleza represiva de la interpretación ideológica sobre la que tan frecuentemente se basan tales formas de análisis. Lo que se debería hacer es crear un sistema social que satisfaga las demandas de la gente, en lugar de que sea la gente la que satisfaga las demandas de un sistema.

En muchos aspectos, tanto la tecnología utópica como la intermedia constituyen una antítesis con respecto al planteamiento del análisis de sistemas. Ambas tecnologías se niegan a aceptar que la vida social se pueda fragmentar en partes aisladas. El mismo Schumacher ha indicado el ejemplo de una "economía política budista". Se basaría en un concepto no materialista de la importancia que tiene el trabajo tanto para el individuo como para la comunidad y abarcaría "el estudio sistemático de cómo alcanzar fines determinados empleando medios mínimos".

Pero, a pesar de todos estos intentos para proporcionar una ideología alternativa para la tecnología intermedia, en la práctica se encuentra demasiado supeditada a la ideología reinante, como si fuese una prolongación directa de los conceptos de industrialización discutidos anteriormente. El ITDG demuestra esta continuidad de la ideología dominante cuando manifiesta que "ahora empezamos a darnos cuenta de que el desarrollo es un crecimiento orgánico y que *a niveles intermedios de desarrollo deben corresponder niveles intermedios de tecnología*". El empleo del término "crecimiento orgánico" conlleva un proceso neutral de desarrollo independiente de las consideraciones políticas que conciernen a la distribución del poder y del control entre cualquier clase o nación, postura que hemos definido anteriormente como ideología de la industrialización.

Parte de esta ideología es la opinión de que la relación entre los países industrializados y los subdesarrollados puede ser considerada como de mutua cooperación, cuando en realidad se trata muy a menudo de una dominación política y económica. Cuando, por ejemplo, los promotores de la tecnología intermedia declaran que la elección de tecnología es una de las elecciones más importantes a la que todo país en vías de desarrollo debe hacer frente, uno debe preguntarse: ¿elección hecha por quién y para quién? En la mayor parte de los países subdesarrollados, la situación económica es determinada por los intereses conjuntos, tanto políticos como económicos, del capital extranjero y de una élite indígena. Los campesinos pobres, al no ser productores de excedente y no ser consumidores dentro de un sistema capitalista que nace se convierten, cada vez más, en algo sin importancia para el proceso político. Cualquier petición de elección democrática de tecnología que se haga en una situación semejante caerá en saco roto. Esto significa a menudo que la elección ha de hacer frente a la ayuda extranjera y a las instituciones inversoras, así como a los conceptos e ideologías que las apoyan; es una cuestión tan política como tecnológica y pretender verla sólo como tecnología indica un ejemplo más de falseamiento ideológico.

El ITDG afirma igualmente que "lo que más importancia tiene para el grupo es la viabilidad comercial de todos los proyectos... que la experiencia y el saber de las empresas de la industria y el comercio estén dirigidos a esta finalidad". En otras palabras, que la tecnología intermedia debe estar de acuerdo con el sistema económico existente; en términos marxistas, los problemas del desarrollo deben resolverse transformando simplemente los modos de producción, dejando intactas las relaciones de producción. De hecho, ya se ha intentado que encaje la tecnología intermedia dentro de un sistema de economía política neo-clásica. Algunos economistas han intentado demostrar que la tecnología intermedia tiene un gran sentido económico en cuanto a funciones de producción tradicionales. Otros han subrayado su importancia en cuanto a la ayuda que puede prestar a la hora de desarrollar una economía capitalista a través de la formación profesional dada a los capitalistas. Por ejemplo, según K.L. Nanjappa, Comisario de Desarrollo para Industrias a Pequeña Escala en la India: "Aparte de la gran potencialidad que tienen para absorber el rápido aumento de la fuerza de trabajo, estas industrias han fomentado también el elemento competitivo... el crecimiento de una clase empresarial requiere un medio ambiente, así como industrias a pequeña escala, teniendo en cuenta el medio ambiente, favoreciendo la creación de una red de relaciones afluentes y complementarias entre las diferentes empresas. Es en este medio ambiente donde el talento latente de los capitalistas dio una opinión propia en lo que respecta a innovaciones localizadas y a medidas de reducción de costos". Un buen ejemplo de esto nos lo proporciona el proyecto que tiene el ITDG para el sector de la construcción en Nigeria, que consiste en formar profesionalmente a contratistas de pequeña escala sobre técnicas de dirección empresarial (17). La tecnología intermedia puede convertirse rápidamente en un semillero de capitalismo a pequeña escala.

Si se toma como una extensión de la ideología de la industrialización, se pueden poner en duda dos importantes hipótesis empíricas en las que se basan los conceptos de la tecnología intermedia y, en particular, su aplicación a los problemas del subdesarrollo. La primera hipótesis es la supuesta relación entre la introducción de técnicas de producción altamente capitalizadas, en el sector industrializado, y el aumento del desempleo. Según el Profesor Hans Singer, por ejemplo, "si se mezcla una tecnología importada altamente capitalizada con una elevada tasa de nacimientos, el resultado será una situación explosiva, porque, sencillamente, no cuadran" (18). Esta y otras afirmaciones similares implican una relación causal directa entre los modelos de industrialización altamente capitalizados y el aumento del desempleo.

Aun así, este tipo de razonamiento es insuficiente. Conviene subrayar, por ejemplo, que el precio relativamente bajo de la mano de obra en muchos países en vías de desarrollo puede hacer que la maquinaria altamente capitalizada de los países industrializados parezca relativamente menor cuando la misma maquinaria es incorporada al medio ambiente económico de los países subdesarrollados. En un estudio llevado a cabo por Gustav Ranis, del *Economic Growth Center* de la Universidad de Yale, acerca de la fabricación de la seda, se descubrió que las técnicas que se emplean en Japón, y que requieren la mano de obra de una chica para hacer funcionar siete telares, son las mismas que se aplican en Corea del Sur, en donde los jornales son mucho más bajos, con la diferencia de que aquí una chica se ocupa de manejar tan sólo dos telares.

Si queremos encontrar las verdaderas causas del desempleo y del sub-empleo, debemos ir más allá de la simple queja formulada en contra de la introducción de una tecnología altamente capitalizada. Se ha dicho, por ejemplo, que normalmente las pruebas indirectas, tales como los jornales y los costos de capital, así como los supuestos competitivos, se utilizan para justificar los procedimientos de cálculo que llevan a la conclusión de que la "penetración" de capital es la principal causa del lento crecimiento del empleo en los países subdesarrollados. "Aunque esta forma de interpretar las cosas puede ser correcta", indica el economista Howard Pack, "requiere un gran acto de fe, dada la carencia de cualquier tipo de adecuada prueba micro-económica y la ausencia de presiones fuertemente competitivas en la mayor parte de los países menos desarrollados" (19).

Estudios realizados acerca de técnicas industriales en Kenia han llevado a Pack a la conclusión provisional de que, incluso dentro del sector moderno, la producción keniata parece estar basada más sobre el trabajo que sobre el capital. Pack sugiere que factores alternativos tales como fábricas infra-utilizadas pueden tener un efecto considerable a corto plazo sobre el desempleo urbano. Sus conclusiones demuestran que el desempleo es un complejo problema socio-económico: es improbable que se resuelva simplemente por medio de la realización de políticas de industrialización basadas en conceptos de tecnología apropiada o intermedia, pero que ignoran su alcance político y social.

La segunda hipótesis empírica de la tecnología intermedia es el concepto de economía dual. Esto significa que la economía de un país en vías de desarrollo puede ser tratada como si estuviese compuesta de dos partes independientes: el sector moderno y el sector tradicional (o no moderno). Los que apoyan la tecnología intermedia recalcan que ellos están relacionados primordialmente con el sector tradicional y que, generalmente pero no necesariamente, éste se identifica más bien con las áreas rurales que con las urbanas y consideran a la tecnología intermedia como una estrategia complementaria de la tecnología avanzada que ha sido introducida en el sector moderno. "¿Si existe una economía doble, por qué no tener una doble estrategia de desarrollo?", pregunta Mabdul ul Haq, antiguo economista-jefe de la *National Planning Commission* en Pakistán, y actualmente consejero del *International Bank for Reconstruction and Development.*

La supuesta existencia de una economía dual puede ser puesta en duda tanto en el campo empírico como en el teórico. Una serie de autores han sugerido que, en un sentido histórico, el concepto de desarrollo rural puede, de hecho, ser una función directa del desarrollo de las ciudades, y que las economías rurales se han creado en respuesta a las necesidades que las ciudades tienen de alimentos y otros artículos, en vez de ser las ciudades el resultado de la producción de excedente agrícola.

Aunque se pueden identificar por separado el sector moderno del tradicional en la economía de un país subdesarrollado, esto no significa de ningún modo que haya independencia entre ellos. Incluso muy a menudo es el sector moderno el que predomina sobre el tradicional, lo cual constituye un importante elemento estructural en la economía misma. El economista Andre Gunder Frank indica que los países industrializados han suprimido siempre, en los países subdesarrollados, la tecnología indígena que chocase con sus intereses. Pone como ejemplo la forma que tuvieron los europeos de destruir los sistemas de regadío y otros aspectos de la tecnología agrícola de la India, del Oriente Medio y de América Latina, y la forma en que los ingleses suprimieron la tecnología industrial indígena en la India, en España y en Portugal. "Lo mismo se puede decir a niveles nacional y local", escribe, "donde las metrópolis nacionales fomentan la tecnología en el interior de ellas, que sirve a sus intereses de exportación, y suprimen la agricultura, individual o comunitaria, pre-existente, y la tecnología artesanal que pueda interferir con la utilización de la capacidad productiva y de compra, así como de capital, del campo en favor del desarrollo metropolitano" (20). Son los modelos del comercio mundial, en gran medida dominados por los intereses de una clase capitalista extranjera, los que determinan tanto la estructura interna como la externa de la economía de la mayoría de los países subdesarrollados. Dentro de este sistema, resulta teóricamente imposible hablar de la independencia de los sectores moderno y tradicional de la economía. En realidad, es tan probable que la situación se haga conflictiva en cuanto a demandas políticas como lo ha sido el problema de la centralización contra la regionalización. Todo ello ha traído consigo dramáticas consecuencias, y buen ejemplo de ello lo dan las recientes luchas de Bangladesh por la independencia.

No resulta difícil demostrar cómo se reflejan los modelos del comercio mundial en los mecanismos que determinan el proceso de elección tecnológica. El más importante de todos estos mecanismos es el concepto de transferencia de tecnología, por medio de la cual la tecnología es trasladada, bien directa o indirectamente, de los países industrializados a los subdesarrollados. Hay muchos países que pagan más por patentes, licencias y conocimientos técnicos de los países industrializados de lo que se gastan en sus propios programas de investigación y desarrollo. Ceilán, por poner un ejemplo típico, gastó un 0,5 por ciento de su producto nacional bruto en 1970 en dichas formas de transferencia de tecnología, y sóio un 0,2 por ciento de su PNB en sus propios programas de investigación y desarrollo; el mismo ejemplo es válido para muchos otros países subdesarrollados. Un reciente informe de la *Conference on Trade and Development (UNCTAD)* de las Naciones Unidas señala que los países subdesarrollados en general gastan, por término medio, una suma equivalente a un cinco por ciento anual del valor total de sus exportaciones en patentes y licencias; si esta tendencia persiste, la UNCTAD ha calculado que esto podría ascender a un quince por ciento de sus exportaciones para finales de los años 70.

La tecnología puede transferirse de dos maneras, bien directamente a través de una empresa radicada en un país subdesarrollado, o indirectamente a través de las sucursales de las compañías multinacionales. En ambos casos, la naturaleza de la tecnología transferida queda determinada, casi por completo, por aquellos cuyos intereses es improbable que coincidan con los intereses de la mayoría de los habitantes del país subdesarrollado en cuestión. Las compañías multinacionales dominan muy frecuentemente las zonas industriales clave de los países en vías de desarrollo, y de aquí que el proceso de innovación tecnológica de estas zonas esté principalmente orientado a mantener los beneficios de los principales accionistas, que generalmente viven fuera del país. La situación no es mucho mejor en el caso de los cambios indirectos, ya que las patentes y licencias que cubren la innovación tecnológica acarrean, muy a menudo, pesadas cláusulas restrictivas. Un estudio, por ejemplo, de treinta y cinco contratos firmados por empresas en Bolivia para que se les transfiera tecnología de empresas radicadas en países industrializados demuestra que veinticuatro de entre ellas imponían su asistencia técnica junto con el uso de patentes, veintidós añadían al contrato existente la obligación de adquirir conocimientos adicionales, tres fijaban el precio de los artículos acabados, diecinueve exigían guardar secreto sobre los conocimientos técnicos durante el contrato y dieciseis después de finalizar el contrato. Como indica en su informe la Junta del Acuerdo de Cartagena, que llevó a cabo un estudio para la UNCTAD sobre las políticas relacionadas con la transferencia de tecnología en Sudamérica, "La única decisión básica que se le deja tomar al concesionario es si está o no de acuerdo en comprar tecnología. La tecnología, a través del actual proceso de su comercialización se convierte, pues, en un mecanismo que controla la forma de recepción. *Dicho control sustituye, complementa o reemplaza aquello que resulta de la propiedad del capital de la empresa"* (el subrayado es mío) (21).

El mensaje de éste y otros hechos similares está bien claro. La tecnología se ha convertido actualmente en un importante mecanismo por medio del cual los intereses comunes del capitalismo mantienen su control económico dominante sobre los países pobres. Ya vimos anteriormente que el proceso supuestamente objetivo de la innovación tecnológica en los países industrializados quedó en su mayor parte determinado por la necesidad de mantener un control social sobre la fuerza de trabajo. El proceso de la elección tecnológica lleva a cabo una función similar en lo que se refiere a mantener el control sobre las actividades de los países subdesarrollados, asegurando una vez más su máxima explotación en interés de élites nacionales y extranjeras. Por ejemplo, un sociólogo brasileño, Fernando Henrique Cardoso, empleando el argumento de que las economías imperialistas necesitan expansionarse hacia el exterior para que se realice la acumulación de su capital, indica que, dentro de las economías dependientes, el capital vuelve a la metrópoli para completar los ciclos de la reproducción capitalista. "Esta es la razón por la cual la 'tecnología' es tan importante", explica. Su aspecto "material" es menos impresionante que su significado en cuanto a forma de mantener el control y es un paso necesario en el proceso de acumulación de capital" (22).

La transferencia de tecnología tiene un significado mayor que el de ser meramente una articulación de la relación económica entre los países industrializados y los países subdesarrollados. Constituye también un medio importante por el cual se mantienen y controlan estas relaciones a través de las reservas impuestas a la elección tecnológica. Una vez quitado el disfraz de neutralidad, quedan bien claras las motivaciones políticas en lo que respecta al trabajo, y una vez más vemos cómo la verdadera identidad de la tecnología se ocupa de suministrar el mecanismo político de control social. "Lejos de difundir cada vez más la tecnología importante para los países subdesarrollados", escribe Andre Gunder Frank, "la tendencia tecnológica más significativa de nuestros días es la forma creciente en que la nueva tecnología sirve como base del control monopolista que la metrópoli capitalista ejerce sobre sus colonias económicamente subdesarrolladas" (23).

La ideología de la industrialización es absorbida por los modelos culturales de aquellos países subdesarrollados en los que ha sido impuesta. Un interesante ejemplo de esto nos lo proporciona un estudio sobre la elección tecnológica realizado sobre un muestreo de cincuenta instalaciones industriales en Indonesia. Estas instalaciones se dedican a industrias tales como cigarrillos, embotellado de bebidas no alcohólicas, sandalias de plástico y neumáticos para bicicletas. El estudio, realizado por L.T. Wells, demostró que, muy a menudo, la tecnología elegida en cualquiera de los casos *no* era la más apropiada para los aspectos económicos imperantes del proceso adecuado de producción. Por el contrario, descubrió que, por ejemplo, un factor importante era la utilización de marcas comerciales internacionales. Estas eclipsaban por lo regular las ventajas de precio de las tecnologías competitivas de tipo intermedio y de las basadas predominantemente en el trabajo. Quizá más importante, sin embargo, fue la visible predisposición de los directivos y los ingenieros en favor de la tecnología avanzada altamente capitalizada. Según Wells, cuando una empresa tenía ventajas de tipo monopolístico en el mercado local, al "hombre-ingeniero" se le concedía más importancia que al "hombre-economista", y comenta que "el catálogo publicado por el exportador de maquinaria europeo o estadounidense es, todavía, la fuente principal de asistencia técnica" en muchos países subdesarrollados (24).

Otro ejemplo de hasta qué punto la ideología de la industrialización, que es comparable tanto al desarrollo como a la modernización, ha penetrado en la cultura de los países subdesarrollados nos lo proporciona el resultado de un estudio dedicado a investigar las ambiciones de los escolares de las zonas rurales de un estado del oeste de Africa llamado Togo. La mayoría de los entrevistados respondieron que les gustaría ser funcionarios del Estado y que les gustaría tener un coche, a ser posible un Mercedes. Un muchacho de doce años dijo: "Me gustaría ser mecánico para ganar mucho dinero. Viviré en Lome (capital de Togo) para tener muchos coches que arreglar; ganaré mucho dinero". De este tipo de cosas están compuestos los sueños de la mayoría de los habitantes de muchos países subdesarrollados.

Al igual que en los capítulos precedentes, la principal conclusión a la que debemos llegar es que, en la medida en que la tecnología se convierte no sólo en una función de los intereses políticos dominantes, sino en parte integrante de los mismos, es imposible pensar en términos de cambio tecnológico, a menos que estemos simultáneamente preparados para tomar en consideración la necesidad de un cambio político y social. Es más, sólo por medio de un cambio político, y sobre todo liberándose de las trabas políticas y económicas de la clase dominante, podrá surgir un cambio tecnológico importante. La categoría de "inapropiado" en tecnología, como la de subdesarrollo en general, es la consecuencia inevitable de un sistema de comercio mundial que refuerza la supremacía de los intereses comunes del capital extranjero y de una élite indígena: la tecnología se convierte en uno de los principales medios por los que esta supremacía se mantiene.

Mirado desde este ángulo, vemos claramente por qué es improbable que la tecnología intermedia sea llevada a la práctica con éxito, a menos que vaya acompañada de los imprescindibles cambios estructurales y políticos, aunque en principio se acople admirablemente a las condiciones predominantes en el sector tradicional de la economía de muchos países subdesarrollados. Estos cambios no son de una naturaleza meramente superficial, sino que llegan al corazón de los sistemas políticos de los países subdesarrollados. Por consiguiente, están tan relacionados con los cambios en el sector moderno como con aquellos solicitados por el sector tradicional, si la situación en que los dos sectores trabajan en colaboración ha de ser sustituida por la situación actual en la cual el uno domina y suprime al otro.

Para poner un ejemplo específico, los partidarios de la tecnología intermedia generalmente ponen a China como ejemplo de país relativamente subdesarrollado en el que se ha conseguido llevar a cabo un modelo de desarrollo doble que abarca tanto el sector moderno como el tradicional de la economía. Existen muchos ejemplos de casos en los que los chinos han empleado mano de obra humana para efectuar trabajos que habrían sido mecanizados en Occidente, y eso que la tecnología china es considerada frecuentemente como el prototipo de la verdadera tecnología intermedia. Conviene mencionar, sin embargo, que esto sólo se ha llevado a cabo a partir de la Revolución Popular de 1948, y en particular a partir del Gran Salto Adelante que comenzó a finales de los años 50, durante el cual los chinos rompieron con sus consejeros técnicos soviéticos y Mao Tse-Tung puso en práctica por vez primera su estrategia de "caminar sobre las dos piernas" para el desarrollo industrial y tecnológico. Esta estrategia consiste en la técnica de combinar el desarrollo agrícola con el industrial, las técnicas de producción nuevas con las tradicionales y la industria local basada en el trabajo a pequeña escala con la industria moderna a gran escala altamente capitalizada. La mayor parte de la tecnología avanzada de China fue importada originalmente de la Unión Soviética, de Japón y de Europa y se estima que, junto con los Estados Unidos y la Unión Soviética, China será pronto considerada como la tercera potencia mundial en cuanto a tecnología.

¿Qué importancia tiene la experiencia china con respecto a la situación de otros países subdesarrollados frente a un conjunto similar de condiciones iniciales? Es importante recalcar que la ciencia y la tecnología en China no pueden ser examinadas al margen del marco social, económico, político e ideológico en el que se han desarrollado. Se ha dicho que los planificadores chinos se las han arreglado, para resolver el tipo de problemas a los que ahora se enfrentan muchos países en vías de desarrollo, imponiendo controles sociales a los que otros políticos de otras sociedades quizá no tengan acceso. Estos son desde controlar los modos de consumo y el nivel de salarios reales hasta la redistribución de la renta de forma equitativa. Estos controles están estrechamente vinculados a la estructura del poder político y a los objetivos sociales de aquellos que son responsables de la dirección política. Parece que la estructura no competitiva de la economía china es la que permite que se comparta la tecnología y la experiencia tecnológica entre las empresas, así como la protección de los mercados de las industrias a pequeña escala. (25).

Otros países en los que la tecnología intermedia se ha convertido en una parte importante de la estrategia oficial de desarrollo son Cuba y Vietnam del Norte. Otras realizaciones, por ejemplo, llevadas a cabo por científicos y tecnólogos de Vietnam del Norte trabajando bajo condiciones bélicas y con unos recursos tremendamente limitados, van desde el desarrollo de un eficaz sistema de transporte, basado fundamentalmente en el empleo de bicicletas, hasta el cultivo de varias plantas acuáticas para utilizarlas en campos inundados como alternativa con respecto a los métodos químicos de fijación de nitrógeno (26).

El rasgo distintivo de estos países es que han creado, generalmente tras amargas luchas, un sistema económico basado más bien en una economía dirigida que en una economía de mercado. Esto parece que debiera justificar la sugerencia de que cualquier alternativa para la tecnología avanzada, que caracteriza a los países industrializados, representa un reto tanto político como tecnológico para el sistema económico existente.

Cuando es considerada al margen de la necesidad de un cambio político, la tecnología intermedia se convierte en poco más que en un vehículo del imperialismo económico y cultural. Por medio de grupos de inversión y de ayuda económica, permite a los países industrializados que continúen imponiendo, no sólo sus valores culturales y sus ideologías, sino incluso, como hemos visto en el caso de la transferencia de tecnología, un control económico directo sobre los países subdesarrollados. Generalmente se encuentran apoyados en esto por el control político mantenido por las pequeñas élites de educación occidental que se encuentran dentro de los países subdesarrollados. El pedagogo Ivan Illich ha advertido que "el revolucionario cultural debe... distinguirse del promotor de tecnología intermedia, el cual es, muy frecuentemente, tan sólo un mejor táctico en cuanto a preparar el camino al consumo totalmente manipulado" (27).

Un buen ejemplo del modo en que se puede utilizar la tecnología intermedia para fomentar los intereses neo-colonialistas lo constituye el coche que la Ford Motor Company ha creado y diseñado específicamente para satisfacer las condiciones ambientales y económicas del Sudeste de Asia. El diseño indicador del vehículo especificaba que éste debería ser de bajo costo y debería asímismo estar fabricado con materiales locales, equipo sencillo y mano de obra local –en resumen, con los criterios inherentes a toda tecnología intermedia. El resultado ha sido una pequeña camioneta llamada "Fiera" que se afirma es idónea para la agricultura y la industria ligera. Según William O. Burke, presidente de la Ford Asia-Pacific Inc. "es muy cierto que la 'Fiera' será el vehículo propio de Asia, diseñado en su mayor parte y fabricado por completo en la región asiática del Pacífico... creemos que estará al alcance, en cuanto a costo, de muchos miles de clientes en potencia pertenecientes a la clase media naciente" (28), y cita, aprobándola, la declaración hecha por Henry Ford II de que "una sociedad anónima puede servir a la sociedad sólo en caso de que le sea rentable. Y sólo puede serle rentable si responde a las necesidades y los valores de la sociedad en la que actúa". Por supuesto, se guarda muy bien de mencionar en qué forma intenta Ford responder a las necesidades y valores de la gran mayoría de los habitantes de los países subdesarrollados que no se encuentran, y que muy probablemente no se encuentren nunca, incluidos en estas nacientes clases medias.

Muchas de las innovaciones tecnológicas que se han desarrollado específicamente para satisfacer las condiciones ambientales y económicas del Tercer Mundo, y que no han ido acompañadas de los imprescindibles cambios sociales y políticos, han traído consigo importantes problemas. Uno de los ejemplos fundamentales de esto es la Revolución Verde, que se ha llevado a cabo introduciendo en muchos países subdesarrollados clases altamente productivas de trigo y arroz. Aunque, por lo general, estas variedades han sobrepasado los niveles habituales de producción de alimentos, los beneficios que han resultado de ello no se han distribuido, en absoluto, de forma equitativa. Incluso Robert Macnamara ha admitido que "el desafío social y económico está precisamente en evitar que los beneficios de la Revolución Verde sean monopolizados exclusivamente por los agricultures ricos. Hasta ahora, los agricultores más aventajados han obtenido cantidades desproporcionadas de agua de riego, de fertilizantes, de simientes y de créditos. Algunas políticas financieras han aconsejado imprudentemente a estos agricultores que se mecanicen de forma excesiva" (29). En 1971, el aumento de los problemas relacionados con la Revolución Verde hizo que el *Development Programme* de las Naciones Unidas y el *Research Institute for Social Development* de la misma institución lanzasen un estudio conjunto e intensivo del impacto socio-económico de los nuevos tipos de cereales.

Este es el tipo de problemas que pueden resultar de un análisis inadecuado de las raíces de un problema social determinado. Son, generalmente, el resultado de los esfuerzos por imponer un asesoramiento "científico" de origen occidental a problemas cuya fragmentación proviene de un medio ambiente general socio-cultural. Se podrían encontrar muchos ejemplos entre el tipo de ayuda que prestan algunos organismos para resolver problemas relacionados con la salud pública y la alimentación que, en vez de atajar los males de raíz, se limitan a tratar los síntomas más inmediatos.

En general, los intentos realizados para resolver problemas sociales urgentes por medio de la aplicación directa de soluciones tecnológicas,que son consideradas como las más apropiadas, han dado como resultado, en el mejor de los casos, un éxito limitado y, en el peor, una deterioración de la situación en general. A menos que se introduzcan cambios políticos complementarios simultáneamente, es poco probable que las soluciones tecnológicas, aunque sean adecuadas, proporcionen soluciones idóneas por sí mismas. Los cambios políticos no sólo no provendrán automáticamente de la tecnología, sino que ni siquiera estarán determinados por ella. Deben ser introducidos por separado como parte de la lucha política en general en favor de la emancipación. La tecnología verdaderamente apropiada sólo puede provenir de las demandas de la gente, por la cual y para la cual será utilizada, una vez que la gente haya calibrado felizmente su propia fuerza política y económica.

Aquí vamos a confrontar el dilema de la tecnología intermedia. Tanto por medio del análisis que hemos bosquejado, como por acontecimientos tales como el fracaso de la conferencia de la UNCTAD sobre comercio mundial, celebrada en Santiago de Chile en abril de 1972, podemos ver que hay muy pocas esperanzas de que los países subdesarrollados obtengan grandes beneficios de su participación en el escenario internacional. Del mismo modo que no se puede esperar que los países industrializados lleven a cabo voluntariamente políticas que no satisfagan sus propios intereses políticos y económicos. La alternativa para los países subdesarrollados está en adoptar estrategias de desarrollo que se concentren en ayudarse a sí mismos y, en la medida de lo posible, en utilizar los recursos locales disponibles. Si se hace de ese modo, los países industrializados se verían obligados a confiar menos en la importación de materias primas de los países subdesarrollados y, por lo tanto, se encontrarían forzados a desarrollar sus propias políticas de auto-abastecimiento dentro de las líneas de la tecnología utópica descritas en los dos capítulos anteriores.

La tecnología intermedia es la idónea para las políticas que acentúan la importancia del ayúdate-a-tí-mismo, que están basadas generalmente en el concepto de "desarrollo desde abajo". La realización de estas políticas, así como las estructuras sociales que implican, es a pesar de todo una tarea política. Por lo tanto, la tecnología intermedia sólo puede ser tomada en realidad como parte de una estrategia política que pretende liberar a la población de los países subdesarrollados de la dominación política y de la explotación económica, ya venga de los países industrializados o de sus propias élites y burocracias de educación occidental. A menos que se consiga la unidad de la *praxis* tecnológica y política, es poco probable que la tecnología intermedia, por sí sola, sea capaz de atajar las verdaderas causas del subdesarrollo, ni de aportar una solución viable.

7. MITOS Y RESPONSABILIDADES

Por último, volvamos a nuestra propia situación. Una vez que ya se han discutido los aspectos históricos y utópicos de la tecnología, así como aquellos que se refieren a los países subdesarrollados, sólo nos queda por hablar de las consecuencias que pueden tener para aquellos de entre nosotros que vivimos en sociedades capitalistas industrializadas. Para ello, necesitamos observar intensamente, una vez más, tanto el papel material como el ideológico que juega la tecnología en estas sociedades. Y para entenderlo, también debemos estudiar la forma en que la tecnología está relacionada, tanto conceptual como materialmente, con la práctica de la ciencia. Los problemas surgidos de esta discusión nos llevan a un conjunto de proposiciones sobre el tipo de actividades a las que es necesario comprometerse si deseamos que cambie esta situación.

La primera parte de este capítulo resume de qué forma podríamos enfocar la naturaleza política de la tecnología en cuanto institución social. Sobre esto, existen dos aspectos. El primero, que podría llamarse la perspectiva sincrónica, intenta considerar la tecnología de una sociedad como si existiese en cualquier punto del tiempo. Aquí deseo hacer constar que la tecnología puede ser considerada como un "lenguaje" de acción social, a partir del cual extraemos aquellos elementos individuales –ya sean herramientas o máquinas– necesarios para realizar una tarea en particular. Una consecuencia natural de esto es que la tecnología tiene el mismo tipo de estructura que aquélla de los modos dominantes de acción e interacción social, ambos reflejo de la distribución del poder y del ejercicio del control social. El segundo aspecto se ha tomado desde una perspectiva diacrónica y examina el desarrollo histórico de la tecnología. Ahora, como antes, pongo de manifiesto la importancia que tiene entender la naturaleza política del proceso de la innovación tecnológica.

La segunda parte de este capítulo versa sobre la forma en la cual la sociedad *interpreta* la naturaleza de la tecnología, así como el desarrollo tecnológico. Deseo indicar que esta interpretación existe a la manera de un mito. El mito proporciona una interpretación aparentemente histórica de un estado particular de acontecimientos –el mito de Rómulo y Remo, por ejemplo, explica los orígenes de la antigua Roma. En el caso de la tecnología, pienso que esta función explicativa se efectúa por medio del mito cuyo mensaje es que "la tecnología es políticamente neutral". Además, quiero indicar que la interpretación de este mito, que se refiere tanto a la naturaleza de la tecnología como al proceso de desarrollo tecnológico, proviene, en su mayor parte, de una interpretación positivista de la práctica de la ciencia, y de su prolongación en el mundo de la experiencia diaria, en el que es conocida como la filosofía social del "cientifismo".

En la tercera parte indicaré en qué medida la existencia de este mito determinará la forma en que seremos inducidos a interpretar la naturaleza de la tecnología y algunas de sus consecuencias. En particular, creo que la tecnología actúa simbólicamente dentro de una serie de lo que yo llamo "modos de significación", que constituyen las diversas perspectivas o marcos, ya sean económicos, políticos, artísticos o de cualquier otra índole, que utilizamos para interpretar los acontecimientos o experiencias y por medio de los cuales construimos nuestra propia realidad social. Una vez más, quiero indicar aquí que, generalmente, se cree que la tecnología actúa de forma neutral, proporcionando simplemente los símbolos por medio de los cuales se expresan o "significan" conceptos determinados. Del mismo modo en que lo he hecho con la función material de la tecnología, indicaré que esta interpretación no sólo disfraza el papel fundamental que la tecnología juega dentro de cada uno de estos modos de significación, sino también el hecho de que el dividir la experiencia en dichos modos significa distorsionarla una vez más, distorsión que está muy vinculada con las tendencias atomísticas y reduccionistas del cientifismo.

Por último, he añadido una breve discusión acerca de la forma en que sería posible romper con la actual situación, hacer desaparecer el disfraz mitológico que envuelve a la tecnología y poner de manifiesto la realidad política que oculta. Yo sostengo que esto sólo puede llevarse a cabo por medio de las actividades que directamente constituyen un reto para el contenido del mito que existe acerca de la neutralidad política de la tecnología, así como para la estructura del poder que se mantiene gracias a este mito y del cual depende.

Aunque la tecnología, en cuanto institución social, ha sido descrita como un concepto abstracto, es por medio del funcionamiento de máquinas individuales y herramientas como se experimenta de forma directa. Además, cada máquina que experimentamos es utilizada por un individuo o un grupo como el medio de realizar un acto concreto dentro de la actividad social. Si vemos un coche en la calle, por ejemplo, sabemos que está siendo utilizado por su conductor para hacer un viaje determinado de forma privada; cuando vemos un teléfono dentro de una casa, sabemos que es el medio que su propietario utiliza para comunicarse con otros miembros de la sociedad; si vemos un computador en las oficinas de una fábrica, sabemos que es uno de los medios que la dirección ha decidido adoptar para controlar un proceso de producción. Podríamos decir, además, que cada máquina que existe en la sociedad "objetiva" un modo concreto de acción social, en otras palabras, que da a su acto una forma "objetivada". Un coche puede ser visto como la objetivación de un viaje privado a motor, un computador puede ser tomado como la objetivación del ejercicio de una cierta forma de control sobre un proceso de producción, y así sucesivamente.

Fuera de aquellas actividades que el individuo puede realizar sin la ayuda de máquinas o herramientas –campo que ha ido disminuyendo de forma continua según la tecnología ha ido creciendo en importancia– cualquier otra acción social requiere la manipulación de algún tipo de máquina o herramienta. Además, podemos decir que, a este nivel, las máquinas a las que los individuos tienen acceso coinciden con las formas de acción social que están abiertas a él. Estos actos incluyen todo aquello que pudiera parecer relativamente personal, tal como cocinar; dicho acto no sólo depende de las actividades de los demás –de aquellos que producen los alimentos y la energía utilizada– sino también de la forma en que la actividad se lleve a cabo y, por eso, las máquinas específicas que se utilizan en el proceso tienden a ser propiedad común de todos los miembros de una sociedad. Virtualmente, toda nuestra rutina diaria es realizada por medio de máquinas. Afeitarse, hacer café, freir un huevo, coger un autobús o un tren para ir a trabajar, hablar por teléfono, mirar la televisión, cada uno de estos actos se realiza utilizando un elemento de la tecnología. Y la serie de máquinas que utilizamos puede, a la inversa, ser interpretada como la "objetivación" de nuestra serie de actividades diarias.

De hecho, la tecnología puede ser considerada como un "lenguaje" de acción social. A partir de este lenguaje seleccionamos aquellos elementos individuales –ya sean herramientas o máquinas– que luego utilizamos para llevar a cabo una tarea determinada. La actividad instrumental (medios para conseguir un fin) del individuo, realizada a través de las aplicaciones sucesivas de una serie de máquinas, pudiera considerarse como una forma personalizada de "discurso" que corresponde a la noción de técnica que ha sido descrita anteriormente. Y de la misma manera que el lenguaje es expresado por medio de la palabra hablada o escrita, que por consiguiente se convierte en "objetivaciones" de ideas y conceptos sociales, así, como ya hemos visto anteriormente, la tecnología representa por medio de las máquinas individuales de las que está compuesta las "objetivaciones" de la acción social. Susanne Langer ha escrito, en su libro *Philosophy in a New Key*, que "las palabras son, sin duda alguna, nuestro más importante instrumento de expresión, nuestra herramienta universal más característica y envidiable de comportamiento de vida" (1). Podemos darle la vuelta a esta analogía y decir que las máquinas proporcionan, cada vez más, los medios por los que las acciones sociales son organizadas y objetivadas como lenguaje de acción, a partir de las cuales se seleccionan y utilizan los elementos según la forma en que lo requiere un individuo o un grupo para poder llevar a cabo una tarea o actividad en concreto.

Aunque las máquinas, al igual que las palabras, coinciden con posibles acciones sociales que el individuo es capaz de hacer, también llevan implícitos ciertos límites con respecto a estas acciones. A pesar de que, en un terreno social, podemos llevar a cabo aquellas actividades para las cuales están disponibles las máquinas adecuadas, al mismo tiempo somos incapaces de efectuar aquellas actividades para las cuales son necesarias máquinas que no son asequibles. Incluso algunas actividades quedan anuladas porque se ha puesto a la venta una nueva máquina. Por ejemplo, no podemos ir en tren a aquellos lugares a los que se les ha privado del servicio de ferrocarril o, como he descubierto, una librería no puede notificar inmediatamente, por medio de un sistema de computadores, si un libro ha sido recibido porque, aunque técnicamente es posible, tales posibilidades no han sido incorporadas al diseño de dicha máquina o sistema. Pocos de entre nosotros estamos en situación de inventar máquinas que realicen tareas que hemos elegido o definido nosotros mismos. Generalmente, tenemos que atenernos a aquellas máquinas que la sociedad pone a nuestra disposición. La institucionalización de la tecnología ha significado que la elección de determinadas máquinas,o por lo menos el control sobre dicha elección, está en manos de una clase social dominante. Y, teniendo en cuenta que la innovación tecnológica, como ya se ha dicho, se lleva a cabo hasta el punto de que apoye y coincida con los intereses de dicha clase social, las nuevas máquinas sólo se pondrán a la venta con las limitaciones que se imponen a las actividades de los miembros individuales de la sociedad.

Un caso concreto de las posibilidades y limitaciones expresadas por la tecnología son aquellas que están contenidas en los modos de comunicación que pueden efectuarse entre los distintos miembros de la sociedad. El diseño de los medios de comunicación es el que determina la forma en que el individuo puede comunicarse con los demás miembros de la sociedad aparte de poder hacerlo cara a cara. El sistema telefónico, por ejemplo, hace que sean posibles las conferencias a larga distancia entre dos invididuos. Sin embargo, tal y como está organizado nuestro actual sistema telefónico, excluye la posibilidad de celebrar conversaciones en grupo sin que previamente se hayan tomado las medidas oportunas a través del servicio telefónico. Las medidas técnicas para llevar esto a cabo son, como me ha sido asegurado, relativamente sencillas. A pesar de todo, el sistema ha sido diseñado, principalmente, para que sólo se celebren conversaciones entre dos personas –que es el modo dominante de comunicación en una sociedad individualista– en vez de celebrarse entre grupos. Otro ejemplo de las limitaciones que impone el teléfono para comunicarse es el lado económico. Aquellos que cuentan con medios económicos pueden utilizarlo de forma global. A los que carecen de medios se les niega la oportunidad de utilizar el teléfono en absoluto (por lo menos no pueden tenerlo en sus propias casas) o, si intentan utilizarlo sin pagar, son tratados como delincuentes. (Lo absurdo de la situación queda demostrado por el hecho de que aquellos que fueron condenados en el juicio del "teléfono", celebrado en Londres en 1973, tuvieron que afrontar la acusación de robo de electricidad, acusación de la que la mitad de los acusados salieron absueltos).

Otros modos de comunicación, tales como la televisión o los ferrocarriles, nos proporcionan ejemplos similares de cómo la articulación de un aspecto concreto de la tecnología, en tanto que institución social, coincide ya con la forma en que se intenta que se utilice la tecnología. El sistema ferroviario, por ejemplo, que pone todo su empeño en trasladar a los hombres de negocios a los centros comerciales o de producción, y en eliminar sistemáticamente las "líneas no-rentables", nos muestra en el acto lo que se considera que son trayectos "importantes", para los cuales se hace "necesario" un transporte rápido y eficiente (éste es un punto al que la *EEC Commission* de Bruselas ha concedido mucha importancia, porque se intenta que las autoridades de los ferrocarriles de los distintos países pertenecientes al Mercado Común coordinen sus planes de desarrollo con la finalidad de hacer más rápidos los viajes por ferrocarril entre sus centros comerciales). El sistema ferroviario puede, por lo tanto, ser considerado como la "objetivización" de uno de los modos de comunicación necesarios a una economía capitalista, la cual exige el transporte rápido de sus ejecutivos de negocios - y, a veces, de otras clases como en el caso de los trabajadores emigrantes o de aquellas personas que están de vacaciones - aunque, muy a menudo, ignora los intereses de aquellos que son menos imprescindibles para el funcionamiento de la economía e incluso, muy frecuentemente, suprime los servicios en nombre de la "racionalización".

La producción industrial es otro de los campos donde la libertad permitida al individuo, así como las limitaciones impuestas sobre él, se refleja directamente en la tecnología. Dentro de la sociedad capitalista, la producción está organizada basándose en que las actividades de los trabajadores están subordinadas a las decisiones de la dirección, siendo dichas decisiones el reflejo de los intereses del capital. La relación que existe entre el trabajador y el empresario es, por lo tanto, una relación jerárquica y autoritaria, cuya producción está perfectamente organizada de forma que permita que las decisiones se tomen desde arriba para que sean incuestionablemente ejecutadas por los de abajo. La tecnología industrial no sólo proporciona, por medio de sus máquinas individuales, los medios físicos para imponer sobre el trabajador las decisiones acerca de la naturaleza de su trabajo, sino también, como sistema formalizado - tal como una línea de producción - los medios para mantener un modelo general de control sobre su actividad laboral.

Dentro de la sociedad capitalista, la riqueza que proviene de la actividad productiva del trabajador se convierte en capital, y, posteriormente, mucha de esa riqueza se vuelve a invertir en equipo tecnológico. Este equipo se usa frecuentemente, y de manera simultánea, para hacer que el obrero trabaje en un determinado tipo de ocupación, para determinar el ritmo al que debe trabajar y para llevar a cabo la reproducción y el aumento del capital que le emplea. Por otra parte, la tecnología industrial encarna las relaciones entre los hombres que a una economía capitalista le interesa que tengan. "La evolución de los medios de trabajo hacia la mecanización no es algo casual para el capital, es la transformación histórica de los medios tradicionales de trabajo en medios adecuados para el capitalismo", escribe Marx en su *Grundisse* (2).

Podemos extender el análisis de la tecnología empleada en la producción industrial a la totalidad del mundo social. La reproducción de la sociedad capitalista depende del rápido giro que den los artículos de consumo y, por tanto, del ejercicio por parte del capitalista de un estrecho control sobre los modelos de consumo. En muchos casos, las máquinas compradas por el individuo han sido diseñadas teniendo en cuenta estas consideraciones. Tenemos, por ejemplo, el concepto de "caída en desuso incorporada" en una máquina para confirmar que no durará mucho tiempo, así como innovaciones de estilo que se utilizan para identificar el "modelo del próximo año", el cual, según se nos dice, pondrá al señor Fulánez en su sitio de una vez para siempre. Así sólo con echar un vistazo a las máquinas que posee y utiliza el individuo, podemos ver que cada máquina sirve para satisfacer sus necesidades más evidentes, pero sólo hasta el punto en que sus costumbres de "consumo" y "adecuación" coincidan con el comportamiento que se le exige para mantener el funcionamiento eficaz de una sociedad capitalista. Incluso el movimiento del hágaselo-usted-mismo, ya sea para construir una casa, para arreglar un coche, o para cualquier otra cosa, ha sido convertido por la explotación comercial en una prolongación de esas industrias.

En general podemos decir que la tecnología de una sociedad, cuando es considerada como una institución social más bien que como una colección heterogénea de máquinas y herramientas, está estructurada de tal manera que coincida con sus modos dominantes de acción e interacción. Aunque esos modos de acción e interacción se encuentran apoyados, y a veces reforzados, por factores tecnológicos, son sobre todo un producto histórico de las relaciones de poder dentro de una sociedad determinada y, por ello, de los factores económicos por medio de los cuales son expresadas estas relaciones. Con todo, los modos de acción e interacción incorporados en una tecnología coinciden en sí mismos, como ya lo hemos visto en el caso del sistema telefónico, con la forma en que el poder está distribuido en la sociedad. La tecnología no sólo se limita a proporcionar, con sus máquinas individuales, los medios físicos a través de los cuales una sociedad mantiene y proporciona su estructura de poder, sino que también refleja, como institución social, dicha estructura social en su diseño. La tecnología de una sociedad nunca puede ser aislada de su estructura de poder y, por lo tanto, la tecnología nunca puede ser considerada como políticamente neutral.

Hasta ahora, hemos analizado la tecnología desde una perspectiva sincrónica que hos ha proporcionado una especie de "instantánea" tomada en un punto determinado del tiempo. No obstante, la sociedad se encuentra en un estado continuo de transformación y, si queremos comprender el papel que la tecnología juega en este proceso, tendremos que considerar también nuestra anterior polémica acerca del proceso de innovación tecnológica como la forma mediante la cual ciertas máquinas son incorporadas al funcionamiento de la sociedad (3).

He discutido anteriormente la naturaleza esencial de la innovación tecnológica en cuanto proceso político. En un intento por garantizar el mantenimiento de su hegemonía como requisito previo para su prosperidad material, y en algunos casos para su propia supervivencia, la clase dominante de cualquier sociedad - ya sea feudal, aristocrática, o capitalista -tratará, mientras le sea posible, que la innovación tecnológica siga estando subordinada a estos requisitos. Aunque la sociedad capitalista tratará de que la eficacia del proceso de producción aumente para asegurar su supervivencia *económica,* siendo esto de por sí un factor determinante en la innovación tecnológica, al mismo tiempo la innovación se ha convertido en un importante medio para segurar también su supervivencia política. De la forma en que enfocábamos nuestro anterior análisis, una de las finalidades de la innovación consiste en mantener y, en la medida de lo posible, en reforzar los modos dominantes de acción e interacción de cualquier sociedad y, al mismo tiempo, de la existente distribución del poder. Mientras la innovación tecnológica permanezca en manos de una clase social dominante, seguirá siendo un importante medio de defensa para la estructura del poder. Y yo diría que sólo si se le arrebata a esta clase su dominio sobre la innovación, como lo hizo la clase mercantil con los propietarios feudales en los inicios del capitalismo, se dejará al potencial tecnológico en libertad de proporcionar los medios para mantener una nueva forma de estructura de poder, o un nuevo sistema de relaciones sociales de producción. Tanto por medio del desarrollo del sistema fabril, como por medio de la subsiguiente innovación tecnológica, podemos ver, por ejemplo, cómo los nuevos modelos de control social del capitalismo industrial fueron incorporados en los modos de producción.

Más allá de su función meramente económica, existe una serie de modos por medio de los cuales la dimensión política de la innovación tecnológica se hace patente dentro de la situación industrial. Concretamente, existen por lo menos cuatro situaciones identificables. La primera es aquella en la cual la innovación tecnológica es directamente utilizada para aumentar la supervisión y estrechar el control sobre las actividades de la fuerza de trabajo. Un ejemplo de ello es el caso citado anteriormente acerca de la introducción de técnicas de construcción hechas en fábrica para la industria de la construcción. La segunda situación es aquella en que la innovación ha sido utilizada como medio para aportar estabilidad a una situación laboral, desplazando facciones militantes de la fuerza de trabajo; un ejemplo típico de esto nos lo da la introducción del sistema de contenedores en los puertos. La tercera situación es aquella en que la finalidad de la innovación consiste en llevar a cabo una mejora aparente de la situación laboral y, por tanto, la eliminación de posibles fuentes de conflicto; la introducción a gran escala de los métodos de trabajo denominados de enriquecimiento del trabajo, en los que las tareas se llevan a cabo más bien por medio de equipos independientes que a través de un sistema de producción lineal, es un ejemplo típico de ello. Dejando en manos del trabajador una serie de decisiones relativamente insignificantes, tales como el ritmo al que decida trabajar para alcanzar un objetivo predeterminado, se piensa que sólo habrá presiones en lo que se refiera a asuntos importantes tales como tipos de sueldos, o nivel de objetivos. Por último, se puede utilizar la innovación tecnológica como amenaza para obligar a ciertas secciones de la mano de obra a aceptar determinadas tareas; unos cuantos patronos, por ejemplo, han declarado que, si se aprueban las peticiones hechas por las operarias que trabajan en las máquinas de que sus sueldos sean equivalentes a los de los hombres, entonces los patronos comprarán máquinas que sustituyan la mano de obra femenina.

De este modo, tanto directa como indirectamente, podemos ver cómo la innovación tecnológica sirve a una finalidad política manteniendo y reforzando la posición de una clase social dominante, y cómo, por lo tanto, se puede considerar al desarrollo tecnológico como un proceso político. Una vez más, esto corrobora la tesis central de que la tecnología, en cuanto institución social, juega un papel directamente político dentro de la sociedad. Ello demuestra la forma en que la tecnología coincide con los modos de acción y de interacción dominantes, y puede ser considerada como uno de los mecanismos esenciales por medio de los cuales se mantiene un determinado conjunto de relaciones sociales de clase.

Hasta aquí me he concentrado en la descripción del funcionamiento objetivo de la tecnología en la sociedad. Este análisis sería, no obstante, suficiente sólo en el caso de que todos los actos del hombre fuesen puramente instrumentales en esencia; en otras palabras, observados y realizados sólo como medios para conseguir un fin. Requeriría también que la conciencia del individuo evolucionase por medio de un mecanismo de realimentación relativamente sencillo que le hiciese tomar el mundo social como un mero objeto, y a partir de los efectos que estos actos instrumentales tienen sobre este mundo.

Ahora debemos plantearnos, sin embargo, de qué manera percibe el individuo la tecnología y su relación hacia ella. Tenemos que especular, en otras palabras, con el campo que abarca el *significado* atribuido a la tecnología, así como con su papel objetivo. Creo haber indicado de qué modo este significado sirve para mantener la cohesión del mundo social en el cual nos movemos y la realidad social en que vivimos. Lo hace, creo, proporcionándonos una interpretación de la tecnología que disfraza el papel explotador y alienador que la tecnología juega dentro de las sociedades capitalistas industrializadas, y obligándonos a aceptar un modo determinado de desarrollo tecnológico como si fuera un proceso único, inevitable y políticamente neutral.

Sostengo que esta interpretación es el resultado de uno de los mayores mitos de la sociedad contemporánea, el mito de que la tecnología es, de hecho, políticamente neutral. Una de las funciones que tiene cualquier mito es la de interpretar o explicar una cierta situación o conjunto de acontecimientos dotándolos de un aparente contexto social o histórico. Esto se utiliza, consciente o insconcientemente, como substituto de la verdadera historia y es por lo que aparta a tal situación o acontecimiento del conocimiento de su génesis material. Muchos mitos, tales como las historias del Antiguo Testamento, han constituido un importante elemento por medio del cual queda articulada la función social de la religión. En otras palabras, los mitos constituyen una manera importante de que el individuo experimente cualquier ideología. (4)

El mito de la neutralidad política de la tecnología es invocado frecuentemente tanto por los políticos, que tratan de explicar los efectos que un determinado desarrollo tecnológico tiene sobre la sociedad, como por los tecnólogos, que intentan negar la responsabilidad de tales efectos. Problemas tales como la polución industrial, la congestión del tráfico o la indiscriminada naturaleza de las tecnologías militares serán condenados tanto por su condición de políticas inadecuadas, como por la utilización de tecnologías insuficientemente sofisticadas. En cualquier caso, la tecnología en sí es inocente. Los científicos y tecnólogos que han hecho evolucionar técnicas que luego son utilizadas en actos militares, tales como los defoliantes utilizados en Vietnam, o los rifles con punto de mira de rayos infra-rojos, para uso nocturno, utilizados en Irlanda del Norte, exigen que la responsabilidad que se atribuya a su desarrollo sea claramente diferenciada de la responsabilidad que adquieren aquellos que las utilizan.

La parte esencial del mito de que la "tecnología es políticamente neutral" es que el resultado de cualquier acto determinado, que comprenda la aplicación de un elemento de la tecnología, queda enteramente determinado por las motivaciones que hay tras ese acto. La tecnología utilizada pretende ser totalmente independiente de tales motivaciones. Quiere que elijamos primero una determinada ocupación que nos gustaría realizar para luego elegir la máquina adecuada que nos permita llevar a cabo dicho trabajo. Aunque, de acuerdo con esta opinión, la elección del trabajo puede estar, consciente o inconscientemente, determinada por factores políticos, la consiguiente elección de la máquina o técnica para llevar a cabo el trabajo se pretende que siga siendo una tarea técnica políticamente neutral.

Por supuesto, existen otros mitos que han estado relacionados, en el pasado, con la tecnología. El poder de la industria, por ejemplo, fue un importante símbolo de la fuerza de imperialismo británico durante el siglo XIX, al tiempo que la industria pesada adquiría un significado casi místico para los bolcheviques en los primeros años de la Revolución Rusa. También existe ahora al mito de que nuestros problemas sociales están, en muchos aspectos, causados por la tecnología avanzada o, dicho con otras palabras, que la tecnología avanzada se ha convertido en algo intrínsecamente anti-humano; aunque este mito ignora los factores políticos que se encuentran tras la naturaleza opresiva de la tecnología en las sociedades capitalistas avanzadas, sin embargo se encuentra muy cerca, en muchos aspectos, de la interpretación que yo he dado en el apartado anterior del rechazo a separar la naturaleza de la tecnología de los usos a los que se la ha destinado.

No obstante, el mito de la neutralidad de la tecnología legitima la función social contemporánea de la tecnología tratando de sacarla fuera de la esfera del debate político. Dejamos de preguntarnos acerca de la naturaleza de la estructura institucionalizada de la tecnología y de la forma en que se ha ido desarrollando históricamente y aceptamos ambas cosas como algo natural o, al menos, como algo inevitable. Del mismo modo, aceptamos que se nos diga que los ferrocarriles están hechos de una cierta forma porque es lo que resulta más "eficaz", o que la *única* forma de terminar con los actuales problemas del medio ambiente es aumentar la sofisticación tecnológica.

Además, este mito es un elemento esencial de una ideología general mecánica y funcional de la sociedad contemporánea. Esta ideología postula una relación de equivalencia entre los conceptos de industrialización, modernización y desarrollo social y tecnológico, a la que ya se ha aludido como la "ideología de la industrialización". Esta es, por ejemplo, la ideología que legitima la continua prosecución del crecimiento económico, que pone todo su énfasis en la generación, más bien que en la distribución, de la riqueza. También trata de explicar el funcionamiento de la sociedad exclusivamente en términos operacionales, negando la relación de las consideraciones políticas que conciernen a la distribución del poder o de los modelos de control social. Dentro de los países capitalistas industrializados - y frecuentemente también en los países subdesarrollados, cuando una economía capitalista en ciernes se siente atraída hacia un mercado mundial - dicha ideología se utiliza para suprimir las potencialidades que ofrecen determinadas máquinas para llegar a una emancipación individual y social, mientras que sirve para legitimar su utilización con fines de explotación social.

El mismo mito proporciona una interpretación de la innovación técnica como si se tratase de una respuesta objetiva y técnica a determinadas circunstancias. En este caso la legitimación se puede expresar en términos de "mayor eficacia" (v. g. la introducción de líneas de montaje en las técnicas de producción), o de soluciones "técnicas" para necesidades sociales (v. g. el desarrollo de un nuevo sistema de transporte), o como la "racionalización" económica de técnicas anticuadas (v.g. la introducción de sistemas telefónicos automáticos), o incluso como lo necesario para mantener una postura competitiva en un mercado mundial (v. g. Concorde). Cualesquiera que sean los términos utilizados, intentan dar a entender una racionalidad objetiva en el proceso de innovación tecnológica que hace que cualquier innovación determinada parezca ser la respuesta lógica a una situación dada y objetivamente definida.

Como puede verse, muchos de los términos y conceptos empleados por dicha interpretación provienen de la práctica de la ciencia. Incluso se podría decir que, tanto la legitimación de la función social de la tecnología, como de la innovación tecnológica, se basa en gran parte en la ideología del "cientifismo", que a su vez es legitimada por la interpretación positivista de la práctica de la ciencia como búsqueda de una verdad objetiva empíricamente descubierta.

El positivismo, como filosofía natural que es, combina las tradiciones del pensamiento empírico y del pensamiento racionalista. Esto se hizo al principio para consolidar la fe de los científicos (y muy a menudo también la de los no científicos) en la exclusiva validez de la verdad científica. El cientifismo es la transformación del positivismo en una filosofía social, es aquello en lo que se basa el hombre para explicar e interpretar la naturaleza de la sociedad. Como tal, pienso, constituye un elemento esencial de aquello que ha sido denominado ideología de la industrialización. Esencialmente expresa la convicción, como lo explica Jürgen Habermas, de que "no podemos seguir considerando a la ciencia como una forma de conocimiento, sino que más bien deberíamos identificar al conocimiento con la ciencia" (en su *Knowledge and Human Interests*) (5). El mensaje básico del cientifismo consiste en que un planteamiento aparentemente "científico" con respecto a cualquier problema o situación es tan necesario como suficiente para indicar cómo puede lograrse su solución objetiva y políticamente neutral.

Además, se puede sostener que la importancia del cientifismo, como parte de la ideología contemporánea, está estrechamente relacionada con la fuerte dependencia de las sociedades industrializadas avanzadas en relación a los descubrimientos hechos en los laboratorios científicos. En las sociedades tribales tradicionales, la tecnología se derivaba directamente de las costumbres humanas, y estas costumbres se encontraban implícitamente relacionadas con los valores dominantes y los modelos sociales de la cultura reinante. La gran escala y la complejidad de la tecnología moderna, sin embargo, excluyen la posibilidad de que se desarrolle a partir de la experiencia colectiva directa. El desarrollo tecnológico depende ahora, de forma muy intensa, de la aplicación de modos de razonamiento abstractos y del conocimiento frecuentemente atribuible –aunque discutible– a los resultados de la investigación científica (6).

La innovación tecnológica no nace directamente del banco de un laboratorio. La aplicación del conocimiento abstracto a tareas concretas, como hemos visto más arriba, ya es un proceso políticamente determinado. Su legitimación proviene más bien del esquema interpretativo, aparentemente neutral, de la ciencia positivista que de la experiencia práctica colectiva. Lo que es importante para entender el papel social de la tecnología contemporánea es la legitimación que proporciona la ciencia, así como el conocimiento potencialmente útil que ello genera.

El funcionamiento de este proceso puede ser observado en el desarrollo de las ideas de los métodos de dirección científica. La división del trabajo que adviene, bajo la aplicación de los métodos de dirección científica, del supuesto análisis científico de la práctica de producción de artículos de consumo se convierte en parte integrante del diseño de la tecnología de producción. En la forma en que está planteada una línea de producción fabril, por ejemplo, se encuentra implícita la idea de que los métodos de línea de producción son los más adecuados para un tipo de producción en particular. La fragmentación social de la fuerza de trabajo necesaria para la buena marcha de un sistema jerárquico queda experimentada directamente en el espacio fijo situado entre cada operario dentro del taller. Este tipo de innovaciones se justifica, no obstante, con argumentos del género de "mayor eficacia económica", lo cual implica que ha sido posible matematizar la situación del trabajo de una forma objetiva y científica. El cientifismo legitima, por tanto, un proceso, que surge inicialmente como una necesidad social y económica, por medio del cual la división del trabajo se ha institucionalizado posteriormente en los primeros planteamientos de la tecnología de la producción, aunque al mismo tiempo esté pensado para que sirva a fines políticos (7).

Fuera de la producción industrial se plantea una situación semejante. Edmund Leach, por ejemplo, nos ha indicado de qué forma se utiliza la ciencia como factor legitimador en la medicina contemporánea. "Los conocimientos médicos generalmente se han adquirido y han sido conservados como si fuesen una tecnología; una manera práctica de hacer frente a una situación determinada", escribe. "Sólo muy a finales del presente siglo fue cuando la profesión médica empezó a aceptar, de forma general, que las innovaciones en cuanto al ejercicio de la medicina deben estar justificadas por criterios científicos" (8).

En la planificación social, la utilización de modelos supuestamente objetivos de comportamiento humano y social sirve para legitimar la imposición de una política social. La planificación del desarrollo en los países subdesarrollados ha sido predicada, de forma similar, tomando como modelo la racionalidad positivista occidental, la cual trata de insinuar que los problemas sociales de dichos países pueden resolverse aplicando de forma racional la ciencia y la tecnología occidentales, así como fomentando el desarrollo de instituciones, actitudes y valores de estilo occidental.

En este sentido, la utilización del "método científico" es importante para referirse brevemente a los orígenes y al desarrollo de la ciencia moderna. Fue durante la revolución filosófica, que tuvo lugar en la Europa Occidental durante los siglos XVI y XVII, cuando comenzó a ser aceptada la validez general de una ciencia secular mecánica en tanto que filosofía natural no sólo por unos cuantos intelectuales aislados, sino en una amplia escala social. Separándose de las tradiciones esencialmente no funcionales de la ciencia griega, los primeros científicos modernos, incluyendo personajes tales como Copérnico, Galileo y Francis Bacon, comenzaron a darse cuenta del valor potencial que el conocimiento científico tenía para la sociedad cuando se le proporcionaban los medios no sólo para entender el mundo, sino también para cambiarlo.

La base filosófica de esta nueva ciencia nos la proporcionó Descartes, cuya estricta división de la realidad –o, más bien, del conocimiento de la realidad– en las categorías de subjetiva y objetiva constituyó los cimientos para el ejercicio de la ciencia occidental en los últimos trescientos años.

El método de Descartes no fue el único del que se podía disponer. El filósofo Leibniz postuló una interpretación alternativa de la realidad en su *Monadología* (9). Su filosofía de las mónadas se basaba en conceptos de totalidad y daba más importancia a la relación que pudiera haber entre fenómenos y acontecimientos que a las diferencias que los separaban. Con todo, esto excluía la posibilidad de que hubiese un método científico que permitiese al hombre el acceso directo a las fuerzas de la naturaleza y, por ello, suponía la incapacidad para aliarse a una base material instrumental. Fue la lógica cartesiana la que triunfó; las ideas de Leibniz estaban abocadas a caer en el olvido. Consecuencia de ello fue la evidente aceptación social de una escisión entre lo que son valores –la esfera del sujeto– y lo que son hechos –la esfera del objeto. Esto, a su vez, parecía legitimar la separación que hay entre sentimiento y pensamiento, proceso que puede seguirse en casi todos los campos de la actividad cultural. Tras el período de los poetas metafísicos, por poner un ejemplo, se observa una agudización de la distinción entre poesía y prosa. Rousseau indicó posteriormente que "la filosofía de Descartes había degollado a la poesía" *("la philosophie de Descartes avait coupé la gorge à la poésie").*

Todo este proceso fue acompañado del nacimiento de la noción de pureza, aplicado a las diversas formas de la actividad cultural. La ciencia, a pesar de reconocerse su importancia instrumental, se convirtió en ciencia "pura", separándola conscientemente de sus aplicaciones sociales y justificándola muy a menudo en sus propios términos como la búsqueda desinteresada del conocimiento. La idea del arte por el arte (*l'art pour l'art*) surgió, más o menos, al mismo tiempo, primero en el ajetreado clima comercial de la Italia del siglo XV y posteriormente en Francia, en el siglo XVII, bajo la aprobación políticamente motivada de Luis XIV. Durante éste y posteriores períodos, el mito del valor intrínseco del objeto de arte fue utilizado por una incipiente clase mercantil y capitalista para legitimar la apropiación de la riqueza, convirtiéndola en objetos de consumo no comerciales, es decir, culturales (10).

Incluso nos encontramos con que el concepto de trabajo puro comienza a surgir más o menos por la misma época, con el inicio del sistema de jornales de trabajo. La fuerza de trabajo fue, a partir de entonces, algo que tenía que intercambiarse, lo que exigía la disociación del obrero de su contexto social, en otras palabras, su alienación. Habiendo estado en sus comienzos sujeto a las relaciones colectivas de grupo, en sí mismas sensibles a los ritmos naturales de la relación social, el trabajo empezó a ser considerado como un producto económico según iba siendo atraído gradualmente hacia las fábricas, en donde estaba directamente sujeto a los principios de una eficaz organización de producción. Este proceso estaba muy apoyado por aquellos movimientos religiosos, tales como el Metodismo, que predicaban que el trabajo duro era, *per se*, una virtuosa actividad que ayudaba a salvar el alma.

El concepto idealista del valor intrínseco de la actividad de un individuo, ya sea mental o manual, una vez que se le separa de su papel social encubre una importante paradoja. Las sociedades industrialmente avanzadas se suelen caracterizar por la gran importancia moral y cultural que le conceden al valor del conocimiento científico abstracto –incluso cuando no tiene en perspectiva una aplicación inmediata o manifiesta– y por la evidente necesidad que tienen de hacer retroceder implacablemente "las fronteras del descubrimiento científico". A pesar de todo, los frutos de la aplicación de este conocimiento a tareas prácticas constituyen un elemento esencial en la eficaz expansión y funcionamiento de tales sociedades. Mientras que, dentro del terreno cultural, las cualidades abstractas y casi metafísicas de la ciencia predominan sobre el elemento más trivial de la utilización de la tecnología, dentro de la esfera de la producción social la importancia relativa de ambos elementos se encuentra drásticamente invertida. En otras palabras, la fuerza que se le concede a la importancia cultural de la ciencia abstracta legitima la ideología del cientifismo, aunque disfraza no sólo su forma de explotar, por medio de la tecnología, su uso práctico, sino también el hecho de que la existencia de la ciencia contemporánea –en lo que se refiere a la ayuda económica que se presta a la investigación y al desarrollo– es un resultado directo de su utilidad práctica.

Otro aspecto del cientifismo es que fomenta la aceptación pasiva de un estado de cosas existente. El cometido de los científicos consiste en dar una explicación de por qué es "natural" que las cosas sean –y sigan siendo– como son. El cientifismo, al aceptar tales explicaciones, estimula la sumisión general a la manipulación efectuada por las fuerzas políticas. La ciencia puede contener el potencial para ser transformada en una fuerza materialmente progresiva; pero, bajo la apariencia ideológica del cientifismo, lo que busca es esconder la posibilidad de que exista la emancipación política y es utilizada para suprimir dicha posibilidad por medio de la predicación del "orden natural" del sistema existente. Rechaza, como irracionales o poco científicas, todas las tentativas de desafiar nuestra actual situación en términos de los intereses clasistas que mantiene. (En abril de 1973, un grupo de lectores del *Guardian* llamó la atención sobre una noticia relacionada con la "investigación" psicológica que decía "el atractivo sexual es lo que indica la actitud y la reacción al humor picante" cuando se observan las reacciones que experimenta la gente ante una postal "verde". Dichos lectores escribieron: "Este es el uso más descarado que se le ha podido dar a la etiqueta de "ciencia" para legitimizar lo que en realidad no es sino perjuicio, estereotipación y denigración de las mujeres").

La visión oficialmente sancionada del mundo empieza a ser una visión obtenida a través de las categorías "objetivas" de la ciencia. Así vemos, por ejemplo, cómo la *Roskill Commission* tiene en cuenta, en lo que respecta al emplazamiento del tercer aeropuerto de Londres, sólo aquellos factores sociales que pueden ser "científicamente" cuantificados o cómo los psicólogos "behaviouristas" se ocupan de reducir las diferencias socio-culturales entre los grupos etnológicos hasta que den la talla para ser interpretados por medio de los *tests* de "inteligencia". Los economistas nos dicen que, si algo existe, ese algo se puede cuantificar, los sociólogos y los psicólogos nos dicen, por el contrario, que, si podemos cuantificar un concepto (tal como la inteligencia) y demostrar que se comporta de una forma casi científica, entonces basta con indicar que el concepto existe de modo objetivo.

No resulta difícil encontrar ejemplos de esta ideología. Victor Ferkiss nos proporciona un ejemplo en su libro *Technological Man* cuando escribe que "el hombre tecnológico, por definición, estará en posesión de la visión mundial de la ciencia y la tecnología, *las cuales, por sí mismas, proporcionarán un criterio de valor para la civilización futura*" (11). Otros, tales como el bioquímico francés Jacques Monod, han pretendido demostrar que la ciencia, por sí misma, proporciona una racionalidad que ha reemplazado, y por ello puede ser considerada como superior a ellas, a las anteriores formas de racionalidad religiosa o política (12). La verdad científica se convierte en el substituto de la verdad religiosa. A pesar de todo, su naturaleza ideológica y dogmática –imperceptible, por definición, para aquellos que creen en ella– no es menos peligrosa que la de la religión. Al tratar de establecer un sistema de racionalidad que, aparentemente, está *por encima* del hombre, distrae la atención de la forma en que dicha racionalidad puede utilizarse para oscurecer la naturaleza de la relación *entre* los hombres.

Además, manteniendo la escisión cartesiana entre el mundo abstracto de lo subjetivo y el mundo material de lo objetivo, la ideología del cientifismo legitima la idea de que la concepción de una línea concreta de acción puede, y debería, ser separada de su ejecución, del mismo modo que la teoría debiera estarlo de la práctica. Mientras que Marx indicó que el trabajo humano constituía un proceso de producción de valores que integraba los elementos esenciales de la vida social y sobre todo reunía la esfera de lo subjetivo con la de lo objetivo, el cientifismo trata de legitimar la separación entre, por ejemplo, la actividad "cultural" y la instrumental y de mantener, por lo tanto, la confrontación entre sujeto y objeto.

Podemos observar lo falso de la distinción entre realidad objetiva y realidad subjetiva reflejado en el debate conocido como el de "las dos culturas", iniciado por C.P. Snow en 1959. Aunque puede que no fuese la verdadera intención de Snow, este debate ha llegado a significar actualmente la confrontación entre, por un lado, las ciencias y, por otro, los intereses tradicionales humanos, que parece ponerse de manifiesto en muchos aspectos de la vida social. Sin embargo, lo que el debate generalmente no hace es distinguir la naturaleza esencial de una actividad de la forma en que ha sido institucionalizada y, por consiguiente, mitificada como parte de la ideología dominante. Las razones por las cuales existen estas claras contradicciones entre las ciencias y las humanidades hay que buscarlas dentro de una ideología que las identifique primeramente como actividades autónomas independientes de la base material de la sociedad y, una vez hecho esto, les den papeles opuestos de forma que garanticen prácticamente la aparición del conflicto (13).

En los dos apartados precedentes indiqué, en primer lugar, de qué forma la tecnología juega un papel político en la sociedad y, en segundo lugar, cómo este papel político queda disfrazado por la ideología dominante del sistema. Esto se lleva a cabo a través de la existencia del mito de la neutralidad de la tecnología y de la interpretación que esto proporciona, tanto de la función social de la tecnología en sí, como del proceso de desarrollo tecnológico. En este apartado espero indicar algunas de las consecuencias que esta interpretación del papel que juega la tecnología, así como de sus bases en la ideología legitimadora del cientifismo, tiene para la forma en que nosotros interpretamos la naturaleza de la tecnología. Quiero indicar que, en un sentido simbólico, la tecnología aparece como un elemento inevitable o "dado" de la realidad social en la que vivimos. Esta realidad aparece dividida en distintos modos de enfocar los acontecimientos o fenómenos dados, pongamos por caso, una perspectiva política, histórica, cultural o económica. La tecnología, o más bien los objetos que comprende, parece jugar un papel neutral dentro de cada perspectiva, como la simple expresión de una realidad que se encuentra bajo ella.

Sugiero que es esta situación la que intenta persuadirnos de que ignoremos la naturaleza ideológica de nuestra interpretación de la función de la tecnología y de que aceptemos la tecnología como un elemento "natural" en nuestra realidad social. En otras palabras, la tecnología no sólo funciona políticamente, en un sentido material, para fomentar los intereses de una clase social dominante manteniendo una forma concreta de organización social, sino que, también, funciona políticamente en un sentido simbólico en el que la interpretación que se le da a la tecnología está destinada a mantener una ideología dominante. La naturaleza política de esta interpretación queda disimulada porque el individuo está condicionado para que acepte una interpretación del mundo socialmente dada, así como porque el lugar que ocupa en él la tecnología es presentado como algo natural y, por tanto, inevitable (a través, por ejemplo, del refuerzo que proporciona el sistema docente o los medios de comunicación de masas). Además, queda disimulada dentro de cada perspectiva aparentemente autónoma de la realidad, mientras que nos lleva a interpretar la actividad instrumental del individuo como si fuesen actos conscientemente proyectados por un sujeto socialmente autónomo y racionalmente motivado, más bien que como un proceso en sí que está sujeto, por una parte, a constricciones sociales que se le imponen al individuo y, por otra parte, a la expresión de sus propias motivaciones psicológicas.

La importancia que tiene fijarse en la forma en que funciona la tecnología dentro de las distintas perspectivas, o de lo que yo llamaré "modo de significación", surge del hecho de que la máquina privada desempeña muchos papeles en la sociedad. Un coche, por ejemplo, puede significar para su propietario no sólo un medio de transporte privado –que es su función material más directa– sino también un símbolo de status social, la distracción de un fin de semana, un medio de expresión propia, un objeto deseable, una recompensa al trabajo (en vez de un aumento de sueldo) o, incluso, si se trata de un coche clásico, de una inversión económica. Un anuncio publicitario aparecido recientemente, por ejemplo, daba a entender que el italiano que se desliza por la Autostrada del Sole a 200 kms/hora en su Rolls-Royce "está realizando algunos aspectos importantes de su naturaleza. Su amor por las cosas bellas. Su saber apreciar la ingeniería técnica. Su pasión por conducir. Y su orgullo".

Para el fabricante de coches, el coche desempeña a la vez la función de ser un artículo de consumo útil, como expresión de su clara contribución al desarrollo de la sociedad, y la de ser un factor determinante en la distribución de su línea de producción o de su plan de ventas. Para el que no posee un coche, el coche puede convertirse en un riesgo para el peatón, en una amenaza del medio ambiente, en un desafío directo al transporte público y, como espectáculo, en una sublimación de paseos en coche inconscientes. Para aquellos que viven en países subdesarrollados puede significar un símbolo de prestigio, un deseable sub-producto de la modernización, una fuente de empleo –tanto en fábricas como en garages–, un descenso en las reservas de divisas o en símbolo de la explotación económica por parte de las fuerzas neo-colonialistas.

El mismo coche satisface, simultáneamente, distintos requisitos o, también podría decirse, expresa una serie de valores distintos. Muchas de sus funciones son distintas de aquellas para las que el coche fue inicialmente pensado, hablando en sentido instrumental. El modelo Ford T, por ejemplo, no fue diseñado en su momento pensando en el valor de antigüedad que adquiriría sesenta años más tarde. La función simbólica total de cada coche es, por lo tanto, una función compuesta. Aunque originalmente puede haber sido diseñado para desempeñar una función instrumental específica, como medio para alcanzar un fin concreto, su existencia dentro de un medio ambiente social –cuya importancia, para el individuo, va más allá de las propiedades materiales de los objetos de que está compuesto, proporcionándole el armazón de toda su interpretación de la realidad –le dota con otra serie de funciones.

Uno ya no puede decir que *la* función de una máquina es llevar a cabo una tarea sola y aislada. Cada máquina realiza una serie de funciones. Y, en muchos casos, dichas funciones son puramente el producto de un medio ambiente social –los coches como antigüedad, por ejemplo– y totalmente inconexas con cualquier papel material. Por el contrario, condenar a una máquina a que sólo cumpla una función (los coches como fuente de polución, por ejemplo, o los computadores como fuente de error de copia), aunque se lo merezca, es una tontería. Es un error separar la función de una máquina de todas sus demás funciones, del mismo modo que hemos visto previamente que también era un error separar el funcionamiento de una máquina del funcionamiento de otra al considerar la función de la tecnología como institución social.

Lo más importante es averiguar en qué medida una función concreta refleja y, al mismo tiempo, está relacionada con los "valores" del medio ambiente social en el que ha sido concebida y dentro del cual la máquina ha llegado a ser una prolongación y una parte integrante. Para ello, es necesario restablecer las conexiones que han sido cortadas entre lo que yo he llamado los distintos modos de significación, con objeto de ver hasta qué punto la articulación de "significado", dentro de cada uno de ellos, es en sí misma un proceso socialmente determinado. Por ejemplo, solemos separar el valor económico aparente de un objeto de su valor estético aparente, sin darnos cuenta de hasta qué punto uno y otro son expresiones de una determinada manera de ver el mundo, el cual, a su vez, es el producto de nuestra experiencia social dentro de una sociedad clasista.

Volviendo a nuestro anterior ejemplo del coche, podríamos decir que, al interpretarlo como una inversión económica, una recompensa al trabajo, un artículo de consumo útil, un reto al transporte público o una disminución de las reservas de divisas, nos estamos refiriendo a su función económica o a su significado. Como símbolo de prestigio o símbolo de opresión extranjera, funciona de un modo principalmente social o político. Cuando lo interpretamos como fuente de polución, o como un objeto que necesita para su construcción una serie de recursos naturales no renovables, nos estamos refiriendo a su significado ambiental. Por lo tanto, no resulta difícil darse cuenta de lo estrechamente relacionados que están los significados que se refieren a él en cada uno de estos niveles, como lo pueda ser la disminución de las reservas de divisas cuando se convierten en un símbolo de opresión extranjera. En otras palabras, la realidad es como una malla sin costura dentro de la cual cualquier fragmentación o categorización es, se puede decir, un proceso socialmente determinado.

No obstante, el hecho de que se acepte en general que existe una clara diferencia entre cada modo de significación indica que se considera que cada modo ha sido definido independientemente de cualquier determinante social, y que está simplemente sujeto a la articulación de una lógica interna (tal como, por ejemplo, las llamadas leyes de la economía clásica o de la estética). La tecnología, como ya hemos dicho, funciona simbólicamente dentro de cada uno de estos modos de significación. En otras palabras, proporciona un conjunto de símbolos por medio de los cuales se puede articular el significado aparente o el valor de un fenómeno social. No obstante, al igual que en la discusión acerca de su significado material, la tecnología suele ser considerada como si se tratase de un elemento neutral en este proceso, un instrumento simbólico por medio del cual se expresa el significado, más bien que como un elemento esencial en el proceso de expresión en sí.

Tomemos, por ejemplo, la relación existente entre la tecnología y cualquier otro modo de significación convencionalmente aceptado como pueda ser el arte. Ya nos hemos referido a la naturaleza ideológica del debate sobre las "dos culturas". Uno de los aspectos más concretos de este debate es que, en vez de hablar de la tecnología y del arte como si se encontrasen dentro de la misma dimensión de la experiencia colectiva, la tecnología es considerada como algo aislado, e incluso, hasta un cierto punto, opuesto a las actividades "artísticas" del hombre. Esto resulta evidente en debates que toman como punto de referencia el "impacto de la tecnología en el arte" o la aparente confrontación entre el hombre artista y el hombre tecnólogo. Estudiamos temas referentes a la tecnología y al arte, o a la tecnología en el arte, pero rara vez estudiamos a la tecnología como arte. Se considera legítimo que el artista utilice la tecnología en su trabajo, pero sólo como un medio para expresar sus ideas (artísticas). El arte cinético y el arte hecho con computador nos dan buenos ejemplos de ello. En tales casos, los aspectos artísticos y técnicos de cualquier trabajo artístico producido de esta manera generalmente quedan claramente definidos. La tecnología no sólo parece políticamente neutral, sino que también parece neutral dentro del proceso artístico.

Un segundo nivel de significación, quizá más importante aún, es el del debate político. Ya hemos visto cómo el mito de la neutralidad de la tecnología oscurece la función política de la tecnología en la sociedad. Como corolario de esto, se ha tratado de neutralizar cualquier oposición política a que se utilice la tecnología, trasladándola al lenguaje despolitizado del mito mismo. Este es el caso de la llamada "constante técnica". En este sentido, se pretende que los problemas sociales creados por la tecnología sean resueltos aplicando todavía más tecnología. Se nos ha dicho, por ejemplo, que bastará con utilizar sofisticados instrumentos de control si se da una legislación gubernamental adecuada que garantice su utilización para combatir los problemas de la polución ambiental, o bien tecnologías proyectadas de forma adecuada para resolver los problemas económicos y sociales del subdesarrollo. No es que se esté en contra de que sean necesarias o adecuadas las máquinas específicas implicadas en tales programas políticos, sino contra el análisis científico que ignora las raíces políticas de los problemas que trata de resolver y que, además, pretende que las soluciones van a dárnoslas los medios tecnológicos.

Esto también es válido, aunque de forma un poco más sutil, con respecto al desarrollo de técnicas de evaluación tecnológica. No se trata de saber si el impacto de la tecnología sobre la sociedad debería ser evaluado, sino de cómo debería serlo. Como generalmente se desarrolla dentro de las sociedades industriales capitalistas, la evaluación tecnológica trata de evaluar este impacto –y, por ello, de recomendar aquellas medidas por medio de las cuales se pueden minimizar los aspectos "indeseables" de la innovación tecnológica– utilizando el mismo tipo de categorías metodológicas (tales como objetividad y neutralidad política) como aquellas por medio de las cuales se dice que ha sido desarrollada la tecnología en sí. Esto esconde el hecho de que la naturaleza de las categorías elegidas como base para el análisis disfraza los elementos políticos esenciales de los problemas que estamos analizando (14).

El reverso de la neutralización de la crítica es que aquellos que proponen programas tecnológicos en la creencia de que dichos programas están fuera de la esfera del debate político, aunque estén preparados para escuchar las críticas de naturaleza puramente técnica –y frecuentamente para modificar planes escudándose en dicha crítica– son capaces, no obstante, de justificar la eliminación de todo desafío *político* considerándolo como de poca importancia con respecto al problema ya discutido. Así, una encuesta oficial acerca del emplazamiento de una autopista se concentrará en decidir dónde debiera ser colocada dicha autopista para crear los "menores" trastornos ambientales o sociales posibles, pero no tratará del problema de saber si se necesita realmente una autopista, o de investigar a qué intereses responderá tal autopista. La interpretación de los programas políticos como actividades puramente técnicas y la evaluación de la actividad política en términos primordialmente instrumentales también están relacionadas, por supuesto, con la despolitización de la tecnología. Los programas políticos suelen ser valorados por lo que han realizado en términos, por ejemplo, de rendimiento económico. Los partidos políticos son comparados según la eficacia con que hayan sido capaces de manejar una economía capitalista. El alcance de la ayuda prestada a los países subdesarrollados se evalúa según la importancia del porcentaje con respecto al producto nacional bruto. De ahí la convergencia teórica de los programas políticos, la supuesta muerte de las ideologías –ya que últimamente se considera que todo está hecho de manera "científica"– y el aparente desarrollo de una sociedad tecnocrática políticamente neutral.

Este proceso también se da en la educación, donde técnicas tales como el plan Keller de enseñanza programada, basadas principalmente en ideas behaviouristas Skinnerianas, son de nuevo juzgadas sólo por su efectividad en cuanto a mejorar la velocidad y la eficacia de lo que se conoce como proceso de aprendizaje. El hecho, frecuentemente citado por los partidarios de tales técnicas, de que los estudiantes "prefieran" tales métodos de enseñanza porque resultan más eficaces a la hora de pasar los exámenes es, de por sí, una crítica de la naturaleza del sistema docente y de las formas de asesoramiento que utiliza, más bien que una indicación del valor intrínseco de las técnicas. Son éste y otros factores semejantes los que conducen a la caracterización de las legitimaciones ideológicas contemporáneas a las que nos hemos referido anteriormente señalándolas como "mecánicas" y "funcionales".

Para resumir, he tratado de indicar cómo funciona la tecnología en la sociedad no sólo en un sentido material, sino también en un sentido simbólico. Esto lo hace dentro de una serie de lo que he denominado modos de significación. La interpretación convencional de este proceso, pienso, es que la función simbólica de la tecnología, dentro de cada uno de estos modos, es puramente neutral: el símbolo es considerado como independiente de lo que se supone que quiere expresar. Además, cada modo de significación, ya sea económico, cultural, político o incluso –yo diría– subconsciente, se nos dice que es independiente de los demás y que sólo depende de su propia lógica articulada interiormente. Esta interpretación total del mundo social en el que vivimos disfraza las conexiones implícitas entre los distintos modos de significación. También encubre el papel que la tecnología (simbólicamente) juega cuando disfraza, aunque al mismo tiempo la refuerce, la naturaleza real de cada uno de estos modos de significación y el alcance al que están destinados políticamente si se mantiene el mito de su neutralidad. La tecnología funciona simbólicamente de un modo ideológico para mantener y reforzar una forma determinada de organización y control social, de la misma manera que funciona materialmente hacia los mismos objetivos.

El propósito de esta polémica sobre la función social de la tecnología no ha sido tanto el dar una explicación acerca de un estado determinado de cosas como el describir la legitimación que una clase social dominante trata –no siempre con éxito, tengo que añadir– de proporcionar a esta serie de asuntos. No obstante, esto no constituye de ninguna manera una receta para practicar una política adecuada que altere tal situación, aunque proporciona algunas indicaciones acerca de los distintos aspectos necesarios para llevar esto a la práctica. Concretamente, señala la necesidad de combatir tanto la utilización de la tecnología, como el proceso de la innovación tecnológica, directamente sobre terrenos políticos, como parte de una lucha global para emanciparse del sistema de explotación que la tecnología mantiene en el capitalismo industrial.

Una de las propuestas ha sido la de desarrollar una "ciencia para el pueblo", a través de la cual pongan los tecnólogos y científicos sus técnicas y sus conocimientos al servicio de los grupos oprimidos de la sociedad, para corregir el control monopolístico que sobre la práctica de la ciencia y la tecnología tienen actualmente los grupos e instituciones dominantes de la sociedad. Una actividad similar, propuesta por la *British Society for Social Responsability in Science,* es la de una "ciencia comunitaria". Las dos metas principales que la ciencia comunitaria se ha propuesto son la de proporcionar servicios científicos y tecnológicos a la comunidad –tales como asesoramiento sobre los aspectos técnicos de los servicos médicos–, que están muy descuidados o no reconocidos por la ideología dominante y por las instituciones de las que dependen, y la de desarrollar aquellos aspectos de la lucha de clases que incluyan algunos componentes científicos o tecnológicos (15). Los ejemplos de este último tipo de actividad pueden fluctuar desde la polémica con los llamados expertos que trabajan para las principales instituciones de la industria y del Gobierno a fin de que legitimen sus políticas de opresión, hasta el desarrollo directo de los medios técnicos que servirán de ayuda en la lucha de clases. Como han dicho dos miembros del movimiento estadounidense de los "Black Panther", ambos investigadores científicos, "se trata de saber lo que la comunidad necesita. Si alguien sabe que puede contribuir con sus conocimientos matemáticos y ve que se necesitan, entonces adelante... La mayor parte posible de nuestra gente debiera aprender tecnología con idea de contrarrestar la que el Gobierno está explotando en contra nuestra" (16).

Este tipo de actividades son importantes hasta el punto de que la teoría se re-integra con sus aplicaciones prácticas, ayuda a desmitificar el concepto de experto que se tiene de los científicos y de los tecnológos y suprime el respeto del que va acompañado, ayudando generalmente a elevar el nivel de consciencia, acerca de la naturaleza de la sociedad, de aquellos que se encuentran directamente implicados. Sin embargo, la categoría de ciencia comunitaria implica, en sí, una cierta contradicción porque, al sacar a la ciencia del laboratorio, uno ya está rompiendo con los códigos que definen la actividad de la ciencia y, de paso, poniendo en entredicho la reputación del "científico". Conservar esta reputación significa conservar la estructura de experiencia y mitificación que caracteriza a la sociedad industrializada y toda la mitología de la neutralidad tanto de la ciencia como de la tecnología; rechazarla es rechazar la identificación de una categoría de actividades que pueden tener la reputación de ciencia comunitaria y pueden ser distinguidas de otras formas de actividad comunitaria.

Lo que la denominación de ciencia comunitaria conlleva, hasta cierto punto, es que resulta posible identificar a la ciencia como una actividad autónoma con respecto a su contexto político y social, y que los problemas están simplemente relacionados con la naturaleza del conjunto de vínculos que existen entre la ciencia y la sociedad. Este modo de enfocar las cosas niega la medida en la cual los factores ideológicos forman parte del funcionamiento interno de la ciencia. Además, crea el peligro de que podría fácilmente ocurrirle lo que a, por ejemplo, la medicina comunitaria y a gran parte de los movimientos radicales referentes al alojamiento y a la ecología que fueron recuperados por la ideología dominante y rápidamente perdieron su margen crítico. Lo importante no es tanto una "ciencia *para* el pueblo" como una "ciencia *por* el pueblo" - o la "socialización de los medios intelectuales de producción" - con todas las implicaciones respecto a la distribución del poder que esto conlleva.

Todo esto no significa que haya que negar la importancia de las actividades de tipo comunitario. Cualquier lucha política, ya sea una acción comunitaria localizada o un movimiento nacional, puede ayudar a contrarrestar los mitos incialmente perpetuados por el sistema docente y posteriormente apoyados por la intervención de los medios de comunicación de masas. Una prueba de esto la encontramos en el hecho de que el mal uso que se ha hecho de la ciencia y de la tecnología en el desarrollo de las armas nucleares y en el desarrollo de otras formas de guerra tecnológica, en particular las utilizadas por los Estados Unidos en Vietnam, ha despertado el sentimiento de "responsabilidades sociales" en el científico que, en sí, es un precursor del proceso general de aumento de una conciencia política. Cualquier prolongación del debate político fuera de la dimensión puramente industrial puede llevarnos a conocer hasta qué punto los factores políticos impregnan todos los aspectos de la vida diaria, tanto en el trabajo como en la comunidad.

Existen también funciones puramente prácticas que los científicos y los tecnólogos pueden realizar en la comunidad. La tecnología alternativa puede proporcionar una red de seguridad para aquellos cuyas necesidades no son atendidas por el sistema. Un buen ejemplo de esto es quizá la ocupación de casas deshabitadas, fenómeno consistente en albergar a familias que no tienen hogar en casas vacías, que pueden hacerse habitables con una limitada cantidad de conocimientos técnicos. Del mismo modo, un grupo de "tecnólogos radicales" en Sheffield, ha estado aplicando técnicas electrónicas elementales para establecer sistemas de intercomunicaciones entre las viviendas. Puede que el nivel técnico o de conocimientos que se necesita no sea muy alto, pero esto tiene menos importancia que la función positiva que juega al estimular la cohesión comunitaria y al demostrar la viabilidad de las estrategias de "auto-ayuda" que no dependen de un sistema centralizado de mantenimiento o de toma de decisiones. Asimismo, existen oportunidades para que los científicos que se dedican a la investigación ayuden a mejorar la situación laboral de aquellos que trabajan en la industria. Ernest Mandel ha formulado la siguiente pregunta: "¿Por qué los estudiantes de medicina, fisiología y psicología que trabajan no han de aplicar tales experimentos, a gran escala, a sus propias experiencias en una empresa moderna, sobre todo para describir y analizar las experiencias de los otros trabajadores?". "Los estudiantes de medicina con sentido crítico podrán analizar los problemas de la fatiga o de la frustración causados por un trabajo mecánico alienado y por un aumento constante de la intensidad del trabajo mejor que lo hacen los médicos positivistas, si combinan su experiencia realmente profesional con la comprensión de los fenómenos sociales existentes en su propio contexto y enriquecen todo esto con su experiencia personal" (17).

Tales actividades ponen de manifiesto la naturaleza ideológica del mito de la neutralidad en lo que respecta a la ciencia y a la tecnología. No obstante, en este modo de enfocar las cosas existe un peligro, y es que esto puede actuar como una alternativa personal más bien que como una alternativa social y política en lo que respecta a los científicos o a los tecnólogos. Concentrándose en problemas localizados o aislados, este método puede fallar a la hora de identificar los verdaderos centros del poder político o de crear una conciencia sobre las causas estructurales de los problemas en juego. Los activistas comunitarios se han encontrado muy a menudo con que, una vez que se ha llevado a cabo un objetivo a corto plazo - como puede ser, por ejemplo, instalar una zona deportiva o trasladar un elemento polucionante local -, el ímpetu general de cambio también se acaba. Asimismo, hay gente que piensa que una vez que se hayan creado alternativas viables y que dicha viabilidad haya sido demostrada, ya se refiera a estructuras comunitarias o a tecnologías alternativas, entonces el sistema existente se disolverá ò desaparecerá simplemente (quizá de la misma forma en que lo hace un elefante moribundo cuando abandona su manada, o como cuando una serpiente se deshace de su vieja piel). Se cree que la integridad de estas alternativas,y, consecuentemente, que la duplicidad de lo que están destinadas a reemplazar, quedará de manifiesto y la sociedad alcanzará un estado de perfección a través de un proceso continuo de evolución. Suele decirse que una vez que el hombre haya recuperado su sentido común innato estará en condiciones de controlar la tecnología en vez de ser la tecnología quien lo controle a él, y la trayectoria hacia una Utopía tecnológica quedara definida de modo claro e inequívoco (18).

Este análisis pasa por alto la naturaleza del sistema de poder que mantiene nuestras estructuras políticas. Pasa por alto también la distinción que hemos hecho entre la actual práctica social de la ciencia y la tecnología, y la mitología que disfraza la naturaleza de dicha práctica. Hay que hacer frente al poder que tienen las principales instituciones sociales y que está en manos de aquellos que las controlan, del mismo modo que debemos poner en claro la naturaleza y la función de la mitología que disfraza este poder, antes de pensar en establecer cualquier sistema alternativo.

Concretamente, es importante luchar contra las instituciones docentes y contra los esquemas de los conocimientos que propagan. Ya sea en la educación oficial como en la extra- oficial, hay que implantar una conciencia del papel que la ciencia y la tecnología han jugado en la sociedad moderna, y demostrar de qué forma están emparentadas con la naturaleza de la tecnología y con las actividades de los ingenieros y los tecnólogos. Es importante atacar las estructuras basadas en el "curriculum" que aún mantienen modelos de jerarquía social y que mantienen la mística del experto, legitimando el dominio de la pericia técnica (19). No debe separarse la teoría de la práctica en lo que respecta a la enseñanza de la ciencia y la tecnología; esto no significa que haya que dar más "prácticas" convencionales, sino que exista una vinculación entre la ciencia y la tecnología tal y como se enseñan en la escuela o en la universidad, y una conciencia sobre la forma en que están relacionadas con las experiencias sociales de la comunidad y sobre la manera en la cual pueden ayudar a desarrollar estas experiencias. Finalmente, las barreras que separan a la ciencia y a la tecnología de las humanidades deben ser consideradas como producto del sistema docente y del sistema político que las mantiene, y no como una división natural de las categorías de actividad social o cultural.

La rápida expansión de la ciencia y de la tecnología desde la Segunda Guerra Mundial ha tenido dos importantes consecuencias. La primera de ellas ha sido la llamada proletarización del trabajador investigador, cuyas actividades están cada vez más controladas por las principales instituciones sociales. La segunda consecuencia ha sido la creciente importancia de las jerarquías dentro de los trabajadores investigadores. La organización interna de los laboratorios de investigación suele reflejar, cada vez más, aquél tipo de organización de sistemas jerárquicos de la producción industrial y se enfrenta con toda idea tradicional acerca de la homogeneidad de la comunidad investigadora.

El cambiante papel del trabajador investigador ha tenido una profunda resonancia sobre los modos importantes de acción que le están permitidos. A partir del momento en que ya no es él quien controla sus propias actividades, ni la forma en que se emplean los resultados de su investigación, resulta poco realista situar el concepto de responsabilidad social a un nivel individual y voluntarista. El control sólo se puede recuperar por medio de una acción colectiva que refleje la naturaleza de la investigación como una actividad colectiva. Marx señaló en *El Capital* que la manufactura "se realiza en la industria a gran escala, la cual separa a la ciencia del trabajo haciendo de la ciencia una fuerza independiente de producción y obligándola a estar al servicio del capital" (20). No obstante, hace muy poco tiempo que todo esto ha afectado verdaderamente a los trabajadores investigadores. Uno de los resultados más inmediatos de esta conciencia en crecimiento ha sido la radicalización, cada vez mayor, de los trabajadores investigadores, y la creación de grupos colectivos en laboratorios de investigación en el Reino Unido, Francia, Italia, Estados Unidos y otros lugares, por medio de los cuales los trabajadores investigadores y el equipo técnico tratan de recuperar el control sobre las actividades de los laboratorios en los que trabajan.

Al mismo tiempo, sin embargo, el papel legitimador de la ciencia y sus implicaciones con respecto al diseño de la tecnología no puede ser abordado meramente dentro del contexto del laboratorio de investigación o de la empresa industrial. Cualquier oposición interna a una mitología puede ser neutralizada traduciéndola al lenguaje y a las categorías del propio mito. Los problemas sociales relativos a la práctica de la ciencia y de la tecnología no pueden resolverse simplemente replanteando un sistema de prioridad en la investigación dentro de las instituciones tal y como son en la actualidad, sino oponiéndose al papel social de las propias instituciones y a la forma en la que éste determina tanto la naturaleza de las actividades que se llevan a cabo en su seno, como la forma en que se deciden las prioridades en la investigación, así como el status de clase de aquellos en favor de cuyos intereses se toman estas decisiones.

La alternativa para la práctica actual de la ciencia, escribe Robert Young, es una "visión crítica y transcendental de la ciencia, la cual se ocupa intensamente de su cosificación, de sus fetichismos, de su papel en la alienación e incluso de todo el programa científico" (21). Lo mismo se puede decir de lo necesaria que resulta una alternativa para la tecnología que es legitimada por este programa. Mientras nuestras actuales instituciones sigan existiendo es importante estimular la crítica, tanto externa como interna, para que el papel ideológico de estas instituciones se haga público.

Es interesante mencionar aquí el cambio completo de postura que han experimentado ciertos grupos de científicos radicales de antes de la guerra. Estos tomaron parte en una polémica para dar mayor énfasis a la importancia social del método científico y para pedir un mayor prestigio social en favor de los científicos, algo que podía hacerse *desde el interior* de las instituciones científicas. Ahora parece estar ocurriendo todo lo contrario; los científicos están en *contra* de que se propaguen los métodos científicos y de que se ejerzan de la forma en que está ocurriendo actualmente en esferas impropias de actividad social, y están experimentando contradicciones que han llevado a muchos a abandonar completamente la ciencia. El cambio de chaqueta experimentado por Harold Wilson entre sus discursos de 1963 acerca de la "revolución tecnológica" y su actitud de 1973 sobre "el hombre oprimido por la tecnología" ha sido incluso más rápido.

Desde el punto de vista político, es importante llamar la atención sobre el hecho de que los problemas relacionados con la tecnología avanzada no pueden ser encuadrados en términos de categorías económicas, que se refieren solamente a la propiedad y al control de los medios de producción, sino que se oponen a la naturaleza política de nuestras instituciones sociales y culturales, a la del concepto de la naturaleza del hombre al que han dado lugar y a las prácticas tecnológicas que se han basado en ellos. Las instituciones que fomentan las jerarquías sociales deben hacer frente a las demandas en favor de la igualdad y de la experiencia colectiva compartida de *todos* los hombres. No sólo debe acabarse con un sistema que divide a la sociedad en opresores y oprimidos, sino que también deben destruirse las barreras que separan la actividad mental del trabajo manual y la teoría abstracta de la práctica concreta. Sólo por medio de estos cambios podemos crear una situación que nos permita reintegrar todos los aspectos de la vida social y la experiencia para crear una situación en la cual el hombre pueda ser libre de realizar su pleno potencial como ser sensible, creativo y social.

Es indudable que todo esto tendrá, inevitablemente, importantes consecuencias para el desarrollo y la planificación de la tecnología. Puede ser discutible, por ejemplo, el que la compleja tecnología avanzada sea *per se* incompatible con sistemas de auto-gobierno, teniendo en cuenta la organización social y la pericia técnica que se necesitan para llevarla a cabo eficazmente. Asimismo, las consideraciones ecológicas directas y los límites que se ponen al crecimiento material parecen destinados a tener una importancia creciente sobre la elección de la tecnología que permitirá a la sociedad gozar de los frutos de un ambiente estable, pero productivo. Por supuesto, una tecnología que evite el tipo de alienación discutido en los capítulos precedentes tendrá que estar basada en una relación diferente entre hombre y hombre, con las consecuencias inevitables para el diseño de las máquinas en sí. También la organización de la producción tendrá que tener en cuenta la naturaleza colectiva del trabajo a la hora de aconsejar los sistemas óptimos compatibles con los fines humanos - más bien que con los económicos, y que sirva a los intereses de todos los hombres, no sólo a los de una élite privilegiada. Aunque, en muchos aspectos, como ya he indicado, puede que sea demasiado pronto para predecir con precisión la naturaleza de estas nuevas máquinas y técnicas. Muchas sólo podrán surgir del proceso de confrontación política y del progreso resultante del desarrollo social.

Sólo dándonos cuenta de hasta qué punto la tecnología forma parte integrante de la ideología de la sociedad contemporánea, al tiempo que constituye un elemento esencial de los mecanismos por medio de los cuales se mantiene la supremacía de los sistemas políticos existentes, podemos apreciar hasta qué punto es necesario y deseable desarrollar una tecnología alternativa. No hacer caso de la dimensión política de este cambio supondrá apoyar un concepto idealista de la tecnología que no coincide con la realidad social de la tecnología tal y como ésta ha sido experimentada. Sin embargo, suponer que el problema afecta exclusivamente a las relaciones sociales de producción y no a la verdadera naturaleza de los medios de producción es como hacer caso omiso de hasta qué punto nuestra tecnología actual está impregnada de la ideología de explotación de las sociedades industriales avanzadas, ya sean nominalmente capitalistas o socialistas. Sólo cuando hayamos creado una alternativa *política* viable estaremos en disposición de percibir las necesidades reales en favor de una ciencia comunitaria o de una tecnología alternativa. Pero quizá para entonces las formas contemporáneas de ciencia y tecnología, tal y como ahora las conocemos, habrán desaparecido y la tarea de ponerse en camino *conscientemente* para desarrollar tales alternativas será innecesaria.

NOTAS Y REFERENCIAS

Introducción

1. Jacob Schmookler, *Patents, Inventions and Economic Change; Data and Selected Essays* (Cambridge, Mass., 1972), pág. 81.
2. Descartes, *Discourse on Method and Other Writings* (Harmondsworth, 1968), pág. 78.
3. F.W. Paish and A.J. Culyer (eds.), *Benham's Economics* (Londres, 1973), pág. 152.

1. *El proceso contra la tecnología contemporánea*

1. Existen, por supuesto, numerosas definiciones de tecnología. El *Concise Oxford Dictionary,* por ejemplo, la define como "ciencia de las artes industriales", mientras que J.K. Galbraith, en su *The New Industrial State* (Harmondsworth, 1967), utiliza dicho término para referirse a "la aplicación sistemática del conocimiento científico, o cualquier otro conocimiento organizado, a los trabajos prácticos". Yo he preferido utilizar el término en un amplio sentido social, de modo que sugiera la manera en la cual la relación existente entre la tecnología, las máquinas y las técnicas pudiera ser considerada equivalente de modo aproximado a la que hay entre el lenguaje, la palabra y el habla (véase el capítulo 7).
2. Barry Commoner, *The Closing Circle: Confronting the Environmental Crisis* (Londres, 1971), pág. 151.
3. Commoner, *ibid*., pág. 177.
4. Commoner, *ibid*., pág. 186.
5. John P. Holdren and Paul R. Ehrlich, "One-Dimensional Ecology Revisited" *Science and Public Affairs,* vol. XXVII, n° 6 (junio, 1972).
6. John Maynard Keynes, *Essays in Persuasion,* (Londres, 1952), pág. 372.
7. "El cambio tecnológico ha constituido la fuerza principal del progreso económico y social durante los últimos siglos y... sigue siendo la fuente más importante de nuestra creciente riqueza". Sir Alec Cairncross, Discurso Presidencial a la *British Association for the Advancement of Science* (septiembre, 1971), pág. 2.

8. "La capacidad de una empresa para la innovación tecnológica puede ser definida como su habilidad para explotar la ciencia y la tecnología a fin de crear provechosamente productos y procesos de producción nuevos o perfeccionados". Keith Pavitt, en "Technological Innovation in European Industry: The Need for a World Perspective", *Long-Range Planning* (diciembre, 1969), pág. 8.
9. Véase, por ejemplo, R. Clarke, *The Science of Ward and Peace* (Londres, 1971). También S. Rose (ed.), *Chemical and Biological Warfare* (Londres, 1968).
10. Citado en *Unemployment: An Oxfam Special Report* (Oxford, 1972) pág. 3.
11. Judith Hart, *Aid and Liberation,* (Londres, 1973), pág. 42.
12. Arthur Hawkins, Presidente de la *Central Electricity Generating Board,* declaró ante una Comisión de la Cámara de los Comunes que los asuntos concernientes a la seguridad de las centrales nucleares "eran mejor tratados por expertos en base a procedimientos establecidos por los gobiernos y sin pasar a debate antes de que se hubiesen tomado las decisiones". (*The Guardian*, 19 de diciembre de 1973).
13. Citado en Noam Chomsky, *American Power and the New Mandarins* (Harmondsworth, 1969), pág. 24.
14. Ralp Lapp, *The New Priesthood* (New York, 1965), pág. 1.
15. Lapp, *ibid.*, pág. 2.
16. Véase, por ejemplo, Galbraith, *op. cit.*
17. Véase, por ejemplo, *Science Against the People: The Story of Jason* (publicado por Berkeley SESPA, 1973).
18. Véase Jospeh Hanlon, "The Technological power broker", en *New Scientist* (15 de febrero de 1973). Esto más parece un reflejo de la lucha llevada a cabo por el Presidente Allende para salvaguardar su gobierno marxista frente a los intereses capitalistas nacionales y extranjeros que una acusación contra su política.
19. Report of the Royal Commission on Local Government in England, Cmnd. 4040 (HMSO, 1969), pág. 125.
20. Entrevista "Towards machine intelligence", *Science Journal* (septiembre de 1968).
21. Carl J. Friedrich and Zbigniew K. Brzezinski, *Totalitarian Dictatorship and Autocracy* (New York, 1966).
22. *Science for People*, nº 20 (BSSSRS, febrero/marzo de 1973).
23. Frederick Engels y Karl Marx, *The German Ideology* (Londres, 1938), pág. 7.
24. La idea según la cual el concepto de alienación es en sí mismo una construcción ideológica ha sido recientemente desarrollada por el filósofo francés Louis Althusser.

25. Erich Fromm, *The Revolution of Hope: Towards a Humanised Technology* (New York, 1968), págs. 40, 41.
26. Melvin Seeman, "On the meaning of alienation", *American Sociological Review*, vol. 24, (1959).
27. Robert Blauner, *Alienation and Freedom*, (Chicago, 1964), pág. 3.
28. Blauner, *ibid*., pág. 174.
29. Para una descripción gráfica de las condiciones de las líneas de montaje contemporáneas, véase Huw Beynon, *Working For Ford* (Harmondsworth, 1973).
30. W.A. Faunce, "Automation in the Automobile Industry: some consequences for in-plant structure", *American Sociological Review*, vol. 23, (1958).
31. B. Karsh, "Work and Automation" en H.B. Jacobson y C. Roncek (eds.), *Automation and Society* (New York, 1959).
32. *The Guardian*, 21 de Marzo de 1973 (el subrayado es mío).
33. Mike Cooley, *Computer-Aided Desing: Its Nature and Implications*, (AUEW, Londres, 1972), pág. 75.
34. Para una discusión sobre este tema, véase, por ejemplo, Andrew Glynn y Bob Sutcliffe, *British Capitalism, Workers and the Profits Squeeze* (Harmondsworth, 1972).
35. Donald Schon, *Technology and Change: The New Heraclitus* (Londres, 1967), pág. 194.
36. Jacques Ellul, *The Technological Society* (Londres, 1965), pág. 14.
37. Herbert Marcuse, *One-Dimensional Man* (Londres, 1968), pág. 131.
38. Theodore Roszak, *Making of a Counter Culture*, (Londres, 1970), pág. 9.
39. Jacob Bronowski, "Technology and Culture in Evolution", *Cambridge Review* (8 de Mayo de 1970).
40. Robin Clarke, "Technology for an alternative society", *New Scientist* (11 de Enero de 1973).
41. Aldous Huxley, *Towards New Horizons*, by Pyarelal. Citado por E.F. Schumacher, "The Economics of Permanence", *Resurgence*, vol 3, nº 1 (mayo/junio de 1970).
42. Citado en Schumacher, *op. cit.*

2. La ideología de la industrialización.

1. Utilizo el término "ideología" de un modo muy semejante a como lo ha hecho el sociólogo francés Henri Lefebvre cuando se refiere a él como "un conjunto de errores, ilusiones y mistificaciones" que presenta "un reflejo de la realidad invertido, truncado y distorsionado". Véase Henri Lefebvre, *The Sociology of Karl Marx* (Londres, 1966), pág. 64.
2. T.S. Ashton, *The Industrial Revolution 1760-1830* (Oxford, 1948, pág. 129.
3. Ashton, *ibid*., pág. 99.

4. André Gorz, "Technical Intelligence and the Capitalist Division of Labour", *Telos,* nº 12 (verano de 1972).
5. Leslie A. White, citado en Peter Hammond (ed.), *Cultural and Social Anthropology* (New York, 1964), pág. 422.
6. Lynn White, Jr., *Mediaeval Technology and Social Change* (Oxford, 1962), pág. 28.
7. White, *ibid*., pág. 76.
8. Frederick Engels, *The Condition of the Working Class in England* (Londres, 1969) (nueva edición), pág. 37.
9. Engels, *ibid*., pág. 55.
10. R.J. Forbes, *The Conquest of Nature: Technology and its Consequences* (Harmondsworth, 1971), pág. 7.
11. Marshall McLuhan, *Understandig Media, The Extensions of Man* (Londres, 1967), pág. 15.
12. McLuhan, *ibid*., pág. 197.
13. Joseph Needham, *Science and Civilization in China,* vols. I, II, III (Cambridge, fechas diversas).
14. John F. Mee, "Science and Management: Human Progress Twins", *Advanced Management Journal* (octubre, 1964).
15. Lewis Mumford, *Technics and Civilisation* (Londres, 1934), pág. 109.
16. Karl Marx y Frederick Engels, *Manifiesto del Partido Comunista* (Moscú, s.f.)
17. Karl Marx, *Capital*, vol. I (Londres, 1930), pág. 354.
18. Adam Smith, *An Inquiry into the Nature and Causes of the Wealth of Nations* (Londres, 1904), pág. 5.
19. Smith, *ibid*., pág. 12.
20. Galbraith, *op. cit.*, pág. 23.
21. Asthon, *op. cit.*, pág. 57.
22. Asthon, *ibid*., pág. 17
23. Marx y Engels, *op. cit.*
24. Marx, *op. cit.*, pág. 394.
25. Marx, *ibid.*, pág. 416.
26. V.I. Lenin, *The State and Revolution* (Pekín, 1965), pág. 58.
27. Citado por Gustav Metzger, "Automata in History", *Studio International* (marzo, 1969).
28. Frederick Winslow Taylor, *Principles of Scientific Management* (New York, 1911), pág. 59.
29. V.I. Lenin, *The Inmediate Tasks of the Soviet Government,* en *Collected Works*, vol. 27 (Moscú, 1965), pág. 259.
30. V.I. Lenin, "The Taylor System – Man's Enslavement by the Machine", en *Collected Works*, vol. 20 (Moscú, 1964), pág. 153.

31. *Science, Growth and Society,* Organización para la Cooperación y el Desarrollo Económico (París, 1971), pág. 7.
32. Alvin Toffler, *Future Shock* (Londres, 1970), pág. 404.
33. W.T. Singleton, J.G. Fox, D. Whitfield (eds.), *Measurement of Man at Work* (Londres, 1971), pág. 58.
34. Samir Amin, "Development Strategies and Population Policies Underpopulated Africa", documento presentado en la Conferencia de la UNESCO, sobre *Población, Educación, Desarrollo en el Africa Sub-sahariana* (Dakar, 1971), pág. 181.
35. Jürgen Habermas, *Towards a Rational Society* (Londres, 1971), pág. 89. Véase también la discusión sobre el "cientifismo" en el capítulo 7.
36. John Jewkes, *Government and High Technology* (Londres, 1972).
37. Frederick Engels, *On Authority*, en *Die Neue Zeit,* vol. XXXII, Band 1, 1913-1914, pág. 39 (el subrayado es mío).
38. Mijail Drobyshev, "Sociology of the tension between culture and science today". Documento presentado a la Conferencia de la UNESCO sobre *Cultura y Ciencia* (París, septiembre de 1971).
39. Resolución adoptada por el Comité Central del Partido Comunista Francés (PCF) en Argenteuil (marzo de 1966).
40. Claude Lévi-Strauss, *The Savage Mind* (Londres, 1966), pág. 11.
41. E.E. Evans-Pritchard, *Witchcraft, Oracles and Magic Among the Azande* (Londres, 1936), pág. 194.
42. Robin Horton, "African Traditional Thought and Western Science", en *Africa,* vol. XXXVII (1967).

3. La política del cambio técnico.

1. David Landes, *The Unbound Prometheus: Technological Change and Industrial Development in Western Europe from 1750 to the Present* (Cambridge, 1969), pág. 317.
2. Véase William B. Kemp, "The Flow of Energy in a Hunting Society", *Scientific American,* vol. 224, nº 3, (septiembre de 1971).
3. Frederick Barth, "Nomadism in the Mountain and Plateau Regions of South West Asia", en *Problems of the Arid Zone* (París, UNESCO, 1960), pág. 345.
4. Lèvi-Strauss, *op. cit.*, pág. 15.
5. Lèvi-Strauss, *ibid.*, pág. 17.
6. Horton, *op. cit.*
7. Joseph Ki-Zerbo, *La Civilisation Africaine d'Hier et de Demain* (Ouagadougu, Presses Africaines).
8. A. Touraine y otros. *Workers' Attitude to Technical Change* (París, OCDE, 1965), pág. 8.

9. Mumford, *op. cit.*, pág. 35.
10. A.N. Whitehead, *Science and the Modern World* (Cambridge, 1926), pág. 19.
11. Véase *-Antiquarian Horology*, vol. I (1954), pág. 49.
12. White, *op. cit.*, pág. 124.
13. Véase A.C. Crombie, *Augustine to Galileo*, vol. 2 (Londres, 1961), pág. 199. Para una descripción de los factores políticos que, en la sociedad feudal, condujeron a un reemplazamiento de los molinos de mano por los molinos de agua véase Stephen Marglin, *What do Bosses do?* (mimeografiado, 1973).
14. Véase John Read, *Prelude to Chemistry*(Londres, 1939), pág. 30.
15. Marx *op. cit.*, vol. I, pág. 311.
16. Engels, *op. cit.*, pág. 38. Véase también E.P. Thompson, "Time, Work Discipline and Industrial Capitalism", *Past and Present*, nº 38 (diciembre, 1967).
17. Landes, *op. cit.*, pág. 60
18. Véase Stephen Marglin, *op. cit.*
19. E.P. Thomson, The Making of the English Working Class (Harmondsworth, 1968), pág. 308.
20. Neil McKendrick, "Josiah Wedwood and Factory Discipline", *The Historical Journal*, vol. 4 (1961).
21. Landes, *op. cit.*, pág. 60.
22. Ashton, *op. cit.*, pág. 88.
23. R.M. Hartwell (ed.), *The Industrial Revolution* (Oxford, 1970), pág. 31.
24. E.J. Hobsbawm, "The Machine Breakers", *Past and Present*, vol. 1 (febrero, 1952).
25. Samuel Butler, *Erewhon* (Londres, 1872), pág. 180.
26. Landes, *op. cit.*, pág. 115.
27. Thomson, *op. cit.* (1968), pág. 222f.
28. Andrew Ure, *The Philosophy of Manufactures or an Exposition of the Scientific, Moral and Commercial Economy of the Factory System of Great Britain* (Londres, 1835), pág. 365.
29. Ure, *ibid.*, pág. 366.
30. Ure, *ibid.*, pág. 368.
31. Citado en Mumford, *op. cit.*
32. Marx, *op. cit.*, pág. 464.
33. Véase T.W. Schultz, "Investment in Human Capital", *American Economic Review*, 1962.
34. Landes, *op. cit.*, pág. 117.
35. Marx, *op. cit.*, págs. 428-9.
36. Marx, *ibid.*, pág. 453.
37. J.L. y Barbara Hammond, *The Town Labourer* (Londres, 1917), pág. 306.
38. Hammond y Hammond, *ibid.* pág. 32.

39. Norman Ware, *The Industrial Worker, 1840-1860* (New York, 1942), pág. xi.
40. Nathan Rosenberg, "Technological Change", en William Parker (ed.), *A New American Economic History* (New York, 1970).
41. Touraine et al., *op. cit.*, pág. 38.
42. Touraine et al. *ibid.*, pág. 11.
43. Véase Robert F. Hoxie, *Scientific Management and Labour* (New York, 1915).
44. Alex Carey, "The Hawthorne Studies: A Radical Criticism", *American Sociological Review*, vol. 32 (1967).
45. Gorz, *op. cit.*
46. Andrew Glyn y Bob Sutcliffe, *British Capitalism, Workers and the Profits Squeeze* (Harmondswoth, 1972), pág. 139.
47. Cooley, *op. cit.*, pág. 76.
48. Véase David McLellan, *Marx's Grundisse* (Londres, 1971), pág. 36.
49. Rosenberg, *op. cit.*
50. Mumford, *op. cit.*, pág. 58.
51. Citado en Mumford, *ibid.*, pág. 71.
52. Galbraith, *op. cit.*, pág. 349.
53. Galbraith, *ibid.*, pág. 350.
54. Herbert Marcuse, *One-Dimensional Man*, pág. 135.
55. Lord Zuckerman, *Times Literary Supplement* (5 de noviembre de 1971).
56. Steven Rose, "Can Science be Neutral?", *Proceedings of the Royal Institution*, vol. 45 (1972).
57. Mumford, *op. cit.*, pág. 364.
58. Herbert Marcuse, *Eros and Civilisation* (Londres, 1969), pág. 45.

4. Tecnología Utópica: algunos principios básicos.

1. Landes, *op. cit.*, págs. 32-3.
2. Véase pág. 50
3. Karl Mannheim, *Ideology and Utopia* (Londres, 1936), pág. 197.
4. John Todd, "A Modest Proposal", *The New Alchemy Institute Bulletin* (primavera, 1971).
5. Peter van Dresser, *A Landscape for Humans* (Alburquerque, Nuevo México, 1972), pág. 36.
6. Colin Moorcraft, "Design for Survival", *Architectural Design*, vol. 42 (julio, 1972).
7. Véase págs. 98, 99.
8. Murray Bookchin, *Post-Scarcity Anarchism* (Berkeley, 1971), pág. 132.
9. Véase, para numerosos ejemplos, Louis E. Davis y James C. Taylor (eds). *The Design of Jobs* (Harmondswoth, 1972). Así como Beynon, *op. cit.* Para una

crítica acerca del modo en el cual el enriquecimiento del trabajo puede ser utilizado por la empresa en contra de los intereses del trabajo, véase el folleto editado por la *British Society for Social Responsability in Science* sobre el enriquecimiento del trabajo.

10. Véase Keith Paton, "Work and Surplus", *Anarchy*, nº 118 (diciembre 1970).
11. Paul y Percival Goodman, *Communitas* (New York, 1960), pág. 155.
12. Para un planteamiento en general de las ideas sobre auto-gobierno véase Ken Coates y Tony Topham, *Workers Control* (Londres, 1970), y *Workers'Councils*, Solidarity Pamphlet nº 40.
13. Commoner, *op. cit.*, pág. 33.
14. Claude M. Summers, "The Conversion fo Energy", *Scientific American* (septiembre, 1971).
15. Véase, por ejemplo, Peter Chapman, "No overdrafts in the energy economy", *New Scientist* (17 de mayo de 1973).
16. Chauncey Starr, "Energy and Power", *Scientific American* (septiembre 1971).
17. Summers, *op. cit.*
18. Véase Bob Morgan, "Sea Horse", *Alternative Sources of Energy*, nº 10 (primavera, 1973).
19. Para una descripción del estado actual de la tecnología del gas metano véase *Methane, Fuel of the Future*, publicado por Andrew Singer, Bottisham Park Mill, Cambridgeshire.
20. Bookchin, *op. cit.*, pág. 129.

5. Tecnología Utópica: Producción de bienes y organización social.

1. F.M.C. Fourier, *Selections from the Work of Charles Fourier* (Londres, 1901) pág. 93.
2. Bookchin, *op. cit.*, pág. 118.
3. Lloyd Kahn, *Smart but not Wise: Further Thoughts on Domebook 2, Plastics and Whiteman Technology* (Bolinas, California, 1972). Reproducido en *Cobijo*, H. Blume, Madrid, 1979.
4. Malcom B. Wells, "An ecologically-sound architecture is possible", *Architectural Design*, vol. 42 (julio, 1972), pág. 434.
5. Véase Alexander Pike, "Cambridge Studies", *Architectural Design*, vol. 42 (julio, 1972), pág. 441.
6. Citado en *The Guardian* (10 de abril de 1973).
7. Umberto Nobile, "Cyclists of the Air", *New Scientist* (9 de septiembre de 1971).
8. Véase Nicholas Pole, "Watt's New in Motive Power", *Your Environment*, vol. III, nº 3 (otoño, 1972).

9. Andrew Jamison, *The Steam Powered Bycyle,* citado por Pole, *op. cit.*
10. John Powles, documento entregado en la conferencia sobre tecnología alternativa celebrada en febrero de 1972 en el *University College,* Londres.
11. Para un resumen de los diversos planteamientos con respecto a la práctica de la medicina véase *Health Manpower and the Medical Auxiliary* (Londres (ITDG), 1971).
12. Robin Clarke "Tecnology for an alternative society", *New Scientist* (11 de enero de 1973).
13. Bookchin, *op. cit.,* págs. 112 y 220. Sobre los peligros que presenta una planificación social en base a computadores ya hemos hablado en el capítulo 1 (véase pág. 14).
14. Paul Smoker, "An action Research Proposal for Global Networks", *Peace and Conflict Research Programme Newsletter* (noviembre, 1972).
15. "A Blueprint for Survival", *The Ecologist,* vol. 2 nº 1 (enero, 1972). El título fue originalmente tomado de las actividades del *New Science Group,* con quienes se vieron brevemente en Londres en el otoño de 1970, aunque con propósitos muy diferentes. (Véase Michael Allaby, *The Eco-activists,* Londres, 1971, pág. 6).
16. Véase Hugh Thomas, "Anarchist Agrarian Collectives in the Spanish Civil War", en Martin Gilbert (ed.), *A Century of Conflict, 1850-1950* (New York, 1967). Véase también sobre esto Noam Chomsky, *American Power and the New Mandarins* (Harmondsworth, 1969).
17. Véase pág. 89.
18. Peter van Dresser, *op. cit.* pág. 123.
19. Josiah Warren, "Practical Details in Equitable Commerce", citado por M.S. Shatz (ed.), *The Essential Works of Anarchism* (New York, 1971), pág. 442.
20. Para una discusión sobre esta relación, véase el capítulo 7.
21. Jerome Ravetz, *Scientific Knowledge and its Problems* (Oxford, 1971), págs. 424-431.
22. Jeremy Swift, "Flaws in the Blueprint", *New Scientist* (10 de febrero 1972).
23. Theodore Roszak, *Where the Wasteland Ends* (New York, 1973), pág. 394.

6. Tecnología intermedia y Tercer Mundo.

1. Véase, particularmente, W.W. Rostow, *The Stages of Economic Growth* (Cambridge, 1960).
2. Simon Kuznets, "Underdeveloped countries and the Pre-Industrial Phase in the Advanced Countries", en Otto Feinstein (ed.) *Two Worlds of Change* (New York, 1964), pág. 8.
3. E.F. Schumacher, *Social and Economic Problems calling for the Development of Intermediate Technology,* mimeografiado (s.f.). Véase también E.F. Schumacher, *Small is Beautiful,* Londres, 1973. *(Lo pequeño es hermoso,* H. Blume Ediciones, Madrid, 1978).

4. A. Latham-Koenig, "Intermediate Technology Development Group", documento presentado a la conferencia de la OCDE (París, 7-9 de noviembre de 1972).
5. *Intermediate Technology Development Group Ltd.*, hoja informativa, sin fecha.
6. Informe Anual del *ITDG* (1970 / 71).
7. Indira Gandhi, discurso pronunciado en la inauguración del *National Committe on Environmental Planning and Coordination* (Delhi, 12 de abril de 1972).
8. Actas sumarias de la Reunión Anual del Banco Mundial (1971), pág. 21.
9. Schumacher, *op. cit.*
10. Hans Singer, documento presentado en la conferencia sobre tecnología alternativa, University College (Londres, febrero de 1973).
11. Raúl Prebisch, declaración en la tercera Conferencia de las Naciones Unidas sobre Comercio y Desarrollo, Santiago, Chile, 26 de abril de 1972.
12. C. Phipps, "Technologists to lead in the Third World", *New Scientist* (2 de octubre de 1969).
13. Glenn E. Schweitzer, "Towards a Methodology for Assesing the Impact of Technology in Developing Countries", entregado en un seminario sobre Tecnología y Economía en el Desarrollo Internacional. Washington, mayo de 1972)
14. Hamza Alavi, "The Post-Colonial State", *New Left Review,* nº 74 (julio / agosto de 1972).
15. Stephen Enke y Ricardh Brown, "Economic Worth of Preventing Death at Different Ages in Developing Countries", *Journal of Biosocial Science,* vol. 4, nº 3, (julio, 1972).
16. Folleto informativo del *ITDG* (el subrayado es mío).
17. Véase página 137 y siguiente.
18. Hans Singer, *op. cit.*
19. Howard Pack, "The Use of Laboùr Intensive Techniques in Kenyan Industry" (Washington, mayo de 1972). (Véase nota 13).
20. André Gunder Frank, *Sociology of Development and Underdevelopment of Sociology* (Londres, 1971), pág. 33.
21. Junta del Acuerdo de Cartagena, "Transfer of Technology", documento preparado para la conferencia de las Naciones Unidas sobre Comercio y Desarrollo, Santiago, Chile (13 de abril de 1972).
22. Fernando Henrique Cardoso, "Latin American Capitalism", *New Left Review,* nº 74 (julio / agosto, 1972).
23. Frank, *op. cit.*, pág. 34.
24. LT. Wells, Jr., "Economic Man and Engineering Man: Choice of Technology in a Low Wage Country", en *Economic Development Report* (Harvard Development Advisory Service, otoño, 1972).

25. Véase Genevieve Dean, "China's Technological Development", *New Scientist* (18 de mayo de 1972). Véase también Genevieve Dean y Manfredo Macioti, "Scientific Institutions in China", *Minerva*, vol. XI, nº 3 (julio, 1973).
26. Véase Hilary y Steven Rose, *BSSRS Newsheet* (marzo/ abril/mayo de 1971).
27. Ivan Illich, *Celebration of Awareness* (Londres, 1971), pág. 181.
28. William Bourke, "Basic Vehicle for South-East Asia" (Washington, mayo de 1972). (Véase nota 13).
29. Robert Macnamara, *op. cit.*, pág. 20.

7. *Mitos y responsabilidades.*

1. Susanne K. Langer, *Philosophy in a New Key* (New York, 1951), pág. 48.
2. Véase David McLellan, *Marx's Grundisse* (Londres, 1973), pág. 156.
3. Por consiguiente, es importante distinguir entre procesos de invención y procesos de innovación. "La invenciôn es la creación de una nueva idea o técnica. La innovación es la aplicación de esa nueva idea o técnica a los procesos reales de producción", según B.R. Williams, *Technology, Investment and Growth* (Londres, 1967), pág. 33.
4. El concepto básico de "mito" que utilizamos aquí ha sido tomado de *Mythologies* (Londres, 1972), de Roland Barthes, y particularmente de su sección sobre el mito actual. Barthes escribe que "lo que el mundo proporciona al mito es una realidad histórica, definida, incluso aunque retroceda un poco, del modo en el cual los hombres la han producido o la han utilizado, y lo que el mito devuelve a su vez es una imagen *natural* de dicha realidad". (Pág. 141).
5. Jürgen Habermas, *Knowledge and Human Interests* (Londres, 1972), página 4. La diferencia principal que existe entre el "cientifismo" y la racionalidad científica (o tecnológica) de Herbert Marcuse consiste en que mientras esta última quiere ser una *explicación* del modo en el cual son tomadas las decisiones sociales, el primero representa la interpretación ideológica o legitimación que se aplica a dichas decisiones, que son interpretadas en el sentido de que han sido tomadas de acuerdo con una racionalidad *política*. Para una discusión sobre las diferencias que existen entre las ideas de estos dos filósofos véase "Technology and Science as Ideology", en Jürgen Habermas, *Toward a Rational Society* (Londres, 1971).
6. Para una crítica del punto de vista convencional, véase John Langris, "Does Industry Need Science?", *Science Journal* (diciembre, 1969).
7. Para un estudio más profundo, véase Gorz, *op. cit.*, Mike Hales, "Management Science and the Second Industrial Revolution", *Radical Science Journal*, nº 1 (1974), Robert Young, "Darwinism and the Division of Labour", *The Listener*, vol. 88 (17 de agosto de 1971).
8. Edmund Leach, "Has Science a History?", *Journal of the Royal Society of Arts* (junio, 1973).

9. Leibniz, *Monadology* (Oxford, 1898).
10. Véase Jean Gimpel, *The Cult of Art* (Londres, 1969), capítulo 9.
11. Victor Ferkiss, *Technological Man, the Myth and the Reality* (Londres, 1969), pág. 247.
12. Jacques Monod, *Chance and Necessity* (Harmondsworth, 1973). François Jacob, que compartió con Monod el premio Nobel, da en su *The Logic of Living Systems* (Londres, 1974) unas reflexiones algo más sofisticadas sobre las implicaciones filosóficas de las investigaciones contemporáneas en biología y genética. Jacob argumenta que es necesario introducir la conciencia de los factores sociales y políticos que influyen sobre las ideas de los biólogos en lo que respecta a cualquier discusión sobre el fundamento biológico de la evolución.
13. Para un estudio más detallado acerca de la naturaleza ideológica de la aparente oposición entre arte y ciencia, véase David Dickson, "Beyond appearance: Some Critical Reflections on the Relationship Between Science and Art", *Impact of Science on Society,* vol. XXIV, nº 1 (enero-marzo, 1974).
14. Para una crítica de las técnicas de asesoramiento tecnológico véase Brian Wynne, "Superfix or superfixation", *Science for People,* nº 24 (noviembre, 1973).
15. *Science for People,* nº 20 (febrero/marzo, 1973).
16. Ann Rosenberg, "Blak Panthers in and on Science", *New Scientist* (15 de febrero de 1973).
17. Ernest Mandel, *The Changing Role of the Bourgeois University* (Londres, 1972).
18. Véase, por ejemplo, E.F. Schumacher, *Small is Beautiful,* Londres, 1973 (*Lo pequeño es hermoso,* H. Blume Ediciones, Madrid, 1978).
19. Véase Michael F.D. Young (ed.), *Knowledge and Control* (Londres, 1971).
20. Marx, *op. cit.*, pág. 382.
21. Robert Young, "The Human Limits of Nature", en Jonathan Benthall (ed.), *The Limits of Human Nature* (Londres, 1973), pág. 263.

Indice Alfabético

Indice

Este libro se terminó de
imprimir en los talleres
de Printer, industria gráfica, sa
de Sant Vicenç dels Horts,
el día 13 del mes de Enero
de 1988